入门·进阶·提高

3ds Max 2009

入门、进阶与提高

卓越科技 编著

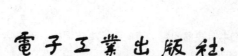

电子工业出版社

Publishing House of Electronics Industry

北京 · BEIJING

内 容 简 介

3ds Max广泛应用于广告设计、建筑设计、室内外装饰设计、游戏制作等诸多领域，是制作三维效果图不可替代的重要工具，本书详细介绍了3ds Max 2009的基本操作，主要内容包括对象的基本操作、二维线形转换为三维对象的方法、三维对象的修改编辑、材质和贴图的应用、灯光和摄影机的创建与布置、三维动画的制作以及渲染和后期处理等。熟练掌握本书的知识，定能使您在三维设计领域有一个全新的提高。

本书采用"入门-进阶-提高"的结构进行编排，循序渐进地讲解相关知识，并通过典型实例进行操作实战，从而巩固所学内容，突出知识的实用性和可操作性，可作为3ds Max初学者的自学用书，也可作为三维动画设计、产品效果图制作、室内外效果图制作、数字媒体设计等相关领域专业人士的参考用书。

图书在版编目(CIP)数据

3ds Max 2009入门、进阶与提高 / 卓越科技编著.—北京：电子工业出版社，2010.1
（入门·进阶·提高）
ISBN 978-7-121-09800-0

Ⅰ．3… Ⅱ.卓… Ⅲ.三维－动画－图形软件，3DS MAX 2009 Ⅳ.TP391.41

中国版本图书馆CIP数据核字（2009）第199667号

责任编辑：牛晓丽
印　刷：北京市天竺颖华印刷厂
装　订：三河市鑫金马印装有限公司
出版发行：电子工业出版社
　　　　　北京市海淀区万寿路173信箱　　　邮编：100036
开　本：787×1092　　1/16　　　　印张：23.5　　　字数：602千字
印　次：2010年1月第1次印刷
定　价：45.00元（含光盘一张）

凡所购买电子工业出版社图书有缺损问题，请向购买书店调换。若书店售缺，请与本社发行部联系，联系及邮购电话：（010）88254888。
质量投诉请发邮件至zlts@phei.com.cn，盗版侵权举报请发邮件至dbqq@phei.com.cn。
服务热线：（010）88258888。

前　言

　　每位读者都希望找到适合自己阅读的图书，通过学习掌握软件功能，提高实战应用水平。本着一切从读者需要出发的理念，我们精心编写了《入门·进阶·提高》丛书，通过"学习基础知识"、"精讲典型实例"和"自己动手练"这三个过程，让读者循序渐进地掌握各软件的功能和使用技巧。随书附带的多媒体光盘更可帮助读者掌握知识、提高应用水平。

▊▊ 本套丛书的编写结构

　　《入门·进阶·提高》系列丛书立意新颖、构意独特，采用"书＋多媒体教学光盘"的形式，向读者介绍各软件的使用方法。本系列丛书在编写时，严格按照"入门"、"进阶"和"提高"的结构来组织安排学习内容。

▨ 入门——基本概念与基本操作

　　快速了解软件的基础知识。这部分内容对软件的基本知识、概念、工具或行业知识进行了介绍与讲解，使读者可以很快地熟悉并能掌握软件的基本操作。

▨ 进阶——典型实例

　　通过学习实例达到深入了解各软件功能的目的。本部分精心安排了一个或几个典型实例，详细剖析实例的制作方法，带领读者一步一步进行操作，通过学习实例引导读者在短时间内提高对软件的驾驭能力。

▨ 提高——自己动手练

　　通过自己动手的方式达到提高的目的。精心安排的动手实例，给出了实例效果与制作步骤提示，让读者自己动手练习，以进一步提高软件的应用水平，巩固所学知识。

▨ 答疑与技巧

　　选择了读者经常遇到的各种疑问进行讲解，不仅能够帮助解决学习过程中的疑难问题，及时巩固所学的知识，还可以使读者掌握相关的操作技巧。

▊▊ 本套丛书的特点

　　作为一套定位于"入门"、"进阶"和"提高"的丛书，它的最大特点就是结构合理、实例丰富，有助于读者快速入门，提高在实际工作中的应用能力。

▨ 结构合理、步骤详尽

　　本套丛书采用入门、进阶、提高的结构模式，由浅入深地介绍了软件的基本概念与基本操作，详细剖析了实例的制作方法和设计思路，帮助读者快速提高对软件的操作能力。

▨ 快速入门、重在提高

　　每章先对软件的基本概念和基本操作进行讲解，并渗透相关的设计理念，使读者可以快速入门。接下来安排的典型实例，可以在巩固所学知识的同时，提高读者的软件操作能力。

▨ 图解为主、效果精美

　　图书的关键步骤均给出了清晰的图片，对于很多效果图还给出了相关的说明文字，细微之处彰显精彩。每一个实例都包含了作者多年的实践经验，只要动手进行练习，很快就能掌握相关软件的操作方法和技巧。

举一反三、轻松掌握

本书中的实例都是在大量工作实践中挑选的，均具有一定的代表性，读者在按照实例进行操作时，不仅能轻松掌握操作方法，还可以做到举一反三，在实际工作和生活中实现应用。

丛书的实时答疑服务

为了更好地服务于广大读者和电脑爱好者，加强出版者与读者的交流，我们推出了电话和网上答疑服务。

电话答疑服务

电话号码：010-88253801-168

服务时间：工作日9:00~11:30, 13:00~17:00

网上答疑服务

网站地址：faq.hxex.cn

电子邮件：faq@phei.com.cn

服务时间：工作日9:00~17:00（其他时间可以留言）

丛书配套光盘使用说明

本套丛书随书赠送多媒体教学光盘，以下是本套光盘的使用简介。

运行环境要求

操作系统	Windows 9X/Me/2000/XP/2003/NT/Vista简体中文版
显示模式	分辨率不小于800×600像素，16位色以上
光驱	4倍速以上的CD-ROM或DVD-ROM
其他	配备声卡与音箱（或耳机）

安装和运行

将光盘印有文字的一面朝上放入电脑光驱中，几秒钟后光盘就会自动运行，并进入光盘主界面。如果光盘未能自动运行，请用鼠标右键单击光驱所在盘符，在弹出的快捷菜单中选择"打开"命令，然后双击光盘根目录下的"Autorun.exe"文件，启动光盘。在光盘主界面中单击相应目录，即可进入播放界面，进行相应内容的学习。

本书作者

参与本书编写的作者均为长期从事3ds Max教学和科研的专家或学者，有着丰富的教学经验和实践经验，本书是他们多年科研成果和教学结果的结晶，希望能为广大读者提供一条快速掌握电脑操作的捷径。参与本书编写的主要人员有王宏、刘红涛、王晗、肖杨、谷丽英、岳琦琦、韩盘庭、崔晓峰、王翔宇、吕远、冯真真、高文静、何龙、张冰、兰波等。由于作者水平有限，书中疏漏和不足之处在所难免，恳请广大读者及专家不吝赐教。

目　　录

Chapter 1

第1章
初识3ds Max 2009

本章要点

3ds Max 2009概述
- 3ds Max 2009的特色功能
- 3ds Max 2009的应用领域
- 3ds Max 2009的新特性
- 安装3ds Max 2009的配置需求

3ds Max 2009的启动与退出
- 3ds Max 2009的启动
- 3ds Max 2009的退出

认识3ds Max 2009的界面
- 认识3ds Max 2009的工作界面
- 管理工作界面
- 自定义工作界面

配置3ds Max 2009的工作环境
- 【首选项设置】对话框
- 配置路径
- 设置单位

3ds Max 2009的基本操作
- 新建文件
- 保存文件
- 复位场景
- 自动备份文件
- 打开文件
- 合并文件
- 导入和导出文件

本章导读

3ds Max是Autodesk公司推出的一款非常优秀的三维动画制作软件，它能完全满足制作高质量动画、最新游戏、设计效果等领域的需要，是制作三维效果图不可替代的重要工具。

3ds Max的最新版本是3ds Max 2009，它在用户界面、建模特性、材质特性、动画特性、高级灯光、渲染特性等几个方面有了很大改进，使得系统在应用性能、产品制作和工作流程等方面得到了提升。

1.1　3ds Max 2009概述

　　3ds Max是Autodesk出品的一款著名3D动画软件，是3D Studio的升级版本。它是世界上应用最广泛的三维建模、动画、渲染软件，广泛应用于游戏开发、角色动画、电影电视视觉效果和设计等领域。3D Studio最初版本由Kinetix开发，Kinetix后被Discreet收购，Discreet后又被Autodesk收购，其应用最广泛的版本为Autodesk 3ds Max 2009，分32 bits和64 bits两种版本。

　　2008年2月12日，Autodesk, Inc.（NASDAQ: ADSK）宣布推出Autodesk 3ds Max建模、动画和渲染软件的两个新版本。该公司推出了面向娱乐专业人士的Autodesk 3ds Max 2009软件，同时也首次推出了3ds Max Design 2009软件，这是一款专门为建筑师、设计师以及可视化专业人士而量身定制的3D应用软件。Autodesk 3ds Max的两个版本均提供了新的渲染功能、增强了与包括Revit软件在内的行业标准产品之间的互通性，以及更多的节省大量时间的动画和制图工作流工具。3ds Max Design 2009还提供了灯光模拟和分析技术。

　　在3ds Max 2009中，用户可以轻松地将任何对象制作成动画，并且可以随时观看制作的动画效果。通过各个面板的参数设置，可以实现复杂的动画效果；通过渲染预览窗口，还可以即时预览到材质贴图的效果。如果在操作过程中按下动画播放按钮，还可以制作出对象变形和时间推移所形成的动画效果等。

1.1.1　3ds Max 2009的特色功能

　　使用3ds Max 2009软件可以在更短的时间内制作出令人惊叹的作品，它在以前版本的基础上引入了新的省时动画和贴图工作流程工具、创新的渲染技术，并显著改进了3ds Max与其他业界标准产品（例如Autodesk Maya）的协同工作能力和兼容性。

　　新的渲染技术包括Reveal（用于迭代工作流程和明显更快的完成渲染的工具包）和Pro Materials（用于模拟真实表面的材质库）。使用新的Biped工作流程，更快、更高效地搭建四足动物。"Hands like feet"只是众多新的改进的角色动画和贴图功能之一，简化了原本可能十分耗费人工的制作过程。而且，该版本还为用户提供改进的OBJ和Autodesk FBX 导入与导出功能，大大提高了3ds Max与Autodesk Mudbox、Maya、Autodesk MotionBuilder和其他第三方软件的协同工作能力。

　　3ds Max 2009的特色功能如下所述。

1. Reveal渲染

　　Reveal渲染系统是3ds Max 2009的一项新功能，为用户快速精调渲染提供了所需的精确控制。用户可以选择渲染减去某个特定物体的整个场景，或渲染单个物体甚至帧缓冲区的特定区域。渲染图像帧缓冲区现在包含一套简化的工具，通过随意过滤物体、区域和进程，平衡质量、速度和完整性，可以快速有效地实现渲染设置中的变化。

2. Biped改进

　　新增的Biped工作流程可以使处理的Biped角色的手部动作与地面的关系像足部动作一样，这个新功能大大减少了制作四足动画所需的步骤。Autodesk 3ds Max还支持Biped物体以工作轴心点和选取轴心点为轴心进行旋转，这加速了戏剧化角色动作的创建，比如一个角色摔在地面上。

3. 改进的OBJ和FBX支持

更高的OBJ转换保真度以及更多的导出选项使得在3ds Max和Mudbox以及其他数字雕刻软件之间传递数据更加容易。用户可以利用新的导出预置、额外的几何体选项（包括隐藏样条线或直线）以及新的优化选项来减少文件大小和改进性能。游戏制作人员可以体验到增强的纹理贴图处理以及在物体面数方面得到改进的Mudbox导入信息。3ds Max还提供改进的FBX内存管理以及支持3ds Max与其他产品（例如Maya和MotionBuilder）协同工作的新的导入选项。

4. 改进的UV纹理编辑

Autodesk 3ds Max在智能、易用的贴图工具方面继续引领业界潮流。用户可以使用新的样条贴图功能来对管状和样条状物体进行贴图，例如把道路贴图到一个区域中。此外，改进的Relax和Pelt工作流程简化了UVW展开，使用户能够以更少的步骤创作出想要的作品。

5. SDK中的.NET支持

支持.NET，可通过Microsoft的高效高级应用程序编程接口扩展软件。3ds Max软件开发工具包配有.NET示例代码和文档，可帮助开发人员利用这个强大的工具包。

6. Pro Materials

3ds Max增加了新的材质库，提供易用、基于实物的mental ray材质，能够快速创建常用的建筑和设计表面，例如固态玻璃、混凝土或专业的有光或无光墙壁涂料。

7. 光度学灯光改进

Autodesk 3ds Max现在支持新型的区域灯光（圆形、圆柱形）、浏览对话框和灯光用户界面中的光度学网络预览以及改进的近距离光度学计算质量和光斑分布。另外，分布类型现在能够支持任何发光形状，而且可以将灯光形状显示得和渲染图像中的物体一致。

1.1.2 3ds Max 2009的应用领域

3ds Max作为一款三维动画软件，以其卓越的性能，广泛应用于影视特效、产品设计、建筑设计、科学研究以及游戏开发等各个行业和领域。

1. 影视特效

现在，大量的电影、电视、广告画面等都有通过3ds Max制作的视觉特效。在影视制作中，一些很难出现或者现实中没有的场景和人物通过3D动画技术就可以实现。3ds Max的视觉效果技术在大片特效制作中起着不可低估的作用，它在实现影视制作者奇妙构想的同时，也为观众展现了一个令人震撼的神奇世界。图1.1所示的就是使用3ds Max制作的影视特效图。

图1.1　影视特效图

2. 产品设计

现代工业产品的结构相当复杂，3D技术在产品的设计、改造上提供了强大的帮助。通过3D技术进行产品设计，让企业可以直观地模拟产品的材质、造型及外观等特性，降低产品的开发成本。图1.2所示的就是用3ds Max制作的效果图。

3. 电脑游戏

现在，许多电脑游戏中都运用了3D技术。3D游戏以其细腻的画面、宏伟的场景、逼真的造型吸引了越来越多的游戏玩家，促进3D游戏市场不断发展壮大。图1.3所示的就是用3ds Max制作的3D游戏效果图。

图1.2　产品设计效果图

图1.3　电脑游戏效果图

4. 建筑效果图制作

3D技术也广泛应用于室内、室外效果图的制作。建筑设计师可以通过3ds Max创建的场景效果图指导实际工程的施工，设计开发出更加精良的建筑物。图1.4所示的就是用3ds Max制作的建筑效果图。

图1.4　建筑效果图

5. 科学研究

在科学研究方面，3D技术也起着举足轻重的作用。利用3ds Max技术可以真实地再现宇宙空间、模拟物质微观状态等，如图1.5所示。

图1.5 用于科学研究

1.1.3 3ds Max 2009的新特性

新版本的3ds Max拥有更加人性化的界面、丰富的功能和用途广泛的工具。下面简单介绍3ds Max 2009的新增功能和特点。

1. 用户界面

重新组织命名及排放的工具使得3ds Max 2009的用户界面更加协调，并且该版本还支持某些重命名和重新改造的工具。另外，用户获取帮助更方便，场景浏览器功能更强大。

图1.6所示的为启动后的用户界面。

图1.6 启动后的用户界面

单击【学习影片】窗口中的【用户界面和视口导航】选项，打开如图1.7所示的【Essential Skills Movie】窗口，这是一个连接到网络上的视频文件，在这个视频中讲解了有关用户界面和视图导航方面的知识。

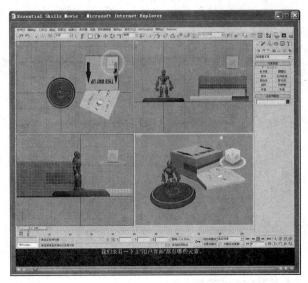

图1.7 【Essential Skills Movie】窗口

2. 导航工具

在3ds Max 2009中，有两种简单易用的视图导航工具，分别为ViewCube（观察盒）和SteeringWheels（方向盘），如图1.8所示。其中，观察盒可以控制物体的观察视角，而方向盘用于控制室内建筑的游历。

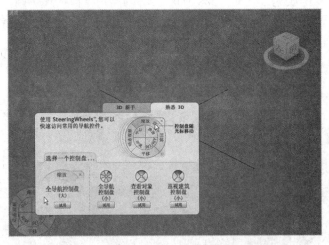

图1.8 导航工具

3. 照明

3ds Max 2009采用全新的光度计灯光系统，旧的亮度计灯光已全部删除并整合进来，mental ray日光系统有新的功能，可以修改天空模式。

4. 建模与动画

加入ForeFeet（前足）选项后，Biped现已全面支持四足角色。群体中心可使用外部坐标进行动画。Walkthrough Assistant可轻松实现行走动画的交互操作与调整。

5. 材质与贴图

　　3ds Max 2009新加入了一些材质库，如图1.9所示，这些材质可以实现极度真实的表面效果和全面的功能定制。新的混合贴图添加了大量功能，并简化了贴图的复杂度。视图区支持多层贴图显示，如图1.10所示，无须再进行测试渲染。

图1.9　新的材质库

图1.10　新的贴图

6. 新的渲染窗口

　　新的渲染窗口可以直接做局部渲染，如果渲染器是mental ray的话还可以直接在这里设定参数并重复渲染。图1.11所示的为新的渲染窗口。

图1.11　新的渲染窗口

1.1.4　安装3ds Max 2009的配置需求

　　相对于以前版本的3ds Max软件来说，3ds Max 2009对硬件的配置需求有了一定的提高。

1. 软件需求

下列任何一种操作系统都支持Autodesk 3ds Max 2009的32位版本：

📷 Microsoft Windows Vista

📷 Microsoft Windows XP Professional（SP2或更高版本）

下列任何一种操作系统都支持3ds Max 2009的64位版本：

📷 Microsoft Windows Vista

📷 Microsoft Windows XP Professional x64

3ds Max 2009需要以下浏览器：

📷 Microsoft Internet Explorer 6或更高版本

3ds Max 2009需要以下补充软件：

📷 DirectX 9.0c（要求）

提示 只有在与支持Shader Model 3.0（Pixel Shader和Vertex Shader 3.0）的显卡硬件配合使用时，才能使用3ds Max 2009的某些功能。

2. 硬件

3ds Max 2009 32位软件最低需要以下配置的系统：

📷 Intel Pentium IV或AMD Athlon XP或更快的处理器

📷 512MB内存（推荐使用1GB）

📷 500MB交换空间（推荐使用2GB）

📷 支持硬件加速的OpenGL和Direct3D

📷 Microsoft Windows兼容的定点设备（针对Microsoft IntelliMouse进行了优化）

📷 DVD-ROM光驱

注意 目前不支持基于Intel处理器和运行Microsoft操作系统的苹果电脑。

3ds Max 2009 64位软件最低需要以下配置的系统：

📷 Intel EM64T、AMD Athlon 64或更高版本、AMD Opteron处理器

📷 1GB内存（推荐使用4GB）

📷 500MB交换空间（推荐使用2GB）

📷 支持硬件加速的OpenGL和Direct3D

📷 Microsoft Windows兼容的定点设备（优化的IntelliMouse）

📷 DVD-ROM光驱

1.2 3ds Max 2009的启动和退出

启动和退出3ds Max 2009是每次使用该软件必须进行的操作，因此掌握它非常重要。

1.2.1 3ds Max 2009的启动

下面，我们通过在【开始】菜单中执行命令的方式启动3ds Max 2009程序。通过本案例的练习，可以掌握启动3ds Max 2009的基本方法。具体操作步骤如下：

1 在计算机桌面上执行【开始】→【所有程序】→【Autodesk】→【Autodesk 3ds Max 2009 32-bit】→【Autodesk 3ds Max 2009 32位】命令，启动3ds Max 2009。此时，在桌面上将弹出3ds Max 2009的启动界面，在该界面中显示了3ds Max的版本、版权以及正在加载的项目等信息，如图1.12所示。

图1.12 3ds Max 2009的启动界面

2 当所有项目加载完毕之后，系统将打开3ds Max 2009的用户界面窗口，参考图1.6。

3 单击用户界面窗口中的【关闭】按钮，打开3ds Max 2009工作界面，在这个窗口中显示了工具栏和几个常用的面板，如图1.13所示。

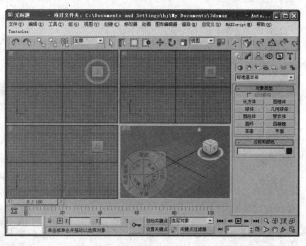

图1.13 3ds Max 2009工作界面

除了以上讲解的方法外，还可以利用下列两种方法启动3ds Max 2009：

- 双击桌面上的Autodesk 3ds Max 2009快捷方式图标。
- 双击计算机中扩展名为.max的文件。

1.2.2 3ds Max 2009的退出

当不使用3ds Max 2009时，需要退出该程序，退出前应先关闭所有打开的图像文件窗口，然后进行下列操作：

单击【文件】菜单，从打开的下拉菜单中选择【退出】命令，如图1.14所示，即可退出程序。

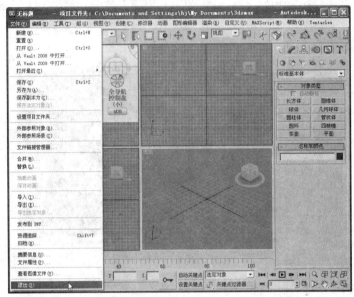

图1.14　选择【退出】命令

除了以上讲解的方法外，还可以利用下列两种方法退出3ds Max 2009：

单击工作界面标题栏右侧的【关闭】按钮×。

单击标题栏左边的 ⑥ 图标，在其下拉菜单中选择【关闭】命令（如图1.15所示）或按【Alt+F4】组合键。

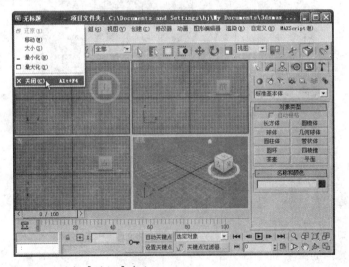

图1.15　选择【关闭】命令

1.3 3ds Max 2009的界面

3ds Max 2009是一个功能强大的三维动画制作软件，其界面结构是依据三维动画制作的实际流程而设计的。它不但拥有非常友好的工作界面，而且还允许用户根据个人需要自定义工作界面。

另外，了解和掌握3ds Max 2009的基本操作是学习该软件的基础，下面将分别介绍3ds Max 2009的工作界面和基本操作。

1.3.1 认识3ds Max 2009的工作界面

运行3ds Max 2009程序后，计算机屏幕上就会出现如图1.16所示的工作界面。由于绝大部分操作都是在这里完成的，所以它是工作环境中最重要的部分。

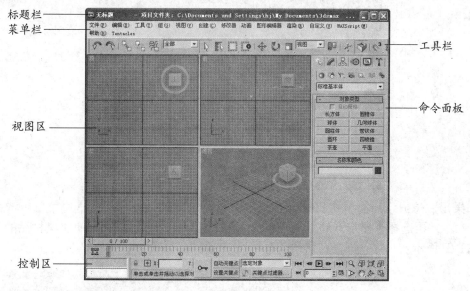

图1.16　3ds Max 2009工作界面

3ds Max 2009工作界面中主要包括标题栏、菜单栏、工具栏、视图区、命令面板以及控制区等。

 标题栏

标题栏位于应用程序窗口最上方，用于显示3ds Max 2009的版本信息以及当前正在编辑的文件的名称和存放的路径，在标题栏右侧有三个按钮，分别是【最小化】按钮、【最大化】按钮以及【关闭】按钮，如图1.17所示。

图1.17　标题栏

 菜单栏

菜单栏位于标题栏的下方，如图1.18所示。菜单栏中集成了3ds Max 2009系统中的所有操作命令，其中包含14个菜单，每个菜单都有一组自己的命令。

文件(F)	编辑(E)	工具(T)	组(G)	视图(V)	创建(C)	修改器	动画	图形编辑器	渲染(R)	自定义(U)	MAXScript(M)	帮助(H)	Tentacles

图1.18　菜单栏

　　选择菜单命令时，只需单击某个菜单，在弹出的下拉菜单中选择要执行的命令即可。

　　如果某些命令呈暗灰色，则说明该命令在当前编辑状态下不可用，需满足一定条件后才能使用。

　　🔍 **工具栏**

　　工具栏是由工具按钮组成的，这些工具都是工作过程中使用频率很高的工具，将其放置在工具栏中是为了便于用户快速、方便地找到并使用。

　　3ds Max 2009中包含多种类型的工具栏，如主工具栏、层工具栏、轴约束工具栏、附加工具栏、渲染快捷方式工具栏等。在主工具栏的空白位置单击鼠标右键，弹出快捷菜单，如图1.19所示，在该快捷菜单中用户可以选择不同类型的工具栏。

图1.19　3ds Max 2009的工具栏

　　如果用户想显示所有的工具栏，可以单击【自定义】菜单，在其下拉菜单中选择【显示UI】命令，再选择【显示浮动工具栏】命令，如图1.20所示。打开所有工具栏后的工作界面如图1.21所示。

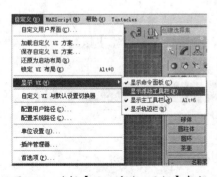

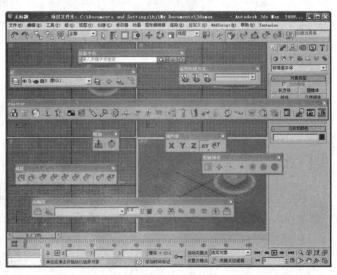

图1.20　选择【显示浮动工具栏】命令　　　图1.21　打开所有工具栏后的工作界面

命令面板

命令面板是3ds Max界面的核心，它集成了3ds Max中所使用的大多数功能与参数控制项目，也是结构最复杂、使用最频繁的组成部分。

命令面板在3ds Max 2009工作界面的最右侧，呈现智能化的工作环境，3ds Max 2009会依据当前处于选择状态的不同对象及其次级结构对象在命令面板中自动呈现具有针对性的可操作项目组合，不能作用于该对象的操作项目会以灰色显示，表示当前处于没有激活的状态。

命令面板由6个选项卡组成，分别如下。

【创建】命令面板：包含3ds Max 2009中所有可创建的对象。

【修改】命令面板：可以通过为对象指定不同的修改编辑器对3ds Max 2009中的对象进行各种修改编辑操作。

【层级】命令面板：包含对象之间的层级链接控制、关节控制、反向运动控制等。

【运动】命令面板：包含对动画和轨迹的各种控制项目。

【显示】命令面板：包含各种显示控制的项目，如隐藏对象、取消隐藏等。

【工具】命令面板：包含各种实用程序，还可以访问3ds Max 2009的多数外挂插件。

命令面板中的参数控制项目繁多，有时候不能完全显示在屏幕中，可以通过单击展卷栏左侧的加号或者减号按钮展开或者卷起展卷栏；也可以将鼠标光标放在命令面板的空白区域，出现手形标记之后按住鼠标上下拖动命令面板，直到所需要的参数控制项目出现为止。

命令面板默认停泊在程序窗口的右侧边缘，也可以将它们拖动为浮动状态，还可以将其重新停泊到程序窗口的任何边缘。

以【创建】命令面板为例，使用此命令面板可以创建3ds Max 2009中的所有对象。【创建】命令面板包含【几何体】、【图形】、【灯光】、【摄影机】、【辅助对象】、【空间扭曲】和【系统】7个子命令面板，如图1.22所示。用户可以通过这7个子命令面板创造各种各样的变化形体。

例如，在【几何体】子命令面板的【标准基本体】对象类型中，用户可以创建长方体、球体、圆环、锥体、茶壶等基本对象。单击对象类型下拉按钮，在下拉列表中用户还可以选择【扩展基本体】、【复合对象】、【粒子系统】、【门】、【窗】等选项（如图1.23所示），从而创建更加复杂的场景对象。

图1.22 【创建】命令面板

图1.23 选择复杂的场景对象

例如，在场景中创建一个长方体时，命令面板中将显示该对象的参数控制项，用户可以通过各个展卷栏对该对象进行设置，如图1.24所示。

视图区

视图是3ds Max 2009工作界面的主要部分，它是显示以及查看操作对象的区域。视图的功能十分强大，用户可以对视图进行各种设置。启动3ds Max 2009后，用户可以看到4个默认视图，分别是顶视图、前视图、左视图和透视图，如图1.25所示。

图1.24　显示对象的参数控制项

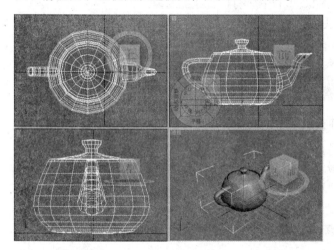

图1.25　默认视图

4个默认视图可以从不同视角查看物体。

在3ds Max 2009中，视图的种类有很多，可以分为标准视图、摄影机视图、聚光灯视图、图解视图、实时渲染视图等，它们的作用与内容各不相同。要查看或显示3ds Max 2009中的其他视图，可以在视图名称上单击鼠标右键，在弹出的快捷菜单中选择要查看的视图，如图1.26所示。

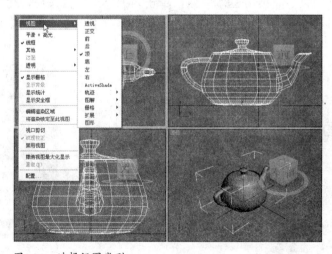

图1.26　选择视图类型

提示 在3ds Max 2009中,可以使用键盘快捷键来迅速切换活动视图,快捷键包括【T】(对应顶视图)、【B】(对应底视图)、【F】(对应前视图)、【L】(对应左视图)、【C】(对应摄影机视图)、【S】(对应聚光灯视图)、【P】(对应透视图)、【U】(对应正交视图)。

　　🔍 控制区

　　在3ds Max 2009中,控制区一般位于视图的下方,它主要包括动画控制区、状态栏、视图控制栏以及脚本控制区,如图1.27所示。

图1.27　控制区

1. 动画控制区

　　包括动画控制栏、时间滑块、轨迹栏等,用于控制动画的时间记录、关键帧、动画预演等。时间滑块之下的轨迹栏包含时间标尺,利用轨迹栏可以对当前选定对象的动画关键帧节点进行精确移动、复制、删除,为关键帧增加动画滤镜等,在轨迹视图中关键帧节点的设定会依据这些操作相应地改变。

2. 状态栏

　　用于显示当前编辑对象的数目、坐标等简要信息,对选择集进行锁定,显示目前网格所使用的距离单位。利用绝对坐标和相对位移的输入控制区,可以通过输入数据的方式精确控制当前选定对象的空间位置。

　　在提示栏区域显示当前所选择工具的功能概要说明,并给出下一步操作的简要提示。

3. 视图控制栏

　　该控制栏中的视图控制按钮用于调整场景在视图中的显示方式;另外,3ds Max 2009会根据当前激活的不同视图类别(如正视图、透视图、摄影机视图、灯光视图等)自动给出相应的视图控制按钮组合。

4. 脚本控制区

　　MAXScript脚本程序是3ds Max 2009的程序内定描述性语言,在脚本控制区中可以查看、输入、编辑MAXScript脚本程序语言。

　　在3ds Max 2009中,除了使用主界面上显示的系统菜单栏外,还可以利用右键快捷菜单选择所需命令。

　　在场景中的对象或某些功能按钮之上单击鼠标右键,还会弹出与该项目编辑状态相关的右键快捷菜单,如图1.28所示。

图1.28　右键快捷菜单

1.3.2　管理工作界面

3ds Max 2009具有人性化的工作界面，用户可以对其进行个性化设置。

1. 调整界面元素位置

工作界面上的各个组成部分并不是固定地停放在某个位置，用户可以将它们重新停放。例如，将鼠标光标放在工具栏的边缘位置，当鼠标光标变成层叠纸状时进行拖动，可以将其调整到界面的任意位置；用同样的方法可以将命令面板调整到界面的任意位置，如图1.29所示。

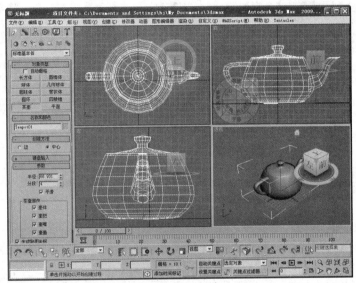

图1.29　调整工具栏和命令面板的停放位置

2. 配置视图显示方式

系统默认状态下，视图左上方为顶视图、右上方为前视图、左下侧为左视图、右下侧为透视图，在工作中用户还可以根据实际需要来配置视图。执行【视图】→【视口配置】命令，打开【视口配置】对话框。单击【布局】选项卡，然后从中选择一种视图配置方式，如图1.30所示。单击【确定】按钮，此时的视图显示如图1.31所示。

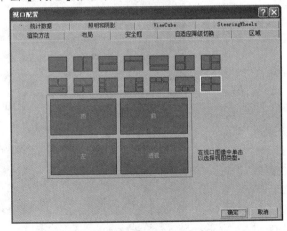

图1.30　【视口配置】对话框

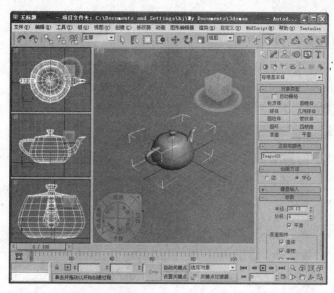

图1.31 更换视图配置方案

3. 改变界面显示风格

3ds Max 2009提供了4种工作界面风格，执行【自定义】→【加载自定义UI方案】命令，打开【加载自定义UI方案】对话框，从中选择【ame-dark】选项（如图1.32所示），然后单击【打开】按钮，此时的工作界面如图1.33所示。

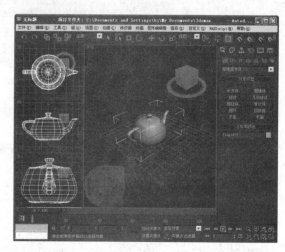

图1.32 【加载自定义UI方案】对话框

图1.33 ame-dark界面风格

1.3.3 自定义工作界面

3ds Max 2009是一个人性化的工作界面，用户可以根据自己的习惯和喜好对界面进行个性化设置，从而更加方便快捷地进行工作。

1. 自定义菜单

用户除了可以自定义工具栏之外，还可以自定义窗口中的菜单。

在3ds Max 2009中，使用【自定义用户界面】对话框中的【菜单】选项卡可以自定义工作界面中的菜单。

自定义菜单的具体操作步骤如下：

1 执行【自定义】→【自定义用户界面】命令，打开【自定义用户界面】对话框，单击【菜单】选项卡。

2 在左侧的命令列表框中，选择要添加的菜单命令，将它拖曳到右侧的菜单列表中，如图1.34所示，释放鼠标即可创建新的菜单组。

图1.34　自定义菜单

3 设置完成后单击【保存】按钮保存设置（需要重新启动3ds Max 2009才能看到所做的更改）。

 提示 使用【自定义】菜单中的【还原为启动布局】命令可以重置系统，返回到默认的用户界面。

2. 自定义工具栏

在3ds Max 2009中，用户可以创建新的工具栏，具体操作步骤如下：

1 启动3ds Max 2009，选择【自定义】菜单中的【自定义用户界面】命令，打开【自定义用户界面】对话框，单击【工具栏】选项卡，如图1.35所示。

2 单击【新建】按钮，弹出【新建工具栏】对话框，如图1.36所示。

3 在【名称】文本框中输入新工具栏的名称，例如输入"我的工具栏"。

图1.35　【自定义用户界面】对话框

4 单击【确定】按钮，在图1.35所示对话框的【操作】列表框中选择需要添加到新工具栏中的命令，拖动该命令到新的工具栏中即可，如图1.37所示。可以看到，一些工具显示按钮图标，另一些则只显示文本名。

图1.36　【新建工具栏】对话框

图1.37　创建的新工具栏

在【工具栏】选项卡中，【删除】按钮用于删除工具栏，但只能删除自己创建的工具栏；【重命名】按钮用于为当前的工具栏重新命名；选中【隐藏】复选框，可以使选择的工具栏隐藏起来。

提示　在自定义新的工具栏时，按住键盘上的【Alt】键可以从另一个工具栏上把按钮拖曳到新的工具栏上；按住【Ctrl】键并拖曳一个按钮，可以将原工具栏上的按钮复制到新的工具栏上；如果命令按钮没有图标，则该命令的文本将出现在新的工具栏上。除了可以将选择的命令拖曳到新的工具栏中之外，用户还可以将其拖曳到已有的工具栏上。

3. 自定义方形菜单

除了以上讲解的几种自定义工作界面的方法外，使用【自定义用户界面】对话框还可以自定义方形菜单，具体操作步骤如下：

1 用上面的方法打开【自定义用户界面】对话框。

2 单击【四元菜单】选项卡，如图1.38所示。

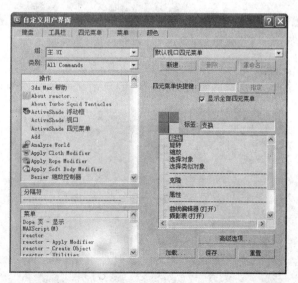

图1.38　自定义方形菜单

3 同其他对话框类似，左侧除了【组】和【类别】下拉列表框外，还包括【分隔符】和

【菜单】列表框。在【菜单】列表框中选择一个菜单，如【编辑】菜单。

 注意 右键快捷菜单可以包含分隔符，以便把命令划分成不同的区域和菜单，这些菜单会出现在标准界面的顶部。

4 拖动选中的菜单命令到右侧列表的合适位置，释放鼠标，即可将其添加到自定义方形菜单中。

注意 右上角的下拉列表框中包括许多不同的集合，用户可以从中选择某个菜单来自定义默认的方形菜单，也可以通过【新建】按钮创建自己命名的自定义方形菜单。还可以使用【重命名】按钮将现有的方形菜单重命名。

5 在【四元菜单快捷键】域中给自定义方形菜单分配一个键盘快捷键。

6 单击【高级选项】按钮，打开【高级四元菜单选项】对话框，如图1.39所示。使用这个对话框可以设置方形菜单的颜色等。

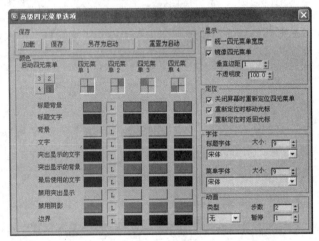

图1.39 【高级四元菜单选项】对话框

7 单击【保存】按钮，打开保存对话框，将自定义的方形菜单保存起来。

8 在视图区中右击，即可看到添加到方形菜单中的自定义命令，如图1.40所示。

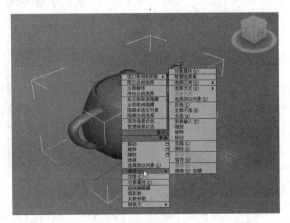

图1.40 添加方形菜单后的效果

1.4 配置3ds Max 2009的工作环境

在3ds Max 2009中进行建模和三维动画制作之前，首先要依据自己的使用习惯和实际任务的需要对工作环境进行适当的设置。

3ds Max 2009不仅对工作界面进行了较大的改进，还增强了人机交互特性，为设计师提供了自由配置工作环境的功能，使其具有更为强大的易用性和扩展性。好的效果图制作环境有利于减少失误、提高工作效率。

1.4.1 【首选项设置】对话框

启动3ds Max 2009，单击菜单栏中的【自定义】菜单，在打开的下拉菜单中选择【首选项】命令，打开【首选项设置】对话框，如图1.41所示，在该对话框中可以对3ds Max 2009的整体运行参数进行设置。

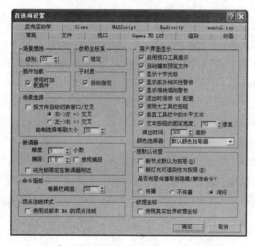

图1.41 【首选项设置】对话框

该对话框中包含以下几个选项卡：【常规】、【文件】、【动画】、【渲染】、【视口】和【Gizmo】（变换装置）等。

🔍【常规】选项卡

在该选项卡中，用户可以设置场景撤销操作的步数、对象的坐标系统及工作界面的各种显示选项等。

🔍【文件】选项卡

该选项卡用于设置文件保存、文件自动备份以及文件维护选项等。

🔍【视口】选项卡

在该选项卡中，用户可以对环境背景、鼠标控制、重影等进行设置。

 提示 重影用于显示动画对象在空间运动过程中留下的一连串虚影，以便于观察对象的运动状态和运动轨迹，在该区域中可以设置重影帧的数量、显示重影帧的频率、以线框方式显示重影以及显示关键帧编号等信息。

🔍 【Gamma和LUT】（伽玛值设置）选项卡

伽马值用于调整动画制作过程中图像在显示器中的色彩显示，用于保证在3ds Max 2009中渲染输出的作品在不同的硬件设备间色彩传递的准确性。在该选项卡中，用户可以调整伽马数值，设置输入图像伽马值和输出图像伽马值等。

🔍 【渲染】选项卡

在该选项卡中，可以依据不同的视频制式对色彩进行检查，并且可以设置输出抖动、场顺序以及灯光衰减等选项。

🔍 【动画】选项卡

该选项卡用于设置对象的动画控制。

🔍 【反向运动学】选项卡

反向运动学简称IK，通过计算子对象的动画设置信息并将该信息传递给其父对象，创建一种从子对象到父对象的运动方式。

在该选项卡的【应用式IK】区域中可以为指定式反向运动的位置、旋转等设置不同的阈值。

在【交互式IK】区域中可以为交互式反向运动的位置、旋转等设置不同的阈值。

🔍 【Gizmo】（变换装置）选项卡

该选项卡是变换装置选项卡，在该选项卡中用户可以设置移动变换装置、旋转变换装置、缩放变换装置等选项。

🔍 【MAXScript】（脚本语言设置）选项卡

该选项卡用于3ds Max 2009中脚本语言的设置，如脚本窗口、编码过滤器、宏记录器以及编码操作等的设置。

🔍 【Radiosity】（光能传递）选项卡

该选项卡主要用于场景文件的光能传递设置。

🔍 【mental ray】（mental ray设置）选项卡

在该选项卡的【常规】区域中可以决定是否启用某些可以为mental ray渲染器提供额外支持的功能。

在【渲染】区域中可以设置场景文件的渲染选项。

在【消息】区域中可以设置消息窗口的提示信息。

1.4.2 配置路径

用户对3ds Max 2009的整体默认路径进行配置后，在执行某些操作时3ds Max 2009会自动到默认的路径下寻找需要的文件，路径配置信息保存在"3dsmax.ini"文件中。

🔍 配置用户路径

在3ds Max 2009工作界面中，单击菜单栏上的【自定义】菜单，在打开的下拉菜单中选择【配置用户路径】命令，打开【配置用户路径】对话框，如图1.42所示。

【配置用户路径】对话框中有三个选项卡，分别是【文件I/O】选项卡、【外部文件】选项卡以及【外部参照】选项卡。

在【文件I/O】选项卡中选择一个路径项目，右侧的【修改】按钮被激活，单击【修改】按钮，弹出【选择目录】对话框，在该对话框中浏览指定文件夹所在的目录，以重新配置程序默认的路径。

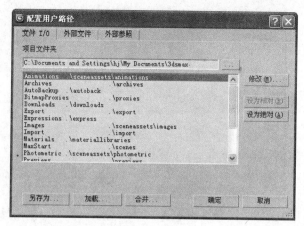

图1.42　【配置用户路径】对话框

在【文件I/O】（文件路径设置）选项卡中可以设置动画、材质等文件的存储路径。

在【文件I/O】（文件路径设置）选项卡中，选择一个路径项目，单击【另存为】按钮，弹出【保存路径到文件】对话框，在该对话框中可以将路径配置信息保存为.mxp文件。

单击【加载】按钮，弹出【从文件中加载路径】对话框，在该对话框中可以从.mxp文件中导入路径配置信息。

单击【合并】按钮，弹出【从文件中合并路径】对话框，在该对话框中可以将其他.mxp文件中保存的路径配置信息合并到当前路径配置文件中。

【外部文件】选项卡如图1.43所示。

图1.43　【外部文件】选项卡

在【外部文件】选项卡中可以设置材质贴图、灯光投影等项目中使用的图像文件路径，还可以将自己的图像或光盘素材库路径设置在该项目中。

当在列表中选择一个路径配置信息后，单击【删除】按钮，将删除选择的路径；单击【添加】按钮，将打开【选择新的外部文件路径】对话框，在该对话框中可以选择一个新的存储路径；单击【上移】或【下移】按钮，可以改变路径信息的排列位置。

【外部参照】选项卡如图1.44所示。

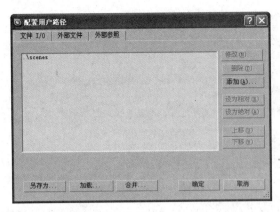

图1.44 【外部参照】选项卡

在【外部参照】选项卡中可以设置同一三维动画制作项目的合作者路径（网上邻居）。

配置系统路径

在3ds Max 2009工作界面中，单击菜单栏上的【自定义】菜单，在打开的下拉菜单中选择【配置系统路径】命令，打开【配置系统路径】对话框，如图1.45所示。在【系统】选项卡中可以设置附加图标、脚本和临时文件等系统信息的存储路径。

图1.45 【配置系统路径】对话框

【第三方插件】选项卡如图1.46所示，在其中可以设置程序运行过程中的附加插件路径。

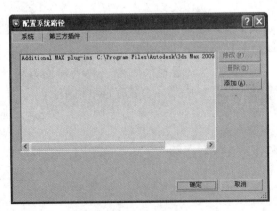

图1.46 【第三方插件】选项卡

　　3ds Max 2009的附加外挂插件通常在外挂插件目录"Plugins"中显示，这些外挂插件大多是第三方开发商为3ds Max 2009设计的。使用这些插件可以简单快捷地完成一项复杂的任务，大大扩展了3ds Max 2009的功能。

1.4.3　单位设置

　　在3ds Max 2009中，单击菜单栏上的【自定义】菜单，在打开的下拉菜单中选择【单位设置】命令，打开【单位设置】对话框，如图1.47所示。在该对话框中可以设置在3ds Max 2009中建模或灯光所使用的系统单位，既可以选择标准单位，也可以自定义单位，指定的单位将作为度量对象的依据。

　　　【系统单位设置】按钮

　　在【单位设置】对话框中单击【系统单位设置】按钮，弹出【系统单位设置】对话框，如图1.48所示。

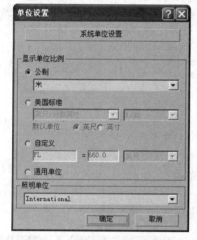

图1.47　【单位设置】对话框

图1.48　【系统单位设置】对话框

提示　如果在缩放或摇移视图时，屏幕的更新显示速度变慢，则应当重新设定系统单位。除非有特殊需要，一般不改变系统单位。

注意　只有在创建十分巨大或者十分微小的场景时，才需要改变默认的系统单位设置。

　　　【系统单位比例】区域

　　该区域用于设置3ds Max 2009中的系统单位。3ds Max 2009中有两种创建对象的方式：一种是在场景中直接用鼠标拖动的交互创建方式，另一种是在【创建】命令面板的【键盘输入】展卷栏中精确输入创建参数。后一种创建方式比较适用于精确的建筑建模和产品建模，该区域中设置的系统单位决定了所输入的创建参数在实际建造过程中代表的真实尺寸。

　　　【考虑文件中的系统单位】复选框：选中该复选框后，当打开、合并、外部参考或拖动指定一个具有不同系统单位设置的对象时，弹出【文件导入：单位不匹配】对话框，在该对话框中可以指定如何重新缩放对象的系统单位。取消选中该复选框后，这个对话框不出现，自动将该对象的系统单位与当前场景进行匹配。

【原点】区域

该区域可用于对虚拟场景的移出与观测精度进行设置。

【与原点之间的距离】：指定距离场景原点的最大距离。

【结果精度】：指定最大距离或尺寸的细分精度。

【显示单位比例】区域

【公制】：在下拉列表框中可以选择米制单位，这些单位包括毫米、厘米、米、千米。

【美国标准】：在下拉列表框中可以选择美国标准单位，这些单位包括分数英寸、小数英寸、分数英尺、小数英尺、英尺/分数英寸、英尺/小数英寸。

> **注意** 最后两个单位表示英寸与英尺连用的类型，例如指定默认单位为英尺，在数值输入框中输入5后按回车键表示5英尺，输入5″后按回车键显示0′5″（0英尺5英寸）；指定默认单位为英寸，在数值输入框中输入5后按回车键显示0′5″，输入5′后按回车键表示5英尺。如果选择分数类型的单位，那么在后面的输入框中可以指定分数分母。

【默认单位】：可以指定英尺或英寸。

【自定义】：在后面的数值输入框中可以指定自定义的测量单位。

【通用单位】：指定1英寸等于一个系统单位，默认选中该单选按钮。

【照明单位】区域

在该区域中设置灯光参数使用美国单位还是国际单位。

1.5 3ds Max 2009的基本操作

在3ds Max 2009中，文件的基本操作包括文件的创建，文件的保存，文件的导入、导出以及退出等。

1.5.1 新建文件

新建文件是制作任何作品的基础。启动3ds Max 2009后，程序会自动打开一个新的场景。用户可以在任何时候创建一个新场景，即新文件。

单击菜单栏上的【文件】菜单，从打开的下拉菜单中选择【新建】命令，打开【新建场景】对话框，如图1.49所示。单击【确定】按钮，即可清除当前场景中的所有物体并新建一个文件。

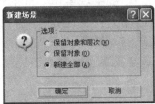

图1.49 【新建场景】对话框

提
示　按【Ctrl＋N】组合键也可以打开【新建场景】对话框。

【新建场景】对话框中有3个单选按钮，各自的含义如下。

【保留对象和层次】：保留场景中所有模型对象和它们之间的链接关系，但动画设置将会被删除。

【保留对象】：保留场景中的所有模型对象。

【新建全部】：此项为默认设置，表示会清除场景中的所有物体并新建一个文件。

1.5.2　保存文件

当完成作品的制作后，应将作品保存到硬盘上。文件被保存以前，在标题栏中显示"无标题"，保存文件之后，其名称会出现在标题栏中。

单击【文件】菜单，从打开的下拉菜单中选择【保存】命令，如果该场景还没有保存过，则会出现【文件另存为】对话框，如图1.50所示。

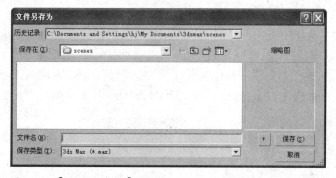

图1.50　【文件另存为】对话框

提
示　用户还可以按【Ctrl+S】组合键来打开【文件另存为】对话框。

单击【保存类型】下拉按钮，会看到3ds Max 2009中允许保存的文件类型，如图1.51所示。它支持的扩展名为.max和.chr。在默认状态下，文件采用.max格式保存。.chr扩展名用于字符文件。在各种不同的文件类型和格式中，.max格式的使用频率最高。

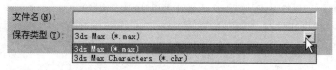

图1.51　保存文件的类型

【文件另存为】对话框保留了最近打开过的5个文件夹的历史列表，如图1.52所示。可以从该对话框的【历史记录】下拉列表框中选取这些文件夹，从而方便用户的操作。

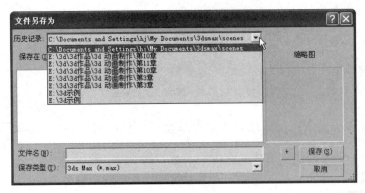

图1.52　最近打开过的5个文件夹的历史列表

如果要备份文件，可以单击【文件】菜单中的【另存为】命令，打开【另存为】对话框，将文件保存到其他位置。这个对话框中的按钮是标准的Windows文件对话框按钮，用于转到最后访问过的文件夹、转到上一级文件夹、创建新文件夹或查看文件视图选项的弹出菜单。

1.5.3　复位场景

新建一个文件并对其进行操作后，会保留所有当前的界面设置，包括视图配置、界面更改、视图背景等所有更改。可以重设界面，这样所有界面设置会返回到默认状态，将系统恢复为初始状态。执行【文件】→【复位】命令，打开如图1.53所示的对话框，询问是否保存对场景的修改，单击【否】按钮，打开如图1.54所示的对话框。

 提示　单击【否】按钮表示不保存对场景的修改。

图1.53　【3ds Max】对话框　　　　图1.54　【3ds Max】对话框

单击【是】按钮，将场景恢复到默认状态并重新建立一个新文件。

 提示　在图1.53所示的对话框中单击【是】按钮，会弹出【文件另存为】对话框，在该对话框中选择要保存的位置和文件名即可将原来的场景保存起来，以备下次使用。

1.5.4　自动备份文件

在使用3ds Max的过程中，为了防止因发生意外而丢失所有的工作，可以使用3ds Max 2009中的自动备份功能来保存文件。

使用自动备份功能，可以设置文件备份的数量以及进行一次文件备份的时间间隔。备份文件将存放到【配置用户路径】对话框指定的文件夹中，默认情况下将这些备份存放到"3dsmax\autoback"文件夹中。

 提示 单击【自定义】菜单中的【自定义用户界面】命令，打开【自定义用户界面】对话框，在其中可以查看这个路径所在的位置。

自动备份3ds Max 2009文件的具体操作步骤如下：

1 启动3ds Max 2009，单击菜单栏上的【自定义】菜单，在打开的下拉菜单中选择【首选项】命令。

2 打开【首选项设置】对话框，单击【文件】选项卡，如图1.55所示。

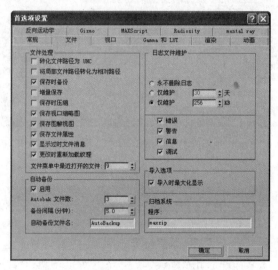

图1.55 【首选项设置】对话框的【文件】选项卡

3 在【自动备份】区域中选中【启用】复选框。

4 将【Autobak文件数】设置为"3"，将【备份间隔】设置为"5"。

5 在【自动备份文件名】文本框中输入要备份文件的名称，例如"MyFile"。

6 单击【确定】按钮。这样，在5分钟之后当前文件将保存为"MyFile1.max"。再过5分钟，保存名为"MyFile2.max"的另一个文件。再一个5分钟之后，用最近的更改覆盖"MyFile1.max"文件。

自动备份会把文件保存在由AutoBackup路径指定的文件夹中。单击【自定义】菜单中的【配置户路径】命令，可以打开【配置用户路径】对话框，在其中可以查看这个路径所在的位置，如图1.56所示。

图1.56 【配置用户路径】对话框

启用了自动备份文件功能后，如果出现故障，则可以找到标有最近日期的自动备份文件，并将其重新加载到3ds Max 2009中，这样就可以恢复所做的工作。这个文件不包括最近所做的所有更改，只能恢复到最近一次备份保存时的状态。

1.5.5 打开文件

将文件保存之后，如果要再次使用该文件，首先要将其打开。

单击菜单栏上的【文件】菜单，在其下拉菜单中选择【打开】命令，即可打开【打开文件】对话框，如图1.57所示。

图1.57 【打开文件】对话框

用户还可以使用【Ctrl+O】组合键打开【打开文件】对话框。

在【查找范围】下拉列表框中指定要打开的文件的存储路径。用户也可以在【历史记录】下拉列表框中查找文件所在的位置。在文件列表框中选择要打开的文件，单击【打开】按钮打开文件；双击所需文件也可将其打开。

该对话框与保存文件时所显示的对话框类似。3ds Max 2009能够打开以.max和.chr为扩展名保存的文件，也可以打开具有.drf扩展名的VIZ Render文件。

单击该对话框中的加号按钮，可打开选定文件的一个副本。当然，还可以使用【文件】菜单中的【打开最近】命令打开最近使用过的文件，如图1.58所示。如果要设置允许在【文件】菜单中显示的最近使用过的文件个数，可以在图1.55所示的对话框的【文件菜单中最近打开的文件】数值框中设置，此数值框中输入的数值决定了显示在【文件】→【打开最近】菜单中的最近打开过的文件数，最大值为"50"。

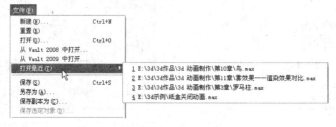

图1.58 打开最近使用过的文件

1.5.6　合并文件

在实际工作中，我们可以采用合并的方法将外部模型直接调入到三维场景中，而不必再重新创建模型。合并文件的具体操作方法如下：

1　单击【文件】菜单，在下拉菜单中选择【合并】命令，在打开的【合并文件】对话框中选择需要合并的模型文件，如图1.59所示。

2　单击【打开】按钮，打开【合并】对话框。

3　在打开的对话框左侧的列表框中选择要合并的模型，如图1.60所示。

图1.59　【合并文件】对话框

图1.60　选择要合并的模型

4　单击【确定】按钮。

 提示　在合并模型过程中，如果系统打开如图1.61和图1.62所示的对话框，则表明被合并的模型与当前场景中已存在的模型在对象名称或材质名称上相同，只需先选中【应用于所有重复情况】复选框，然后单击【合并】按钮或【自动重命名合并材质】按钮即可。

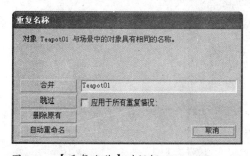

图1.61　【重复名称】对话框

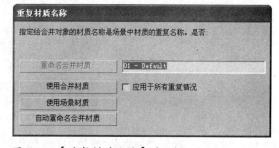

图1.62　【重复材质名称】对话框

1.5.7　导入和导出文件

在效果图制作过程中，尤其是在室内外装饰设计中，经常需要进行文件的导入和导出操作。

1. 导入文件

文件合并只能合并.max格式的文件，这类文件被称为内部文件，而通过文件的导入操作则可以导入3ds Max 2009支持的所有外部文件。

导入文件的方法很简单：单击【文件】菜单，选择【导入】命令，打开【选择要导入的文件】对话框，在该对话框中选择要导入的文件，然后单击【打开】按钮即可。

2. 导出文件

很多用户都喜欢用其他软件来渲染3ds Max创建的场景文件，所以很多时候需要将场景文件导出成能够被其他渲染软件识别的文件。Lightscape以其强大的渲染功能而受到众多用户的青睐，这里就以导出生成Lightscape能识别的LP格式文件为例来介绍文件的导出方法。具体操作步骤如下：

1 单击【文件】菜单，选择【导出】命令，打开【选择要导出的文件】对话框。

2 在【保存类型】下拉列表框中选择【Lightscape准备】选项，在【文件名】下拉列表框中输入文件的名称，如图1.63所示。

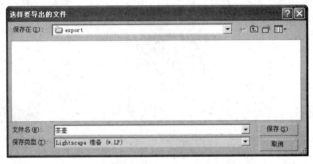

图1.63 【选择要导出的文件】对话框

3 单击【保存】按钮，打开【导入Lightscape准备文件】对话框，如图1.64所示。

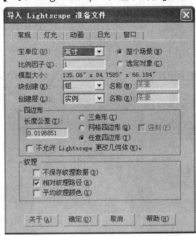

图1.64 【导入Lightscape准备文件】对话框

4 单击【确定】按钮。

提示 在【导入Lightscape准备文件】对话框中要确保主单位为"毫米"。

结束语

本章介绍了3ds Max 2009的新增功能、应用领域以及配置需求等，并讲解了3ds Max 2009的启动和退出以及一些简单的操作，使读者对3ds Max 2009有一个基本的认识，为学习以后的章节打下基础。

Chapter 2

第2章
创建基本对象

本章要点

入门——基本概念与基本操作

　　标准基本体

　　扩展基本体

　　二维图形对象建模

进阶——制作电脑桌和显示器

　　制作电脑桌

　　制作显示器

　　制作显示器底座

提高——自己动手练

　　沙发的制作

　　八角桌的制作

答疑与技巧

本章导读

　　作为一款优秀的三维设计软件，3ds Max 2009最大的优点就在于通过它可以快速、简单地创建出各种各样的几何体模型，通过对这些简单的几何体形状进行各种调整，再赋予各种各样的材质，即可创建出一些复杂和漂亮的场景。

　　本章着重讲述创建基本几何体、扩展基本体和二维图形的方法。

2.1 入门——基本概念与基本操作

在3ds Max中，用户可以创建复杂的模型和对象，但它本身就包含了许多简单的默认几何体对象，这些对象可以作为创建对象的起点。在场景中创建造型对象的方法有以下两种：使用【创建】命令面板或使用【创建】菜单。

【创建】面板是命令面板中的第一个面板，图标是个指向星星的箭头 。图2.1所示的为当在命令面板中选定【几何体】按钮时的【创建】命令面板。【创建】命令面板是为场景创建对象的地方，这些对象可以是类似球体、圆柱体和长方体的几何对象，也可以是类似灯光、摄影机和粒子系统等的其他对象。【创建】命令面板中包含了大量对象。要创建一个对象，只需在【创建】命令面板中找到对应的对象工具按钮，单击该工具按钮，然后在选定视图窗口中单击并拖动鼠标即可。

使用【创建】菜单不仅可以创建标准基本体、扩展基本体等，还可以快速访问【创建】命令面板中的按钮，由【创建】命令面板创建的所有造型对象都可以通过【创建】菜单进行创建。从【创建】菜单中选定一个对象就会打开【创建】命令面板，并自动选定匹配的按钮。例如，在【创建】菜单中选择【标准基本体】命令，在打开的子菜单中选择【茶壶】选项，如图2.2所示。

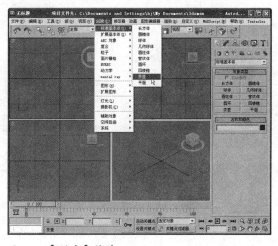

图2.1　【创建】命令面板　　　　　图2.2　【创建】菜单

在【创建】菜单中选定了选项之后，只需要在视图窗口中单击并拖动鼠标就可以创建对象。

2.1.1 标准基本体

在3ds Max 2009中可以创建的标准基本体有10种，分别是长方体、圆锥体、球体、几何球体、圆柱体、管状体、圆环、四棱锥、茶壶和平面，如图2.3所示。

创建标准基本体的工具按钮位于【几何体】面板的【对象类型】展卷栏里。利用这些工具按钮可以创建球体、几何球体、管状体等多种造型对象。

这些对象既可以直接作为模型构件，也可以合成复杂的场景造型，还可以为这些对象施加不同的修改编辑器。

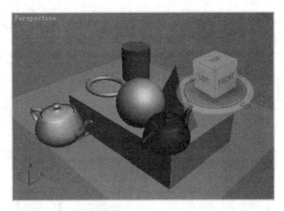

图2.3　标准基本体

要创建某个标准基本体时，先单击该基本体对应的工具按钮，然后在视图区中单击并拖动鼠标即可。具体操作步骤如下：

1 重置场景，打开【创建】命令面板，单击【几何体】按钮，在【对象类型】展卷栏中单击要创建的几何体所对应的按钮，例如单击【圆锥体】按钮，如图2.4所示。

图2.4　单击【圆锥体】按钮

2 在视图中单击以确定被创建几何体所在的起始点，如图2.5所示。

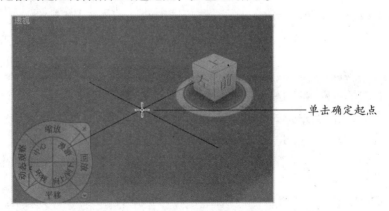

图2.5　确定起点

3 拖动并释放鼠标以确定物体的底面积或半径，如图2.6所示。

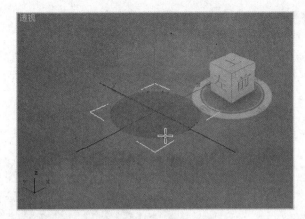

图2.6 确定底面积

4 移动鼠标并单击以确定物体的高度或另一个半径，如图2.7所示。

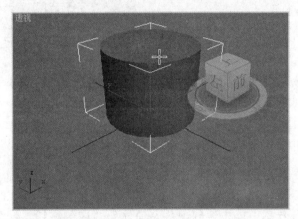

图2.7 确定高度

5 移动鼠标并单击以确定物体的第三半径或高度，如图2.8所示。

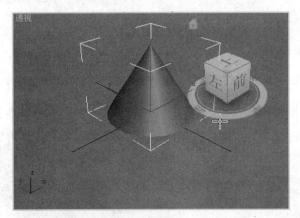

图2.8 最终效果

提示　通过鼠标单击并拖动只能确定基本体的大体形状，要想确定其具体形状，比如说长方体的具体长、宽、高尺寸，可以在窗口右侧的参数卷展栏中进行设置，通过调整这些参数可用具体数值来控制基本体的形状和大小。

2.1.2　扩展基本体

　　在基本对象创建命令面板中，单击【标准基本体】右侧的下拉按钮，从下拉列表中选择【扩展基本体】选项，打开创建扩展基本体命令面板，如图2.9所示。该命令面板与创建标准基本体命令面板的结构相同。

　　在该命令面板中，用户可以创建异面体、环形结、切角长方体、胶囊等造型对象，如图2.10所示。

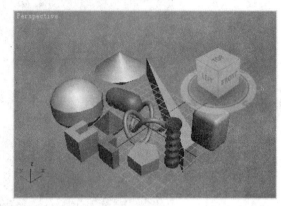

<table>
<tr><td>图2.9　选择【扩展基本体】选项</td><td>图2.10　扩展基本体</td></tr>
</table>

　　扩展基本体的创建方法与标准基本体的创建方法一样，先单击要创建的基本体对应的按钮，然后在视图区中单击鼠标并拖动即可。具体操作步骤如下：

1　重置场景，打开【创建】命令面板，单击【几何体】按钮，在创建类型下拉列表中选择【扩展基本体】选项。

2　在【对象类型】展卷栏中单击要创建的几何体所对应的按钮，例如单击【环形结】按钮，如图2.11所示。

3　在视图区中单击鼠标，确定被创建几何体所在的起始点，然后拖动并释放鼠标，确定环形结的半径，如图2.12所示。

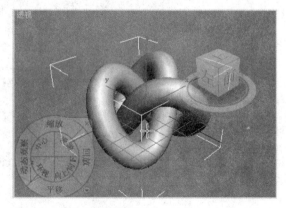

<table>
<tr><td>图2.11　单击【环形结】按钮</td><td>图2.12　确定环形结的半径</td></tr>
</table>

4　移动鼠标确定环形结的截面半径，释放鼠标完成创建，如图2.13所示。

图2.13 创建的对象

除了通过在视图区中单击和拖动来创建对象以外，还可以在展卷栏中选择不同的创建方法来创建对象。例如，单击【球体】按钮后，【创建方法】展卷栏中会出现两个单选按钮：【边】和【中心】。当选择【边】单选按钮时，在视图区中单击鼠标设置球体的边缘，拖动并再次单击可以设置球体的直径。默认情况下，【中心】单选按钮处于选中状态，该创建方法定义了球体的中心，拖动鼠标可以设置球体的半径。

除此之外，用户还可以通过在【键盘输入】展卷栏中输入精确的数据来创建需要的造型对象。

提示 一些造型对象，如异面体、环形波和软管，没有任何创建方法。

标准基本体和扩展基本体中具体造型对象的创建方法参见表2.1。

表2.1 造型对象的创建方法

对象	默认创建方法	创建时单击视图区的次数	其他创建方法
长方体	长方体	2	立方体
圆锥体	中心	3	边
球体	中心	1	边
几何球体	中心	1	直径
圆柱体	中心	2	边
管状体	中心	3	边
圆环	中心	2	边
四棱锥	基点/顶点	2	中心
茶壶	中心	1	边
平面	矩形	1	正方形
异面体	—	1	—
环形结	半径	2	直径
切角长方体	长方体	3	立方体
切角圆柱体	中心	3	边
油罐	中心	3	边

（续表）

对象	默认创建方法	创建时单击视图区的次数	其他创建方法
胶囊	中心	2	边
纺锤	中心	3	边
L-Ext（L形体）	角	3	中心
球棱柱	中心	3	边
C-Ext（C形体）	角	3	中心
环形波	—	2	—
棱柱	基点/顶点	3	二等边
软管	—	2	—

2.1.3　二维图形对象建模

在3ds Max 2009中，二维图形是非常重要的一种对象类型，用户可以对二维图形进行编辑加工，从而创建成三维模型，也可以将它们看做三维对象在某一视角上的截面。

在3ds Max 2009中，在【创建】命令面板中单击【图形】按钮，如图2.14所示。用户可以创建诸如线、矩形、椭圆、圆、多边形等二维图形（或称样条曲线），如图2.15所示。

图2.14　二维图形创建面板

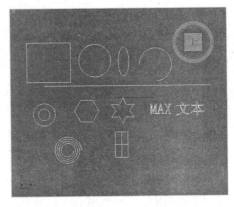

图2.15　二维图形

创建二维图形的方法很简单，和基本体的创建方法一样，先单击相应的工具按钮，再在视图区中单击并拖动鼠标即可完成。具体操作步骤如下：

1 重置场景，在【创建】命令面板中单击【图形】按钮，打开如图2.14所示的面板。

2 在【对象类型】展卷栏中单击【星形】按钮，如图2.16所示。

3 在透视图中按住鼠标左键并拖动，以确定图形半径1的大小，如图2.17所示。

4 移动鼠标并单击，以确定图形半径2的大小，如图2.18所示。

图2.16　单击【星形】按钮

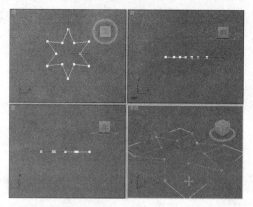

图2.17 确定半径1的大小

5 单击鼠标，完成星形的创建，如图2.19所示。

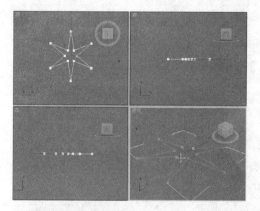

图2.18 确定半径2的大小

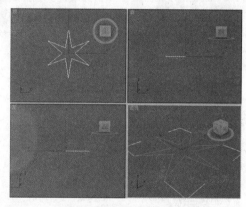

图2.19 完成星形的创建

2.2 进阶——制作电脑桌和显示器

在3ds Max 2009中，通过对基本对象进行拼凑和组合，可以创建比较完整的模型。本节将介绍几个相关的实例，在建模的基础上修改参数，应用复制、变换、对齐等操作，完成模型的制作。

最终效果

制作完成后的效果如图2.20所示。

解题思路

- 利用【长方体】按钮创建电脑桌的桌面，确定电脑桌的大小。
- 利用复制的方法创建桌面的收口边。
- 利用【长方体】按钮创建侧面挡板，确定电脑桌的大致分

图2.20 电脑桌的实例效果

布，并创建长方体和切角长方体对象，分别模拟键盘和抽屉。

🔍 利用切片球体模拟抽屉把手。

🔍 创建切角长方体对象并应用【编辑网格】修改器命令，模拟显示器。

🔍 为显示器赋予材质和贴图。

🔍 创建半球体，模拟底座。

🔍 利用【合并】命令合并对象。

┃操作步骤┃

下面分3个小节来讲解具体操作步骤。

2.2.1 制作电脑桌

1 重置场景，打开【创建】命令面板，单击【几何体】按钮下的【长方体】按钮，在顶视图中创建一个长方体作为桌面，设置【长度】为"600"、【宽度】为"1200"、【高度】为"15"，如图2.21所示。创建完成后的效果如图2.22所示。

图2.21　创建参数

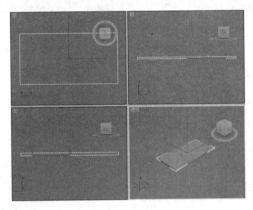

图2.22　创建效果

 提示　创建完对象之后，在透视图中按【F4】键，将会显示所创建对象的结构线框，这样可以清晰地观看到对象的形态结构。

2 在左视图中选择刚创建的桌面，单击主工具栏上的【选择并移动】按钮，在按住【Shift】键的同时将桌面水平拖动，释放鼠标，打开【克隆选项】对话框，设置参数如图2.23所示。

3 选择新复制的Box02对象，修改参数如图2.24所示。

图2.23　设置参数

图2.24　修改参数

4 将Box02对象作为收口边，利用【选择并移动】按钮将其调整到如图2.25所示的位置。

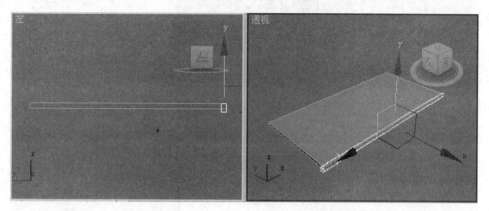

图2.25　调整长方体的位置

 提示 创建完对象之后，在透视图中对象的边缘会有白色支架显示，这样会影响观察对象的形态，可以按一下键盘上的【J】键进行取消。

5 打开【创建】命令面板，单击【几何体】按钮下的【长方体】按钮，在左视图中创建一个长方体作为侧面挡板，设置【长度】为"700"、【宽度】为"500"、【高度】为"15"，如图2.26所示。创建完成后的效果如图2.27所示。

图2.26　设置参数

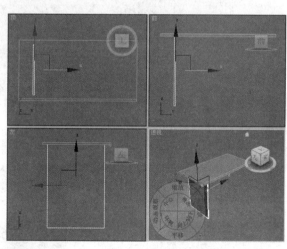

图2.27　创建效果

6 确保刚创建的挡板处于选中状态，单击主工具栏上的【对齐】按钮，在左视图的桌面位置单击一下（当鼠标变为对齐光标时单击鼠标左键），弹出【对齐当前选择】对话框，设置选项如图2.28所示。

 提示 【对齐】命令的快捷键是【Alt+A】。

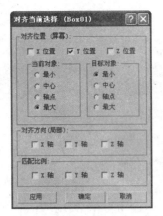

图2.28　【对齐当前选择】对话框

7　利用前面介绍的方法，在前视图中再复制两个挡板，完成后的效果如图2.29所示。

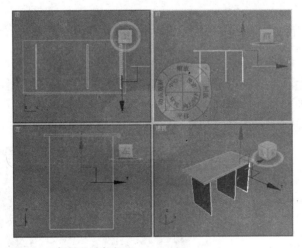

图2.29　复制后的挡板

8　将作为桌面的长方体复制一个，作为键盘架，创建参数和效果如图2.30和图2.31所示。

图2.30　键盘架创建参数

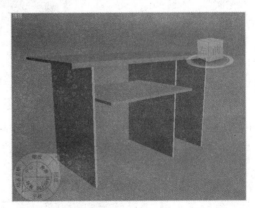

图2.31　制作的键盘架

9　将作为挡板的长方体复制一个，作为键盘架的收口，创建参数和效果如图2.32和图2.33所示。

图2.32 收口创建参数

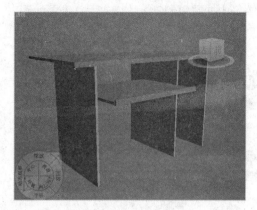

图2.33 制作的键盘架收口

10 打开【创建】命令面板，单击【标准基本体】右侧的下拉按钮，从下拉列表中选择【扩展基本体】选项，打开创建扩展基本体命令面板，在其中单击【切角长方体】按钮，如图2.34所示。

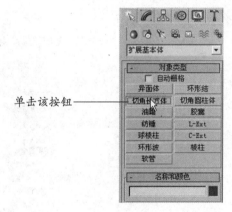

单击该按钮————

图2.34 扩展基本体命令面板

11 在前视图中创建一个切角长方体，模拟抽屉，创建参数和效果如图2.35和图2.36所示。

图2.35 参数设置

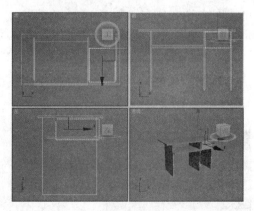

图2.36 创建的抽屉

12 选择刚创建的抽屉面板，单击主工具栏上的【选择并移动】按钮，在按住【Shift】键的同时将桌面水平拖动，释放鼠标，打开【克隆选项】对话框，设置参数如图2.37所示，将做好的抽屉复制3个，完成后的效果如图2.38所示。

图2.37　设置复制参数

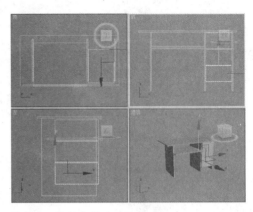

图2.38　复制完成后的效果

13 打开【创建】命令面板，单击【扩展基本体】右侧的下拉按钮，从下拉列表中选择【标准基本体】选项，然后在打开的面板中单击【球体】按钮，在顶视图中创建一个切片球体作为抽屉的把手，创建参数和效果如图2.39和图2.40所示。

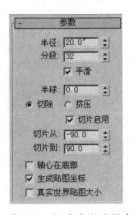

图2.39　切片球体的创建参数

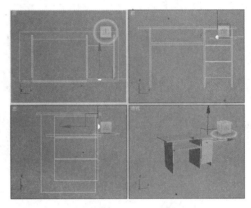

图2.40　创建的把手

14 在前视图中选择刚创建的把手，单击主工具栏上的【选择并移动】按钮，在按住【Shift】键的同时将桌面水平拖动，释放鼠标，打开【克隆选项】对话框，设置参数如图2.41所示，将做好的把手复制两个，完成后的效果如图2.42所示。

图2.41　设置复制参数

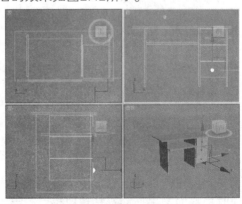

图2.42　创建完成后的效果

15 执行【文件】→【保存】命令，将文件存储为"电脑桌.max"。

2.2.2 制作显示器

1 重置场景，单击菜单栏上的【自定义】菜单，在打开的下拉菜单中选择【单位设置】命令，打开【单位设置】对话框，在【显示单位比例】区域中选中【公制】单选按钮，单击右侧的下拉按钮，从打开的下拉列表中选择【毫米】选项，如图2.43所示。

2 在【单位设置】对话框中单击【系统单位设置】按钮，打开【系统单位设置】对话框。在【系统单位比例】区域中单击下拉按钮，从打开的下拉列表中选择【毫米】选项，如图2.44所示。

图2.43 设置公制单位

图2.44 设置系统单位

3 连续单击【确定】按钮，返回程序界面。

4 打开【创建】命令面板，单击【标准基本体】右侧的下拉按钮，从下拉列表中选择【扩展基本体】选项，打开创建扩展基本体命令面板，在其中单击【切角长方体】按钮，在前视图中创建一个切角长方体，模拟显示器屏幕，创建参数和效果如图2.45和图2.46所示。

图2.45 设置参数

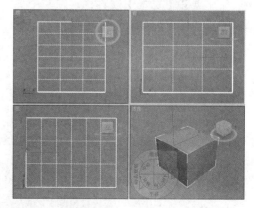

图2.46 创建效果

5 保持切角长方体的选中状态，打开【修改】命令面板，为其应用【编辑网格】修改器命令，如图2.47所示。

6 单击展开【选择】展卷栏，在其中单击【顶点】按钮，如图2.48所示。

图2.47　选择【编辑网格】修改器

图2.48　单击【顶点】按钮

7　在前视图中沿水平方向框选中间的两排顶点，分别向上下移动，如图2.49所示。

8　在前视图中沿垂直方向框选中间的两排顶点，分别向左右移动，制作出显示器屏幕的外框，如图2.50所示。

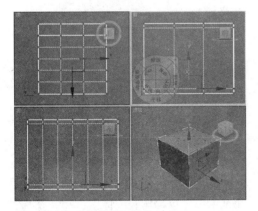

图2.49　移动水平方向顶点

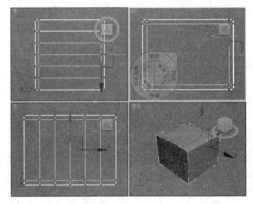

图2.50　移动垂直方向顶点

9　单击展开【选择】展卷栏，在其中单击【多边形】按钮，然后在前视图中单击选择中间的多边形，如图2.51所示。

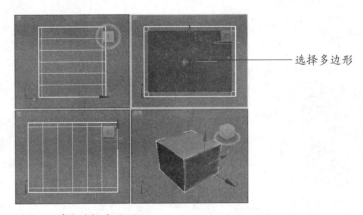

选择多边形

图2.51　单击选择多边形

10　单击展开【编辑几何体】展卷栏，单击其中的【挤出】按钮，设置挤出值为"–8mm"（如

图2.52所示），然后单击【倒角】按钮，设置倒角值为"–5mm"（如图2.53所示），最后按【Enter】键完成设置，效果如图2.54所示。

图2.52 设置参数

图2.53 设置参数

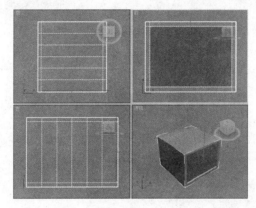

图2.54 制作的显示器屏幕

▌▌ 单击展开【选择】展卷栏，在其中单击【顶点】按钮，在顶视图中框选上面的5排顶点，单击主工具栏中的【选择并均匀缩放】按钮■，对顶点进行缩放操作，如图2.55所示。

▌2 单击主工具栏中的【选择并移动】按钮✛，在左视图中框选左上角的顶点，移动顶点表现出弧形，然后移动左下角的顶点。制作的显示器效果如图2.56所示。

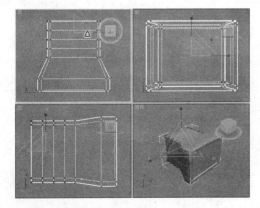

图2.55 缩放顶点

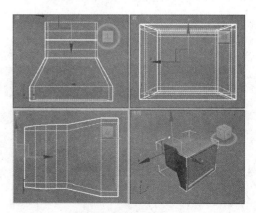

图2.56 制作的显示器效果

13 单击展开【选择】展卷栏，在其中单击【多边形】按钮，在前视图中选择表示显示器屏幕的多边形，在【曲面属性】展卷栏中设置【设置ID】为"2"（如图2.57所示），并设置其他多边形的【设置 ID】为"1"。

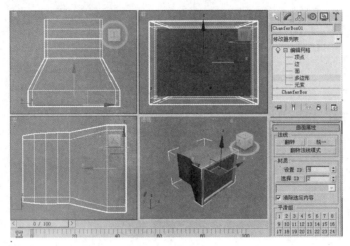

图2.57　设置多边形ID

14 按【M】键打开【材质编辑器】对话框，选择第1个样本球，单击行工具栏中的【Standard】按钮，打开【材质/贴图浏览器】对话框，从其中选择【多维/子对象】选项，如图2.58所示。

15 单击【确定】按钮，打开【替换材质】对话框，选中【丢弃旧材质】单选按钮，如图2.59所示，然后单击【确定】按钮关闭对话框。

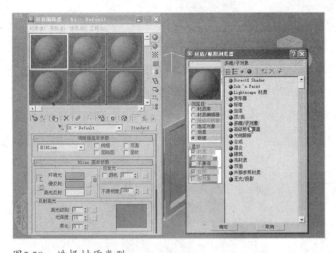

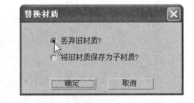

图2.58　选择材质类型　　　　　　　　　　　　　　　　图2.59　设置材质

16 单击展卷栏中的【设置数量】按钮，在弹出的对话框中设置【材质数量】为"2"，如图2.60所示。

17 单击【确定】按钮关闭对话框，这时展卷栏中只保留了前两个样本球，单击ID值为1的样本球右侧的【Material #35 (Standard)】按钮，进入该样本球的编辑层级，如图2.61所示。

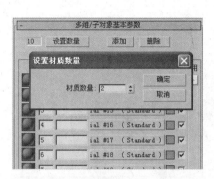

图2.60 设置材质基本参数

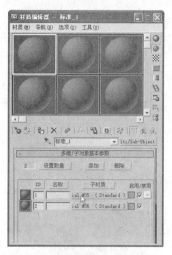

图2.61 设置ID1的材质

18 在【明暗器基本参数】展卷栏的下拉列表中选择【（B）Blinn】选项。在【Blinn基本参数】展卷栏中单击【环境光】后边的颜色块，打开【颜色选择器：环境光颜色】对话框，将环境光的颜色设置为浅灰色，具体参数设置如图2.62所示。

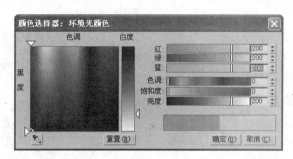

图2.62 设置颜色

19 单击【确定】按钮，返回【材质编辑器】对话框，将漫反射颜色设置为浅灰色，在【反射高光】区域中设置【高光级别】为"20"、【光泽度】为"20"，如图2.63所示。

20 选中显示器对象，在【材质编辑器】对话框中单击行工具栏中的【将材质指定给选定对象】按钮，将该材质赋予显示器，效果如图2.64所示。

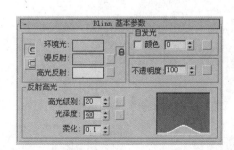

图2.63 设置参数

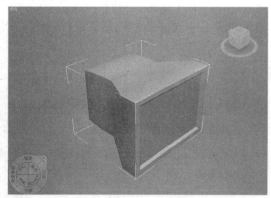

图2.64 赋予材质后的效果

21 单击行工具栏中的【转到父对象】按钮 ，回到基本材质编辑状态，然后单击ID值为2 的样本球右侧的【Material #36（Standard）】按钮，进入该样本球的编辑层级。

22 在【Blinn基本参数】展卷栏的【自发光】区域中设置数值框中的值为"80"，在【反射 高光】区域中设置【高光级别】为"60"、【光泽度】为"60"，如图2.65所示。

23 在【贴图】展卷栏中选中【漫反射颜色】复选框，单击右侧的【None】按钮，在弹出的 【材质/贴图浏览器】对话框中双击【位图】选项，如图2.66所示。

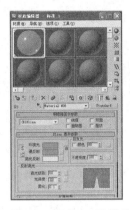

图2.65 设置ID2的材质

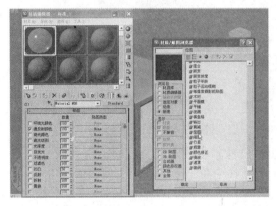

图2.66 双击【位图】选项

24 从弹出的【选择位图图像 文件】对话框中选择一个 贴图文件，然后将制作的 材质赋予显示器，效果如 图2.67所示。

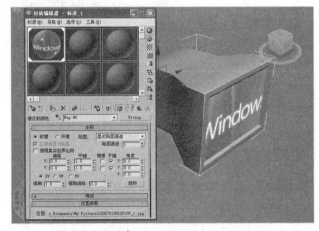

图2.67 将材质赋予对象

25 打开【修改】命令面板， 为显示器对象添加【UVW 贴图】修改器命令，在 【参数】展卷栏中选择 【平面】单选按钮，效果 如图2.68所示。

图2.68 添加修改器命令后的效果

2.2.3 制作显示器底座

1 确保显示器处于选中状态，单击鼠标右键，从打开的快捷菜单中选择【隐藏当前选择】命令，如图2.69所示。

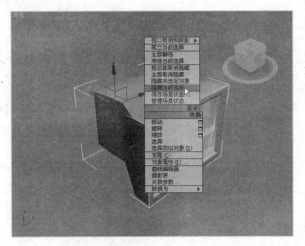

图2.69 选择【隐藏当前选择】命令

 提示 隐藏显示器是为了更方便地制作底座。制作完底座后，再取消隐藏即可。

2 打开【创建】命令面板，单击【几何体】按钮下的【球体】按钮，在顶视图中创建一个半球作为底座，创建参数和效果如图2.70和图2.71所示。

图2.70 创建参数

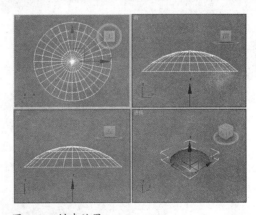

图2.71 创建效果

3 在命令面板中单击【层次】按钮，打开【层次】命令面板，在【调整轴】展卷栏中单击【仅影响轴】按钮，然后在【对齐】区域中单击【居中到对象】按钮，如图2.72所示。此时的图像效果如图2.73所示。

 提示 调整完球体的【半球】参数后，它的轴心还是在球体的中心，对它进行移动、旋转、镜像操作时很不方便，所以要改变它的轴心。

图2.72 【层次】命令面板

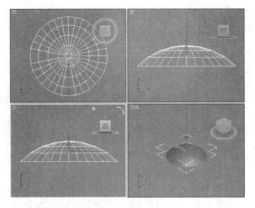

图2.73 移动轴后的效果

4 激活左视图，单击主工具栏中的【镜像】按钮 ，打开【镜像：屏幕 坐标】对话框，设置参数如图2.74所示。单击【确定】按钮，效果如图2.75所示。

图2.74 设置参数

图2.75 镜像后的效果

5 单击主工具栏中的【选择并旋转】按钮 ，对镜像后的半球进行旋转，旋转后的效果如图2.76所示。

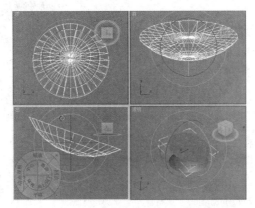

图2.76 旋转后的效果

6 按【Ctrl+A】组合键，选择所有对象。执行【组】→【成组】命令，打开【组】对话框，在【组名】文本框中输入名称"底座"（如图2.77所示），然后单击【确定】按钮。

7 在任意一个视图上单击鼠标右键，从打开的快捷菜单中选择【全部取消隐藏】命令，将隐藏的对象都显示出来，如图2.78所示。

图2.77 【组】对话框

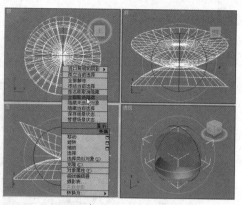

图2.78 选择【全部取消隐藏】命令

8 利用主工具栏上的移动工具和旋转工具调整底座和显示器的位置，调整后的效果如图2.79所示。

9 选中底座对象，然后单击打开【修改】命令面板，单击颜色色块，如图2.80所示。

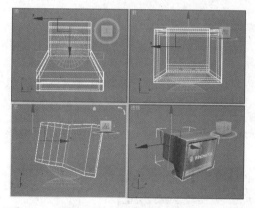

图2.79 调整位置

图2.80 单击颜色色块

10 打开【对象颜色】对话框，然后单击【添加自定义颜色】按钮，如图2.81所示。

11 打开【颜色选择器：添加颜色】对话框，将颜色设置为浅灰色，以便和显示器颜色相匹配，具体参数设置如图2.82所示。

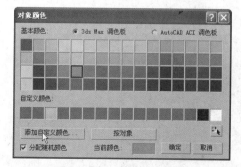

图2.81 【对象颜色】对话框

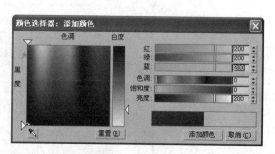

图2.82 设置颜色参数

12 单击【添加颜色】按钮，返回【对象颜色】对话框，然后单击【确定】按钮，返回程序界面。

13 按【Shift+Q】组合键，对制作的模型进行渲染，效果如图2.83所示。

图2.83 渲染效果

14 执行【文件】→【保存】命令，将文件存储为"显示器.max"。

2.2.4 组合对象

在2.2.1节中我们制作了一个电脑桌，下面我们把它和刚制作的显示器合并在一起，具体操作步骤如下：

1 执行【文件】→【合并】命令，打开【合并文件】对话框，找到2.2.1节中创建的"电脑桌.max"所在的文件夹。

2 选中"电脑桌.max"文件（如图2.84所示），然后单击【打开】按钮。

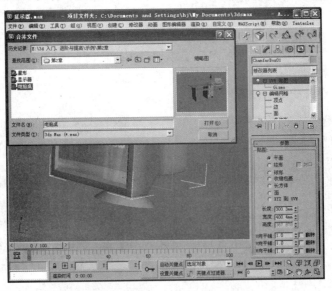

图2.84 【合并文件】对话框

3 打开【合并–电脑桌.max】对话框，单击【全部】按钮，如图2.85所示。

图2.85　【合并–电脑桌.max】对话框

4 单击【确定】按钮，打开【重复名称】对话框（如图2.86所示），单击【自动重命名】按钮。

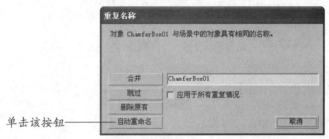

图2.86　【重复名称】对话框

5 利用主工具栏上的移动工具和缩放工具调整好对象的大小和位置，效果如图2.87所示。

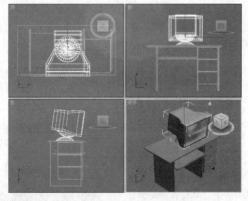

图2.87　合并后的效果

2.3 提高——自己动手练

在讲解了前面的实例之后，本节通过制作沙发和八角桌来更深层次地介绍拼凑建模的方法以及如何通过巧妙地设置参数来创建模型，使读者更全面地掌握建模的方法。

2.3.1 沙发的制作

本小节将介绍如何制作沙发，通过拼凑的方法将简单的三维造型堆砌成一个完整的模型。

最终效果

制作完成后的沙发效果如图2.88所示。

图2.88 沙发的最终效果

解题思路

🔍 利用【长方体】命令创建沙发的底座。
🔍 利用【切角长方体】命令创建沙发的坐垫、靠背和扶手。
🔍 利用旋转工具旋转靠背，做出倾斜的效果。
🔍 利用【圆柱体】命令创建沙发的支脚。

操作提示

1 重置场景，在顶视图中创建一个长方体对象，模拟沙发的底座，效果如图2.89所示。

2 在顶视图中创建切角长方体对象，模拟沙发的坐垫，在前视图中创建切角长方体，模拟沙发的靠背，效果如图2.90所示。

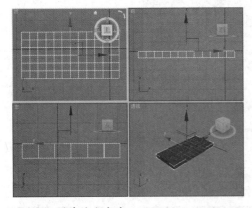

图2.89 创建沙发底座

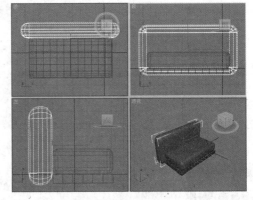

图2.90 创建沙发坐垫和靠背

3 激活左视图，确保靠背对象处于选中状态，利用选择并旋转工具将创建的切角长方体旋转一定的角度，并移动到合适的位置，做出沙发靠背倾斜的效果，如图2.91所示。

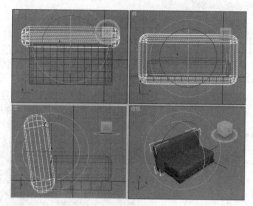

图2.91　旋转并移动靠背对象

4 在顶视图中创建一个切角长方体对象，利用复制的方法再制作一个作为沙发的扶手，调整好它们的位置，效果如图2.92所示。

5 创建圆柱体对象，模拟沙发的支脚，最终效果如图2.93所示。

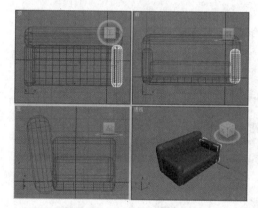

图2.92　创建扶手

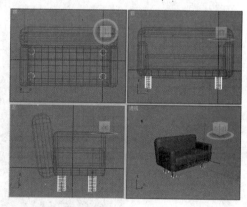

图2.93　沙发的最终效果

2.3.2　八角桌的制作

　　该实例中的八角桌主要是由切角圆柱体、切角长方体和管状体拼凑而成的，重点在于用于创建桌面的切角圆柱体的参数设置。

最终效果

　　制作完成后的八角桌效果如图2.94所示。

解题思路

🔍 利用【切角圆柱体】命令创建八角桌的桌面。

🔍 利用【切角长方体】命令创建八角桌的桌腿。

🔍 利用【管状体】命令创建八角桌的挡板。

🔍 为桌面赋予材质。

图2.94　八角桌的最终效果

操作提示

1 重置场景，在顶视图中创建一个切角圆柱体对象，模拟八角桌的桌面，创建参数和效果如图2.95和图2.96所示。

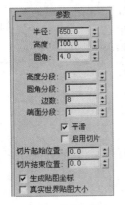

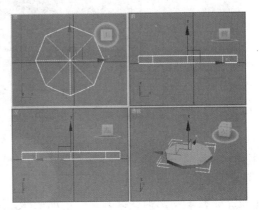

图2.95 设置参数

图2.96 创建效果

2 在顶视图中创建切角长方体对象，模拟八角桌的桌腿，然后复制3个，效果如图2.97所示。

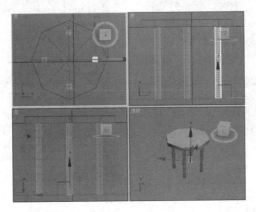

图2.97 制作的桌腿

3 在顶视图中创建管状体对象，作为八角桌的挡板，创建参数和效果如图2.98和图2.99所示。

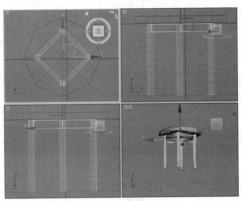

图2.98 创建参数

图2.99 创建的挡板

4 在前视图中将刚创建的管状体复制一个，并适当缩小高度，将其作为八角桌的桌撑，如图2.100所示。

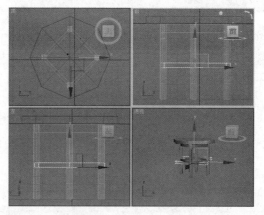

图2.100 创建的桌撑

5 选中桌面对象，按【M】键打开【材质编辑器】对话框，在【Blinn基本参数】展卷栏中单击【漫反射】后面的方块，打开【材质/贴图浏览器】对话框，在其中选择大理石材质，如图2.101所示。

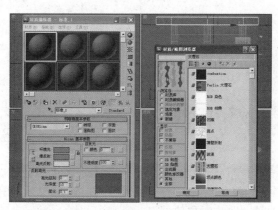

图2.101 选择大理石材质

6 单击【确定】按钮，将材质赋予桌面对象，完成后的效果如图2.102所示。

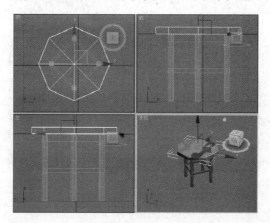

图2.102 赋予材质后的效果

2.4 答疑与技巧

问：在3ds Max 2009中，要想创建一个杯把或壶把，该如何创建呢？

答：在【创建】命令面板中单击【茶壶】按钮，可以在展卷栏中看到它的各个参数，下面主要来介绍【参数】展卷栏，如图2.103所示。

图2.103　茶壶的【参数】展卷栏

【参数】展卷栏中的各个选项的含义如下。

- 🔍 **【半径】**：用于设置茶壶体最大水平截面圆的半径。创建了茶壶后，改变此值即可改变茶壶的大小。
- 🔍 **【分段】**：用于设置茶壶或它某一部分的分段数。
- 🔍 **【茶壶部件】区域**：包括【壶体】、【壶把】、【壶嘴】和【壶盖】4个复选框。默认情况下，这4个复选框都处于选中状态。取消选中某部件复选框，会暂时隐藏该部件；再次选中该部件复选框，则会重新显示该部件。

如果要单独创建茶壶的一部分，可以在单击【茶壶】按钮后取消选中【茶壶部件】区域中的相应复选框，然后在视图区中单击并拖动鼠标。图2.104所示的为只选中【壶把】复选框时创建的对象效果。

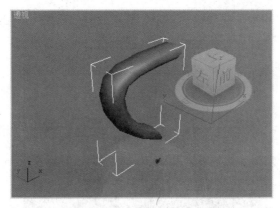

图2.104　创建的壶把

问：在3ds Max 2009中，如何创建垂直的线条？

答：在【创建】命令面板中单击【图形】按钮，打开【图形】命令面板，单击【线】按钮，在视图区中单击鼠标创建第一个点，向右拖动鼠标并单击画出一条直线，然后按住【Shift】键向上拖动鼠标并单击，即可创建出垂直的线条，右击鼠标完成创建，如图2.105所示。

图2.105　创建的垂直线条

问：我想对编辑的曲线进行优化，但是参数面板中的【优化】按钮并不可用，这是为什么呢？

答：【优化】按钮只作用于顶点和线段次对象模式，在【修改】命令面板中先选中上述模式，【优化】按钮就可用了。

结束语

本章介绍了3ds Max 2009中标准基本体和扩展基本体的创建方法以及二维图形在3ds Max 2009中的应用。只有掌握好这些简单模型的创建方法，才能制作出更复杂的模型。另外，在创建模型和使用这些工具时，需要注意当前激活的视图窗口是否正确，因为在不同的视图窗口中创建对象或变换对象会直接影响到对象的固有属性。

Chapter 3

第3章
对象的基本操作

本章要点

入门——基本概念与基本操作
- 对象的命名以及颜色设置
- 选择对象
- 变换对象
- 坐标轴和轴心
- 复制对象
- 对齐对象
- 对象的捕捉和组合

进阶——制作麻将桌
- 制作桌面
- 制作支架

提高——自己动手练
- DNA分子链的制作
- 垃圾筒的制作

答疑与技巧

本章导读

　　3ds Max 2009中的大多数操作都是针对场景中的选定对象执行的，对象的基本操作是建模和设置动画过程的基础，本节就从创建对象、选择对象、变换对象以及对象群组等几个方面为用户介绍有关对象操作的基本知识。

　　对象是三维场景中的基本元素，要了解和掌握3ds Max 2009就要从对象入手。通过创建和编辑各种不同类型的对象，可得到需要的模型。

3.1 入门——基本概念与基本操作

在3ds Max 2009中，经常要对模型进行选择、移动和变换操作，熟练地掌握各种控制工具，才能为今后制作出更好的模型效果打下坚实的基础。

3.1.1 对象的命名以及颜色设置

场景中的每个对象都具有自己的名称和分配给它的颜色，首次创建时便给每个对象都指定了默认的名称和随机的颜色。为了更方便地识别这些对象，任何时候都可以通过命令面板的【名称和颜色】展卷栏来改变对象的名称和颜色，如图3.1所示。

图3.1 【名称和颜色】展卷栏

 提示 如果要重命名对象，则首先要使对象处于选定状态。默认情况下，创建完对象后，对象处于选定状态，如果要重命名的对象没有处于选定状态，可以单击主工具栏上的【选择对象】按钮来选定。

对象的颜色显示在对象名称右边的颜色样本中，该颜色用来在视图内显示对象。如果要改变对象的颜色，可以单击颜色色块，在弹出的【对象颜色】对话框（如图3.2所示）中选择所需颜色。

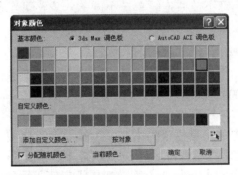

图3.2 【对象颜色】对话框

 提示 【对象颜色】对话框中包括标准的3ds Max调色板和AutoCAD调色板。AutoCAD调色板比Max调色板的颜色多得多，但Max调色板允许有一行自定义颜色。

除了使用展卷栏之外，用户还可以使用【工具】菜单来改变对象的名称。选中造型对象，执行【工具】→【重命名对象】命令，打开如图3.3所示的【重命名对象】对话框，设置【基础名称】、【前缀】和【后缀】等，然后单击【重命名】按钮即可。

在【重命名对象】对话框中选中【选取】单选按钮，将打开【选取待重命名的对象】对话框，如图3.4所示，这些新名称还可以应用于从该对话框中选取的特定对象。

图3.3 【重命名对象】对话框

图3.4 【选取待重命名的对象】对话框

3.1.2 选择对象

选择对象是编辑对象的前提，只有选择了对象才能对其应用各种修改命令。快捷有效地选择对象可以适当地提高工作效率。

在3ds Max 2009中，选择对象的方式灵活多样，用户可以使用工具栏上的【选择对象】按钮进行选择，也可以使用【选择过滤器】命令来选择，还可以通过拖动鼠标选择多个对象。

1. 使用【选择对象】按钮选择

这是运用最频繁的选择方式，在主工具栏中单击【选择对象】按钮，然后在视图区中将鼠标光标移动到要选择的对象上面，当鼠标光标变成十字形状时单击即可。在选择对象过程中，按住【Ctrl】键不放并连续单击不同的对象，可实现对象的叠加选择；按住【Alt】键不放，然后单击已选择的对象，可实现对象的减选。

2. 使用【选择过滤器】命令选择

在包含几何体、灯光、摄影机、形状等的复杂场景中，要确切地选定需要的对象是很困难的。为此，3ds Max 2009提供了【选择过滤器】命令。

选择过滤器指定了可以选择哪些类型的对象。使用选择过滤器，会使得只有某些类型的对象成为可选择的。单击主工具栏中的【选择过滤器】下拉按钮，打开其下拉列表，如图3.5所示。使用的过滤器包括【全部】、【G-几何体】、【S-图形】、【L-灯光】、【C-摄影机】、【H-辅助对象】和【W-扭曲】等。如果正在使用反向运动学，则还可以依据骨骼、IK链对象和点进行过滤。

图3.5 【选择过滤器】下拉列表

各个选项的含义如下。

🔍 **G–几何体**：仅选择几何体对象。

🔍 **S–图形**：仅选择图形对象。

🔍 **L–灯光**：仅选择灯光对象。

🔍 **C–摄影机**：仅选择摄影机对象。

🔍 **H–辅助对象**：仅选择辅助对象。

🔍 **W–扭曲**：仅选择空间扭曲对象。

🔍 **组合**：自定义多种对象的组合过滤，选择该选项后会打开如图3.6所示的【过滤器组合】对话框。

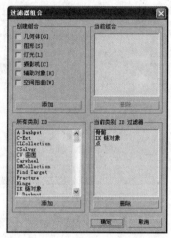

图3.6　【过滤器组合】对话框

🔍 **骨骼**：仅选择骨骼对象。

🔍 **IK 链对象**：仅选择反向运动链接对象。

🔍 **点**：仅选择点。

3. 通过区域选择

所谓通过区域选择对象，就是在视图区中单击并拖动鼠标创建一块选择区域，凡是在选择区域内的对象都将被选择。

在工具栏中有一个【矩形选择区域】按钮 ▢，此按钮是一个下拉按钮，单击此按钮并按住鼠标不放，会看到其中隐藏的其他按钮。

各个按钮的功能如下。

🔍 **【矩形选择区域】**▢：矩形选取区，在视图区中拖动鼠标拉出矩形选择框，处于此选择框中的所有对象将被选定，并且如果某个对象的一部分处于这个矩形选取范围中，该对象也会被选中。

🔍 **【圆形选择区域】**◯：圆形选取区，在视图区中拖动鼠标可以拉出圆形选择框。

🔍 **【围栏选择区域】**▨：围栏选取区，在视图区中拖动鼠标可以绘制任意多边形选择框。

🔍 **【套索选择区域】**◌：定义一个套索选择区域，在视图区中按住鼠标左键并围绕要选择的对象拖动绘制区域，完成绘制后释放鼠标，即可选择绘制区域中的对象。

🔍 **【绘制选择区域】**◌：定义一个绘制选取区域，将鼠标光标放到视图区中，按住鼠标左键并拖动至对象上，释放鼠标即可选择所定义范围内的对象。在拖放过程中，鼠标光标为圆圈形状。

运用不同的区域选择工具创建的选择区域也不相同，用户可根据实现情况有选择性地使用。

4. 通过名称选择

当场景中有多个对象时，可以通过名称进行选择，如果用户给对象重新命名的话，该选择方法使用起来将更加简便快捷。

单击工具栏中的【按名称选择】按钮 ，打开如图3.7所示的【从场景选择】对话框。

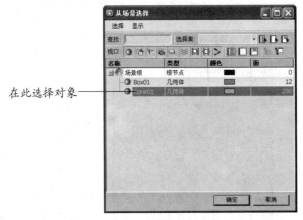

在此选择对象 ——

图3.7　【从场景选择】对话框

在该对话框的列表中选择一个造型对象，然后单击【确定】按钮，即可选中该对象。

> **提示**　执行【编辑】→【选择方式】→【名称】命令，也可以打开【从场景选择】对话框。另外，按【H】键同样可以打开该对话框。

5. 通过【编辑】菜单选择

【编辑】菜单中包含几个与选择相关的菜单命令，如【全选】命令、【全部不选】命令、【反选】命令和【选择方式】命令等，如图3.8所示。用户可以根据自己的需要选择菜单命令。

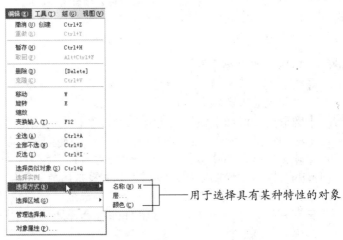

用于选择具有某种特性的对象

图3.8　【编辑】菜单中的选择命令

这些选择命令的具体功能如下。

 【全选】：用于选定当前场景中的所有对象，也可以使用【Ctrl+A】组合键来实现。

【全部不选】：用于取消对象的选择，即不选定任何对象。也可以通过单击任何视图内没有对象的位置来模拟该命令。如果要使用键盘取消对象的选择，可以按【Ctrl+D】组合键。

【反选】：此命令的键盘组合键为【Ctrl+I】，选定由选择过滤器定义的且当前没有被选定的所有对象，并且不选定当前选定的所有对象。

【选择方式】等：这些命令用于选择具有某种特性的对象。例如选择【颜色】命令，然后在任何视图区中单击某个单个对象，所有与被单击对象同颜色的对象都会被选定。

> **提示**　这里所指的颜色是对象颜色，而不是应用的材质颜色，并且此命令不会作用于与颜色无关的任何对象，例如空间扭曲。

6. 通过【命名选择集】对话框选择

在使用3ds Max 2009的实际操作过程中，用户可以通过一组选定的对象建立选择集。选择集一旦被建立，用户就可以在任何时候通过选择该选择集来选中选择集中的所有对象了。

选中一组对象，单击主工具栏上的【编辑命名选择集】按钮，打开【命名选择集】对话框，在该对话框中单击【创建新集】按钮，将该组对象命名为"长方体组"，如图3.9所示。

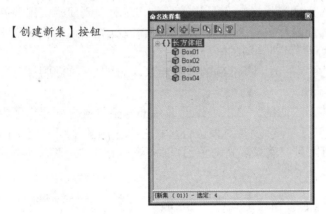

【创建新集】按钮

图3.9　【命名选择集】对话框

为了让用户更好地掌握选择集的使用方法，在此专门介绍一下【命名选择集】对话框，此对话框用来管理这些选择集，其中顶部的按钮用于创建和删除选择集、在选择集中添加或从选择集中删除对象、选定和高亮显示选择集中的对象。还可以在选择集之间移动对象，将对象名拖曳到要添加到的目标选择集名上即可。把一个选择集名拖到另一个选择集名上，可将两个选择集中的所有对象组合放入第二个选择集内。双击一个选择集名，可选定选择集中的所有对象。

此对话框中主要按钮的功能具体如下。

【创建新集】按钮：用于创建一个新的选择集。在视图区中选择要创建选择集的对象，单击此按钮，在【新集（01）】框中输入选择集名称，即可创建一个新的选择集。

- 【删除】按钮 ✕：用于删除当前选择集中的对象以及删除当前选择集。
- 【添加选定对象】按钮 ✛：选择某选择集，然后在视图区中选择其他对象，单击此按钮，可以将其添加到当前的选择集中。
- 【减去选择对象】按钮 ⬅：选择某选择集，并在视图区中选择选择集中的对象，单击此按钮，可以删除选择集中的该对象。
- 【选择集内的对象】按钮 🔍：此按钮用于选择选择集中的对象。
- 【按名称选择对象】按钮 📇：单击此按钮，可以打开【选择对象】对话框。
- 【高亮显示选定对象】按钮 📭：单击此按钮，可以高亮显示当前选择的对象。

3.1.3　变换对象

在3ds Max 2009中，选择对象后，就可以对其进行变换编辑操作了。创建完对象后，用户可以改变对象在三维空间中的位置、大小，还可以通过拉伸或弯曲等操作来改变对象的形状。所谓变换对象，是指重新定位、更改对象位置、旋转角度和变换比例等。

本节将介绍有关对象的移动、旋转、按比例变换等操作。

1. 移动对象

当对象被选择后，对象上会出现一个坐标系统，由X轴、Y轴和Z轴构成，对象可沿不同的轴向进行移动，也可沿每两个轴构成的平面进行移动。

在视图区创建一个对象，单击工具栏中的【选择并移动】按钮 ✛，将鼠标光标放到某个坐标轴上，会看到此时的光标形状是一个双向的箭头，这时拖动鼠标，即可在当前坐标轴上移动对象。如果要在其他坐标平面上移动对象，则将鼠标光标放到相应的坐标平面上，当两个坐标轴变成黄色时，即可在当前的坐标平面上移动对象。

三维场景中的模型与模型之间有时会有准确的距离要求，3ds Max 2009提供了精确移动操作来实现这一严格的距离控制。

在场景中选择需要精确移动的对象，单击工作界面底部对象位置坐标显示区中的 ⊞ 按钮，此时该按钮变成 ⁑，如图3.10所示。在对象位置坐标显示区中的【X】、【Y】或【Z】数值框中输入要移动的距离值即可，例如要将对象沿Y轴移动50个单位距离，参数设置如图3.11所示。

图3.10　对象位置坐标显示

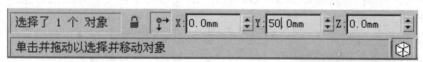

图3.11　沿Y轴移动50个单位距离

另外，也可以用鼠标右键单击主工具栏上的【选择并移动】按钮 ✛，打开【移动变换输入】对话框，在【X】、【Y】或【Z】数值框中输入要移动的距离值，如图3.12所示。

图3.12　【移动变换输入】对话框

2. 旋转对象

所谓旋转对象，就是将选择的对象沿某个轴旋转一定的角度。当对象处于旋转状态时，对象被一个旋转模框所包围，它由3条相交叉的圆形封闭线构成，分别代表对象在X轴、Y轴和Z轴上的旋转方向。

和移动对象类似，要旋转对象，单击主工具栏中的【选择并旋转】按钮 ↻，然后将鼠标光标放置到某个坐标轴上，当前坐标轴会显示为黄色，拖动鼠标即可在当前坐标轴上旋转对象。当旋转到合适的角度时，释放鼠标即可完成旋转操作，如图3.13所示。

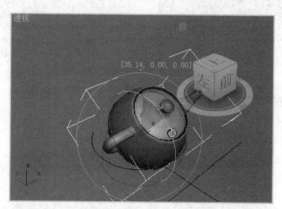

图3.13　旋转对象

提示　旋转线框将选定的对象包围在一个球内，对应每个轴沿外包球都有彩色的线条。选中一个轴并拖曳时，高亮显示的弧给出了沿该轴旋转的距离，并且在对象上方以文本形式显示了偏移值。单击轴之间的空间，即可在所有方向上旋转选定的对象。

注意　旋转是按角度度量的，360°是一个完整的旋转。

如果不按某个坐标轴旋转对象，则将鼠标光标放置到对象最外层的变换线框上，拖动鼠标即可以对象的中心为基准旋转对象。旋转到合适的位置，释放鼠标即可完成旋转操作。

用户还可以为对象设置精确的角度进行旋转，方法和精确移动的方法一样：先右击对象位置坐标显示区中的工具按钮，然后在【X】、【Y】或【Z】数值框中输入要旋转的数值。

3. 缩放对象

在三维场景设计中，用户可以根据情况对对象进行放大或缩小，从而改变对象的大小、形状和体积。3ds Max 2009提供了3种缩放方式：按比例缩放对象、不等比缩放对象以及挤压对象。

在工具栏中有一个【选择并均匀缩放】按钮 ▣，此按钮是一个下拉按钮，单击此按钮并按住鼠标不放，会看到其中隐藏的其他按钮。

各个按钮的功能如下。

▣ 【选择并均匀缩放】按钮 ▣：在不改变对象形状的情况下将其体积放大小或缩小。均匀缩放前后的效果如图3.14和图3.15所示。

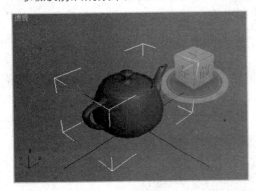
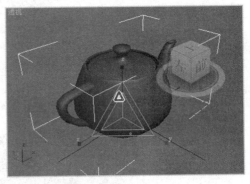

图3.14　缩放前的效果　　　　　　　　　　　图3.15　均匀放大后的效果

【**选择并非均匀缩放**】按钮：在改变对象形状和体积的情况下进行缩放。非均匀缩放后的效果如图3.16所示。

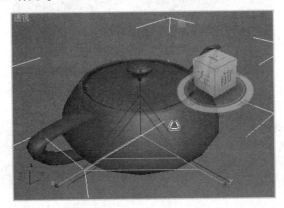

图3.16　非均匀缩放

【**选择并挤压**】按钮：在保持对象体积不变的情况下改变对象的形态。挤压变换后，对象的总体积保持不变。这是一种特殊类型的非均匀比例变换，这种变换形式使得对象在按被约束的轴进行比例变换的同时，相对的轴在相反方向上进行比例变换，如图3.17所示。

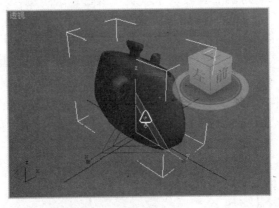

图3.17　选择并挤压缩放效果

3.1.4 坐标轴和轴心

在场景中对造型对象进行编辑修改时，需要参照一个中心点来进行。当变换一个对象时，使用不同的变换中心和坐标轴进行变换操作会有不同的效果。

在主工具栏中有一个【使用轴点中心】按钮，它是一个下拉按钮，单击此按钮并按住鼠标不放，会看到【使用轴点中心】按钮、【使用选择中心】按钮和【使用变换坐标中心】按钮，它们的功能分别如下。

【使用对象轴点中心】按钮：使用对象的轴心点进行变换。

【使用选择中心】按钮：使用选定对象或选择集的中心进行变换。

【使用变换坐标中心】按钮：使用当前坐标轴的中心进行变换。

1. 编辑轴心

对象的基准点又称轴心，是对象旋转和缩放时所参照的中心，并且也是大多数编辑修改器应用的中心。可以在任何方向移动基准点或确认基准点的方向，但重定位基准点是不能动画实现的。

为场景中的对象制作动画之前，应先设置轴心。如果在已放置的动画关键帧之后重新定位基准点，则所有变换都将使用新的基准点。

所有的对象都有基准点，默认情况下，基准点位于对象的中心。在命令面板中单击【层级】选项卡，打开【层级】命令面板，如图3.18所示。

在【调整轴】展卷栏顶部有3个按钮，每个按钮分别代表一种不同的模式，含义分别如下。

【仅影响轴】模式：使变换按钮只对当前选定对象的基准点有影响，对象不会移动。

【仅影响对象】模式：使得对象发生变换，但基准点不变。

【仅影响层次】模式：允许移动对象的链接。

单击【仅影响轴】按钮，按钮变成淡蓝色，并且激活【对齐】展卷栏中的按钮，如图3.19所示。

图3.18 【层级】命令面板

图3.19 激活按钮后的面板

在【对齐】展卷栏中有3个按钮，含义分别如下。

- 【居中到对象】按钮：用来移动对象或基准点，使其中心对齐。
- 【对齐到对象】按钮：用来旋转对象或基准点，直到对象的局部坐标系和基准点对齐。
- 【对齐到世界】按钮：按世界坐标系旋转。

在【轴】展卷栏中单击【重置轴】按钮，可以将基准点重置到最初的位置上。

在【调整变换】展卷栏中单击【不影响子对象】按钮，则处于一种链接层次变换不影响子对象的模式。

2. 使用坐标轴

三维空间由X、Y和Z坐标轴组成。每两个坐标轴就可以组成一个平面：XY平面、YZ平面和ZX平面。这些平面每次只显示两个方向，可以把任何变换限制在这两个轴上进行。这些平面可以从顶视图、左视图和前视图中看到。在3ds Max 2009中，可以使用【轴约束】工具栏中的相应按钮指定变换轴。

此工具栏的打开方法是：在主工具栏的空白位置右击，从弹出的快捷菜单中选择【轴约束】命令（如图3.20所示），打开【轴约束】工具栏，如图3.21所示。

图3.20　选择【轴约束】命令

图3.21　打开【轴约束】工具栏

提示 4个限制各轴的按钮是【限制到X轴】 X （键盘快捷键【F5】），【限制到Y轴】 Y （键盘快捷键【F6】），【限制到Z轴】 Z （键盘快捷键【F7】）和下拉按钮【限制到平面】（其下拉列表中包括【限制到XY】、【限制到YZ】和【限制到ZX】3个按钮）（键盘快捷键【F8】）。

提示 如果启用了变换线框，则最初在【轴约束】工具栏中选定的轴或平面将以黄色显示。如果使用变换线框变换对象，则在完成变换后会选中相应的【轴约束】工具栏按钮。

3.1.5　复制对象

在三维设计过程中，有时只需创建一个对象，然后通过复制操作制作其他副本即可。3ds Max 2009中包含克隆、镜像、阵列等多种复制方式，熟练掌握各种复制工具可以极大地提高工作效率。

1. 克隆对象

在3ds Max 2009中，可以使用【编辑】菜单中的【克隆】命令来复制对象。执行【编辑】→【克隆】命令，打开【克隆选项】对话框，如图3.22所示。

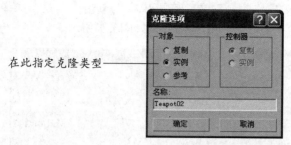

在此指定克隆类型

图3.22 【克隆选项】对话框

在【名称】文本框中设置打算克隆出的对象的名称。在【对象】区域中可以将克隆类型指定为【复制】、【关联】或【参考】。

另外，创建克隆对象最简单、应用最多的方法是使用【Shift】键。当使用【选择并移动】、【选择并旋转】和【选择并缩放】工具按钮变换对象时，按住【Shift】键将克隆该对象并打开【克隆选项】对话框，在该对话框中用户可以设置对象复制类型、复制数量以及复制对象名称。

2. 镜像对象

镜像操作就是利用对象的对称性来复制对象，就好像是在对象的一边放置一面镜子，镜子里显示出镜像后的目标对象。

执行【工具】→【镜像】命令，或者单击工具栏中的【镜像】按钮 ，打开如图3.23所示的对话框。

图3.23 【镜像】对话框

在【镜像轴】区域中可以指定对选定对象进行镜像操作所参照的轴或平面，还可以定义偏移量。

在【克隆当前选择】区域中可以指定克隆类型是【复制】、【实例】还是【参考】。如果选择【不克隆】单选按钮，则会围绕指定的轴翻转对象。

若选中【镜像IK限制】复选框，还可以对反向运动学的界限和骨骼进行镜像操作，这就减少了需要设置的IK参数数目。

3. 阵列对象

在3ds Max 2009中，可以使用阵列功能对对象进行一维、二维或三维复制，但在阵列之前要选择对象作为操作的源对象。

在视图区中选择一个或几个对象作为源对象，在菜单栏上单击【工具】菜单，在打开的下拉菜单中选择【阵列】命令，打开【阵列】对话框，如图3.24所示。

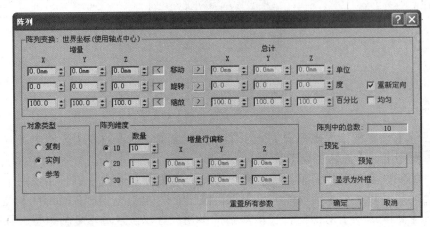

图3.24　【阵列】对话框

用户还可以在主工具栏上单击鼠标右键，在弹出的快捷菜单中选择【附加】命令，打开【附加】工具栏，如图3.25所示。在其中单击【阵列】按钮，也可以打开【阵列】对话框。

图3.25　【附加】工具栏

【阵列变换】区域

该区域用来指定对象按什么轴向进行移动、旋转或缩放阵列，用户只需在轴向对应的数值框中输入移动的距离、旋转的度数和缩放的百分比等。

【对象类型】区域

该区域用来指定进行阵列操作创建的对象类型，系统默认选中【实例】单选按钮。

【阵列维数】区域

该区域用来设置阵列后生成对象在空间上的位置变化，【1D】、【2D】和【3D】单选按钮分别对应一维、二维和三维空间。

3.1.6　对齐对象

在3ds Max 2009中，对齐对象有两种方法，可以使用主工具栏中的【对齐】按钮来对齐，也可以通过【附加】工具栏中的【克隆并对齐】按钮在克隆对象的同时对齐对象。本节将分别介绍这两种方法。

1. 使用【对齐】按钮

使用【对齐】工具可以精确设置多个对象的相对位置，可以根据轴心点来对齐对象，也可以根据一定范围来对齐对象。

要对齐对象，首先要创建多个对象，然后选择源对象，在工具栏中单击【对齐】按钮 ，这时将鼠标光标移到视图区中，会看到鼠标光标变成与【对齐】按钮图标一致的形状 。在目标对象上单击，可以打开【对齐当前选择】对话框，如图3.26所示。

图3.26 【对齐当前选择】对话框

此对话框中主要参数的功能如下。

- 【对齐位置】区域：用于设置位置对齐的方式，在右侧括号中显示的是当前使用的坐标系统。选中相应的复选框，会在相应的坐标轴上设置当前对象与目标对象对齐。如选中【X位置】复选框，会使当前选择的对象与目标对象在X轴上对齐。
- 【X位置】/【Y位置】/【Z位置】复选框：用于特殊指定对齐依据的轴向，可以单方向对齐，也可以多方向同时对齐。
- 【当前对象】/【目标对象】区域：分别设置当前对象与目标对象的对齐参数。
- 【最小】单选按钮：以对象表面最靠近另一对象选择点的方式进行对齐。
- 【中心】单选按钮：以对象的中心点与另一对象的选择点进行对齐。
- 【轴点】单选按钮：以对象的轴心点与另一对象的选择点进行对齐。
- 【最大】单选按钮：以对象表面最远离另一对象选择点的方式进行对齐。
- 【对齐方向】区域：用于特殊指定方向对齐依据的轴向，右侧括号中显示的是当前使用的坐标系统。方向对齐是根据对象自身的坐标系统完成的，可以任意选择3个轴向。
- 【匹配比例】区域：将目标对象的缩放比例沿指定的坐标轴施加到当前对象上。只有当对象进行了缩放修改，系统才会记录缩放的比例，将比例值应用到当前对象上，如果目标对象没有被缩放，则此区域中的设置是无效的。
- 【应用】按钮：单击此按钮，可以在不关闭当前对话框的前提下应用当前参数选项到选择对象上。

2. 使用【克隆并对齐】按钮

使用【克隆并对齐】工具，可以在真正对象的位置上放置代理对象，等复杂的真正对象准备好之后，利用该工具将其复制到代理对象的位置上。使用此工具也可以把源对象对齐到目标对象上。

利用前面介绍的方法打开【附加】工具栏，单击其中的【克隆并对齐】按钮，打开如图3.27所示的【克隆并对齐】对话框。

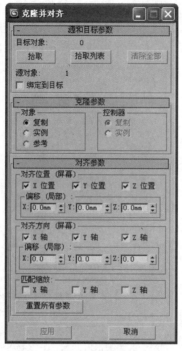

图3.27 【克隆并对齐】对话框

此对话框主要分为3个展卷栏：【源和目标参数】、【克隆参数】和【对齐参数】。其中，使用【克隆参数】展卷栏中的设置可以选择将源对象克隆为复制、实例还是参考对象。在【对齐参数】展卷栏中，可以指定对象的位置和方向，所用的控制项和对齐对象时使用的一样，包括所有偏移（局部）值。

3.1.7 对象的捕捉和组合

捕捉对象是为了更好地在三维空间中变换对象或子对象时锁定需要的位置，以便进行选择、创建以及编辑修改等操作。

在创建三维场景的过程中，为了移动或变换方便，用户可以将具有相同属性或一个建筑结构群以组的形式进行集合。

本小节将分别介绍这两方面的知识。

1. 捕捉对象

3ds Max 2009为对象上的各部分定义了很多属性，例如切线、中心点、边等，捕捉操作就是用来捕捉这些属性的。

3ds Max 2009提供了3种捕捉方式，分别为三维对象捕捉、二维对象捕捉和2.5维对象捕捉，分别对应主工具栏中的 ▨³、▨²、▨²·⁵ 按钮。

▨³：按下该按钮，表示当前开启的是三维捕捉开关，这种捕捉一般在透视图中应用。

📷 ^{2}：按下该按钮，表示当前开启的是二维捕捉开关，这种捕捉一般用在正交投影视图中，如顶视图、前视图、左视图等。

📷 $^{2.5}$：这是一个介于二维与三维空间的捕捉工具，它不但可以捕捉到三维视图中对象的特定部分，还可以捕捉到正交投影视图中对象的特定部分。

在捕捉对象的某些属性之前，应先设置这些属性对捕捉有效。在捕捉按钮上单击鼠标右键，打开【栅格和捕捉设置】对话框，如图3.28所示。

图3.28 【栅格和捕捉设置】对话框

此对话框的【捕捉】选项卡中包含很多被捕捉的不同点，具体功能如下。

📷 **【栅格点】**：捕捉栅格交叉点。
📷 **【栅格线】**：只捕捉位于栅格线上的位置。
📷 **【轴心】**：捕捉对象的基准点。
📷 **【边界框】**：捕捉限制框的一个角。
📷 **【垂足】**：捕捉样条曲线的下一个垂点。
📷 **【切点】**：捕捉样条曲线的下一个切点。
📷 **【顶点】**：捕捉多边形的顶点。
📷 **【端点】**：捕捉样条曲线的端点或多边形一边的端点。
📷 **【边/线段】**：只捕捉位于边上的位置。
📷 **【中点】**：捕捉样条曲线的中点或多边形一边的中心。
📷 **【面】**：捕捉表面上的任何点。
📷 **【中心面】**：捕捉表面的中心点。

2. 组合对象

在创建三维场景的过程中，为了移动或变换方便，用户可以将具有相同属性或一个建筑结构群以组的形式进行集合。组就像是一个对象一样，选定组中的任何对象都将选定整个组，在操作过程中将会把该组作为一个整体。组的操作包括创建、解散、打开、关闭、附加等。

📷 创建和解除组

要创建组，先在视图区中创建几个对象并将其选中，然后单击【组】菜单，在打开的下拉菜单中选择【成组】命令，打开【组】对话框（如图3.29所示），在其中输入组的名称，单击【确定】按钮即可。

解除组的方法很简单，它是创建组的逆操作。选中要解除的组，然后单击【组】菜单中的【解组】命

图3.29 【组】对话框

令即可。

 打开和关闭组

将选中的多个对象作为组处理后，当进行变换时，被组合的对象将作为一个整体进行移动、比例变换和旋转。如果用户只需要对组内的某个对象进行编辑，则可以选择【组】菜单中的【打开】命令，如图3.30所示。这时，白色的限制框变为粉红色，就可选择要编辑的对象了。

图3.30　选择【打开】命令

关闭组是打开组的逆操作，若要关闭被打开的组，首先选择打开组内的任意一个对象，然后选择【组】菜单中的【关闭】命令即可。

 加入和分离组

在3ds Max 2009中，可以在不分解群组的情况下将一个或几个单独对象或组添加到一个已存在的组中。选中需要加入群组的对象，单击【组】菜单中的【附加】命令，然后在视图中用鼠标单击要附加的组即可。

分离组就是将组中的某个对象或嵌套组从组内分离出来。在视图区中选中组，单击【组】菜单中的【打开】命令，将组打开，然后选择要进行分离的对象或嵌套组，再单击【组】菜单中的【分离】命令即可。

3.2 进阶——制作麻将桌

了解了对象的基本操作以后，下面我们来创建一个简单的实例，其中主要应用对齐、捕捉开关和镜像等功能。

最终效果

本例制作完成后的效果如图3.31所示。

解题思路

 创建长方体对象，模拟麻将桌的桌面，作为创建其他对象的位置参考。

 创建长方体对象，模拟桌面的围墙，然后利用【对齐】和【捕捉开关】命令将围墙和桌面对齐。

图3.31　麻将桌的实例效果

利用【镜像】命令对围墙进行复制，制作好桌面的效果。

创建圆柱体对象，模拟桌腿和和支架。

利用【旋转】、【对齐】和【镜像】命令对它们进行镜像复制。

操作步骤

本例的具体操作步骤如下。

3.2.1 制作桌面

1 重置场景，将单位设置为毫米。

2 打开【创建】命令面板，单击【几何体】按钮下的【长方体】按钮，在顶视图中单击并拖动鼠标创建一个长方体作为桌面，并将其命名为"桌面部件01"，参数设置和创建效果如图3.32和图3.33所示。

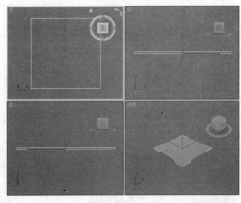

图3.32 创建参数   图3.33 创建效果

3 在顶视图中再创建一个长方体，并将其命名为"桌面部件02"，作为桌面的围墙，参数设置和创建效果如图3.34和图3.35所示。

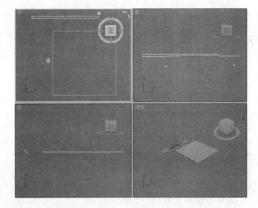

图3.34 创建参数   图3.35 创建效果

4 激活顶视图，确保"桌面部件02"对象处于选中状态，单击主工具栏上的【对齐】按钮，然后在顶视图中单击"桌面部件01"对象，打开【对齐当前选择】对话框，参数设置如图3.36所示。

5 单击【确定】按钮，关闭对话框，此时的效果如图3.37所示。

图3.36 【对齐当前选择】对话框

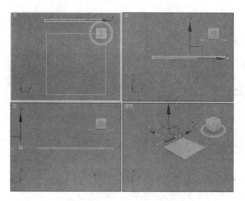

图3.37 创建效果

6 在主工具栏上右键单击【捕捉开关】按钮，打开【栅格和捕捉设置】对话框，选中【边/线段】复选框（如图3.38所示），然后关闭该对话框。

7 在主工具栏上单击【选择并移动】按钮，然后移动"桌面部件01"对象的底边到"桌面部件02"对象的顶边，如图3.39所示。

图3.38 【栅格和捕捉设置】对话框图

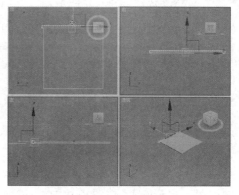

图3.39 捕捉对象

8 再次单击【捕捉开关】按钮，取消捕捉设置。激活顶视图，确保"桌面部件02"对象处于选中状态，单击主工具栏上的【镜像】按钮，打开【镜像：世界 坐标】对话框。在【镜像轴】区域中选中【Y】单选按钮，设置【偏移】为"-620mm"，在【克隆当前选择】区域中选中【复制】单选按钮（如图3.40所示），然后单击【确定】按钮，此时的效果如图3.41所示。

图3.40 设置参数

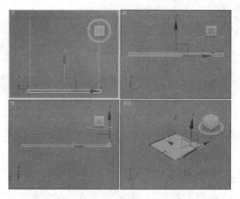

图3.41 镜像后的效果

9 在顶视图中再创建一个长方体，长、宽、高分别为"600mm"、"20mm"和"20mm"，如图3.42所示。

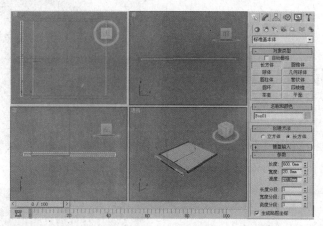

图3.42 创建长方体

10 按照前面介绍的方法，利用【对齐】和【捕捉开关】按钮将它与"桌面部件01"的左侧对齐，然后将其镜像，完成后的效果如图3.43所示。

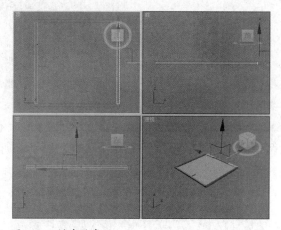

图3.43 创建的桌面

3.2.2 制作支架

1 打开【创建】命令面板，单击【几何体】按钮下的【圆柱体】按钮，在前视图中单击并拖动鼠标创建一个半径和高度分别为"5mm"和"630mm"的圆柱体。

2 切换到顶视图，右键单击主工具栏中的【旋转并移动】按钮 ↻，打开【旋转变化输入】对话框，在【偏移：屏幕】区域的【Z】数值框中输入"45"，如图3.44所示。

3 按【Enter】键，将创建的圆柱体沿Z轴旋转45°，关闭【旋转变化输入】对话框，此时的效果如图3.45所示。

4 确保刚创建的圆柱体对象处于选中状态，单击主工具栏上的【对齐】按钮 ◈，然后在顶视图中单击"桌面部件01"对象，打开【对齐当前选择】对话框，参数设置如图3.46所示，对齐后的效果如图3.47所示。

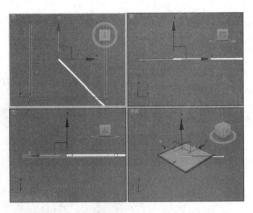

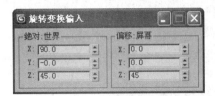

图3.44　【旋转变化输入】对话框

图3.45　旋转后的效果

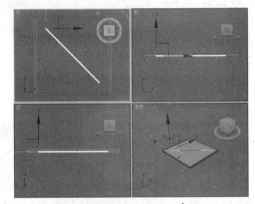

图3.46　设置参数

图3.47　对齐后的效果

5 在顶视图中创建两个相同的圆柱体，将它们的半径和高分别设置为"10mm"和"500mm"，将其作为麻将桌的两个支架，然后分别移动到步骤4旋转后的圆柱体的两端，如图3.48所示。

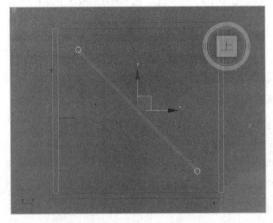

图3.48　创建两个支架

6 选择步骤1至步骤5创建的3个圆柱体，单击主工具栏中的【镜像】按钮，打开【镜像：屏幕 坐标】对话框，在【镜像轴】区域中选中【X】单选按钮，在【克隆当前选择】区域中选中【复制】单选按钮，如图3.49所示。

7 单击【确定】按钮，关闭对话框。切换到透视图，通过旋转透视图将其调整为如图3.50所示。

图3.49 设置参数

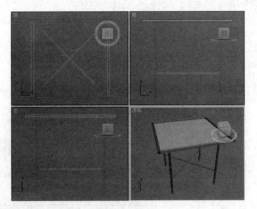

图3.50 最终效果

3.3 提高——自己动手练

在讲解了前面的实例之后，本节通过制作DNA分子链和垃圾筒实例更深层次地讲解【变换】和【阵列】工具的使用方法。学习了本小节之后，读者可以更全面地掌握对象的操作方法，为今后制作出更精美的3D模型打下基础。

3.3.1 DNA分子链的制作

本小节将介绍如何制作DNA分子链，通过对齐和阵列的方法将简单的三维造型堆砌成一个完整的模型。

最终效果

制作完成后的分子链效果如图3.51所示。

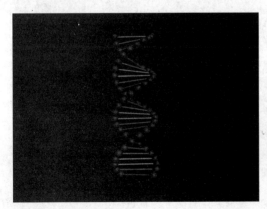
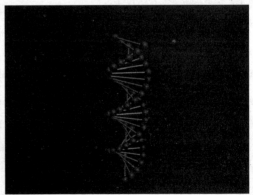

图3.51 分子链的最终效果

解题思路

利用【球体】命令创建DNA分子的球体。

🔍 利用【圆柱体】命令创建DNA分子的链。

🔍 利用【对齐】命令制作单个分子链。

🔍 利用【成组】命令将对象成组。

🔍 利用【阵列】工具对成组后的对象进行三维阵列，完成DNA分子链的创建。

操作提示

1 重置场景，将单位设置为毫米。

2 在左视图中创建半径和分段数分别为"45mm"和"32"的球体，效果如图3.52所示。

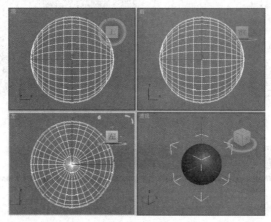

图3.52　创建的球体

3 确保新创建的球体处于选中状态，单击主工具栏中的【镜像】按钮 M，打开【镜像：世界 坐标】对话框，在【镜像轴】区域中选中【X】单选按钮，在【克隆当前选择】区域中选中【复制】单选按钮，然后将【偏移】设置"500mm"，如图3.53所示。单击【确定】按钮，完成对当前球体的镜像复制，效果如图3.54所示。

图3.53　【镜像：世界 坐标】对话框

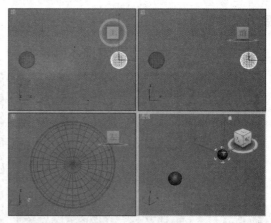

图3.54　镜像球体

4 在左视图中创建圆柱体对象，设置半径为"10mm"、高度为"500mm"、高度分段数为"1"、边数为"14"，效果如图3.55所示。

5 在主工具栏上单击【对齐】按钮 ◆，然后在前视图中单击左侧的球体，打开【对齐当前选择】对话框，参数设置和效果如图3.56所示。

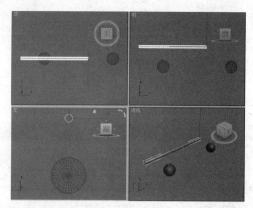

图3.55　创建的圆柱体

6 再次单击【对齐】按钮 ，然后在前视图中单击右侧的球体，打开【对齐当前选择】对话框，参数设置和效果如图3.57所示。

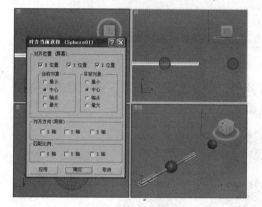

图3.56　对齐设置

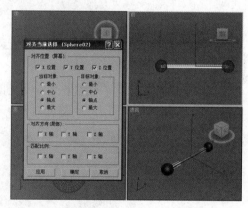

图3.57　对齐设置

7 按【Ctrl+A】组合键，选中视图中的所有对象，执行【组】→【成组】命令，在打开的【组】对话框中将其命名为"分子结构"，如图3.58所示。单击【确定】按钮，关闭该对话框。

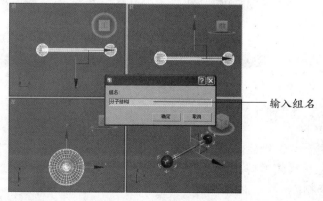

图3.58　使分子结构成组

8 在主工具栏上右击鼠标，从打开的快捷菜单中选择【附加】命令，打开【附加】工具栏。在其中单击【阵列】按钮 ，打开【阵列】对话框。

9 在【阵列变换：世界坐标（使用选择中心）】的【增量】区域中，在【移动】左侧的【Z】数值框中输入数值"60mm"，表示沿Z轴方向进行阵列复制，间距为"60mm"；在【旋转】左侧的【Z】数值框中输入数值"20"，表示在阵列对象的同时绕Z轴旋转20°。在【阵列维度】区域中，选中【1D】单选按钮，在后面的数值框中输入"30"，表示复制30个这样的对象，如图3.59所示。

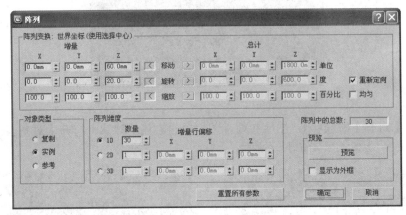

图3.59　【阵列】对话框

10 单击【预览】按钮，可以在视图区中看到阵列的效果。如果不满意，可以重新设置。

11 单击【确定】按钮，即可看到阵列对象的效果，如图3.60所示。

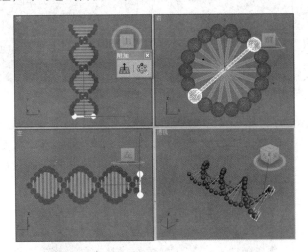

图3.60　阵列对象的效果

3.3.2　垃圾筒的制作

该实例主要通过创建圆对象和绘制外围线形来生成垃圾筒的主要部件。通过使用【阵列】工具创建垃圾筒模型，然后利用管状体对象创建垃圾筒的主体部分，再利用圆对象创建垃圾筒装饰物。

▌最终效果 ▌

制作完成后的垃圾筒效果如图3.61所示。

图3.61 垃圾筒的最终效果

解题思路

- 利用【圆】命令创建垃圾筒的筒口。
- 绘制曲线，创建垃圾筒的边缘。
- 转换系统的坐标系。
- 利用【阵列】工具创建垃圾筒模型。
- 利用【管状体】命令创建垃圾筒主体部分。
- 利用【圆】命令创建垃圾筒的装饰物。

操作提示

1 重置场景，将单位设置为毫米。

2 在顶视图中创建一个圆对象，将半径值设置为"350mm"，模拟垃圾筒的筒口。

3 打开【修改】命令面板，展开【渲染】展卷栏，选中【径向】单选按钮，设置【厚度】为"25mm"，参数设置和创建效果如图3.62和图3.63所示。

图3.62 设置参数

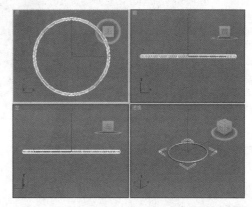

图3.63 创建效果

4 在前视图中绘制如图3.64所示的曲线，模拟垃圾筒的边缘，然后打开【修改】命令面板，展开【渲染】展卷栏，选中【径向】单选按钮，设置【厚度】为"8mm"。

5 确保刚绘制的曲线处于选中状态，在主工具栏的下拉列表框中选择【拾取】选项，如图3.65所示。

6 在顶视图中单击绘制的圆，此时的视图窗口变为"Circle01"的坐标窗口，然后在主工具栏上用鼠标按住【使用轴点中心】按钮 不放，选择下拉列表中的【使用变换坐标中心】按钮 。

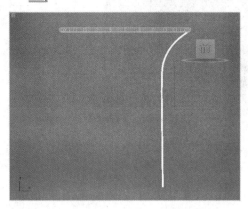

图3.64 绘制的曲线

图3.65 选择【拾取】选项

提示 选择【使用变换坐标中心】按钮 ，表示以当前坐标系统的中心为中心，即以Circle01的坐标系统的轴心为轴心。

7 确保刚绘制的曲线处于选中状态，执行【工具】→【阵列】命令，在弹出的对话框中设置参数如图3.66所示。

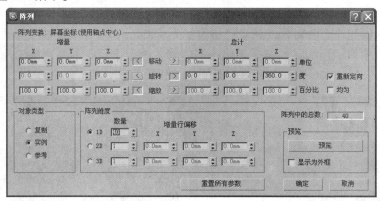

图3.66 设置阵列的参数

8 单击【预览】按钮观看效果。如果效果不好，则可以重新设置。完成后单击【确定】按钮，生成的阵列效果如图3.67所示。

9 激活顶视图，在阵列后的模型内部创建一个管状体，作为垃圾桶的主体部分，创建参数和效果如图3.68和图3.69所示。

图3.67 阵列效果

图3.68　设置参数

图3.69　创建的管状体

10 激活前视图，沿 *Y* 轴向下复制一个管状体，作为垃圾桶的底，修改【半径1】为
"250mm"、【半径2】为"50mm"、【高度】为"15mm"，具体参数设置和效果
如图3.70和图3.71所示。

图3.70　设置参数

图3.71　制作的垃圾筒底

11 激活顶视图，在其中绘制一个半径为205mm的圆，打开【修改】命令面板，展开
【渲染】展卷栏，选中【矩形】单选按钮，设置【长度】为"60mm"、【宽度】为
"2mm"，如图3.72所示。

12 对创建的圆进行复制和移动，最终效果如图3.73所示。

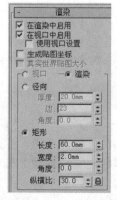

图3.72　设置参数

图3.73　最终效果

3.4 答疑与技巧

问：如何在场景中创建一个立方体？

答：在【创建】命令面板中单击【长方体】按钮，打开【创建方法】展卷栏，选中【立方体】单选按钮，如图3.74所示。在场景中拖动鼠标，确定大小后，释放鼠标即可。

图3.74　选中【立方体】单选按钮

问：每次创建造型对象时，对象的颜色都是随机产生的，如何使创建的所有新对象的颜色都相同呢？

答：在设置对象颜色时，如果【对象颜色】对话框中的【分配随机颜色】复选框处于选中状态，则每次创建新对象时就会从调色板中随机选取一种颜色。如果取消选中该复选框（如图3.75所示），则所有新对象的颜色都相同，直到用户选择另一种不同的对象颜色。

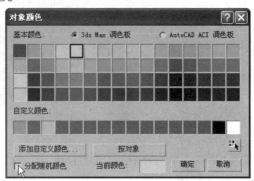

图3.75　【对象颜色】对话框

问：在克隆对象时，【复制】、【实例】和【参考】对象类型具体有什么不同啊？

答：在克隆对象时，如果选择【复制】单选按钮，则复制的对象不受源对象的限制；如果选择【实例】单选按钮，那么当对源对象（或关联对象）进行属性修改或加载修改器时，另一对象也会产生相同的操作结果；如果选择【参考】单选按钮，当对参考对象加载修改器命令时，源对象不受限制。

结束语

本章介绍了3ds Max 2009中对象的基本操作，包括重命名、颜色设置、选择、变换、复制、对齐、变换坐标轴以及捕捉等。熟练掌握对象的各种操作，是创建复杂模型的基础。

第4章
二维线形转换为三维对象

本章要点

入门——基本概念与基本操作

- 【修改】命令面板
- 挤出修改器命令面板
- 车削修改器命令面板
- 倒角修改器命令面板
- 倒角剖面修改器命令面板

进阶——典型实例

- 制作百叶窗
- 制作旋转楼梯

- 制作画框
- 制作圆桌凳
- 制作罗马柱

提高——自己动手练

- 石凳的制作
- 装饰柱的制作
- 方格木门的制作
- 酒吧吧台的制作

答疑与技巧

本章导读

在前面的章节中我们学习了二维图形的一些知识，本章将介绍如何将二维线形转换为三维对象。首先创建线形对象，并对其进行修改编辑，然后为其添加适当的修改器命令，通过这些命令就可以将二维线形修改为三维对象，并进一步制作出较为复杂的模型。使用修改器将二维线形变换为三维对象的建模方法，是3ds Max 2009中创建模型的重要手段之一。

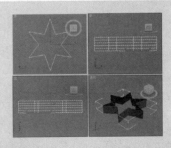

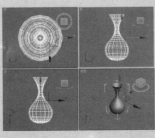

4.1　入门——基本概念与基本操作

3ds Max 2009中有4种常用的修改器，分别为挤出、车削、倒角和倒角剖面修改器，它们都可以将二维线形转换为三维对象。

4.1.1　【修改】命令面板

在3ds Max 2009中创建了基本的模型后，就需要进行一系列的编辑修改。所有这些操作都可以在修改器堆栈中找到，用户在任何时候都可以对它们进行修改。

1.【修改】命令面板的组成

单击命令面板中的【修改】按钮，即可打开【修改】命令面板，在其中可以看到它的几个基本区域，如图4.1所示。

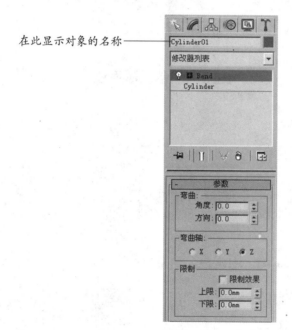

在此显示对象的名称

图4.1　【修改】命令面板的组成

🔍 名称和颜色

在命令面板最上方显示了对象模型的名称和颜色。任何时候打开【修改】命令面板，在名称域中输入名称均可改变对象的名称。单击右侧的颜色域，可以改变对象的颜色。这些内容在前面的章节中已经介绍过了，在此不再详细介绍。

🔍 修改器列表

单击【修改器列表】下拉列表框右侧的下拉按钮，可以在弹出的下拉列表中选择修改器，如图4.2所示。可以同时在列表中选择不同类型的修改器，并且一个对象或模型可以同时应用几个修改器。

大多数修改器都是对象空间修改器，但是也有另外一种称为世界空间修改器的修改器，与对象空间修改器不同的是，它应用的是全局坐标系，而不是局部坐标系。

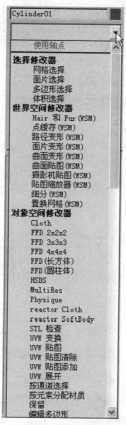

图4.2 修改器列表

修改器堆栈列表

修改器堆栈列表用于显示应用于某对象的所有修改器，可以用它来管理应用于该对象的所有修改器。使用它，可以应用和删除修改器，可以在对象之间剪切、复制和粘贴修改器，并且还可以重新排序。修改器堆栈排序的内容将在下面介绍。

修改器堆栈参数

在修改器列表中选择了某种修改器后，在下面的参数栏中会显示相应的参数，不同的修改器有不同的参数。在此不进行详细介绍，本章后面会详细讲解常用修改器的使用方法及参数设置等。

2. 应用修改器

在没有应用修改器前，修改器堆栈中的第1个条目并不是修改器，而是基本对象。基本对象是原始的对象类型。造型的基本对象就是按对象类型列出的，例如"Box"或"Sphere"等。可编辑网格、多边形、面片和样条曲线也可以是基本对象。

应用修改器的方法有两种，下面分别介绍。

使用【修改】命令面板

在视图中创建一个基本模型以后，切换到【修改】命令面板，单击【修改器列表】下拉列表框右侧的下拉按钮，在弹出的下拉列表中选择该对象可以应用的修改器即可。图4.3所示的是对球体对象应用弯曲修改器后的修改器堆栈列表。

图4.3　应用修改器后的修改器堆栈列表

 提示　如果选定了多个对象，则会将选择的修改器应用到多个对象。

　　使用【修改器】菜单

　　在【修改器】菜单中选择修改器命令（如图4.4所示），即可应用相应的修改器。执行相应的修改器命令后，也会自动打开【修改】命令面板中的相应参数，并且在修改器堆栈列表中显示当前执行的修改器命令。

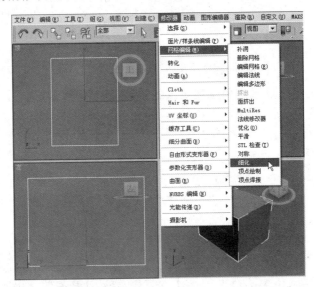

图4.4　使用菜单应用修改器

　　有关修改器堆栈列表中的各个修改器命令的内容将在后面的章节中介绍，在此只是让用户知道如何为对象应用修改器。

 提示　对于某些类型的对象，一些修改器是不可用的。例如，只有当选定了样条曲线后，才允许使用挤出和车削修改器。

4.1.2　挤出修改器命令面板

　　图形属于二维对象，不能被渲染输出，但是用户可以通过一些修改器将二维图形编辑成三维对象，常用的有挤出修改器、车削修改器、倒角修改器和倒角剖面修改器等。

　　样条曲线是在二维中创建的，已经包含三维中的两维。通过给样条曲线添加厚度，即可创建简单的三维模型。挤出修改器可以为图形添加厚度，从而将其转换成三维对象，其【参数】展卷栏如图4.5所示。

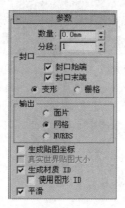

图4.5　【参数】展卷栏

此展卷栏中各个参数的功能如下。

- 【数量】：用于设置挤压的厚度。
- 【分段】：用于设置挤压厚度上的分段数。
- 【封口始端】：用于在挤出对象的开始端生成平面。
- 【封口末端】：用于在挤出对象的结束端生成平面。
- 【变形】：用于变形动画的制作，保证点面数固定不变。
- 【栅格】：对边界线进行重新排列，以最精简的点面数来获取完美的造型。
- 【输出】区域：在此区域中可以选择将挤压对象输出为哪种模型，其中包括【面片】、【网络】和【NURBS】3个单选按钮。

　　此外，还可以选择自动生成贴图坐标和指定材质ID号等。如果选中【使用图形ID】复选框，则挤出对象的材质由挤出曲线的ID值决定。

　　下面，我们通过一个简单的实例来介绍挤出修改器的基本操作。

1　重置场景，在【创建】命令面板中单击【图形】按钮，然后单击【对象类型】展卷栏中的【星形】按钮，在顶视图中创建一个星形对象，如图4.6所示。

2　打开【修改】命令面板，单击【修改器列表】下拉列表框右侧的下拉按钮，在弹出的下拉列表中选择挤出修改器，如图4.7所示。

3　在【参数】展卷栏中，将【数量】设置为"30mm"，即将星形挤出30mm的厚度；将【分段】设置为"5"；在【封口】区域中取消选中【封口始端】和【封口末端】复选框，如图4.8所示。设置完成后的对象效果如图4.9所示。

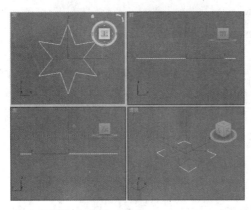

图4.6　创建的星形

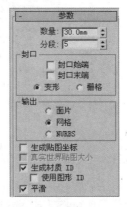

图4.7　在修改器列表中选择挤出修改器　　　图4.8　设置参数

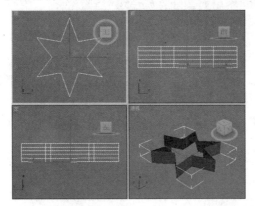

图4.9　挤出后的效果

4.1.3　车削修改器命令面板

　　利用车削修改器可以将二维图形沿一条旋转轴旋转任意角度，以生成不同的三维对象。

　　要使用车削修改器，用户需要先选中二维图形，进入【修改】命令面板，然后单击【修改器列表】下拉列表框右侧的下拉按钮，在弹出的下拉列表中选择车削修改器，其【参数】展卷栏如图4.10所示。

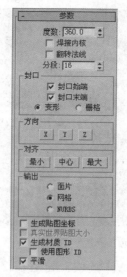

图4.10   【参数】展卷栏

此展卷栏中各个参数的功能如下。

【度数】：用来控制旋转的角度，系统默认为360°。

【焊接内核】：对轴心重合的顶点进行焊接精减，以得到结构更简单、更平滑无缝的模型。如果作为变形物体，则不选中此复选框。

【翻转法线】：将模型表面的法线方向反向。

【封口】区域：用来控制挤出后生成三维对象的起始端和末端是否封闭，系统自动选中【封口始端】和【封口末端】复选框，取消选中复选框可以打开封口。

【方向】区域：用来设置图形旋转时所绕的轴向，系统默认为绕Y轴旋转。单击各坐标轴对应的按钮，即可改变旋转轴向。

【对齐】区域：用来控制旋转后三维对象中图形之间的对齐方式，其中包括【最小】、【中心】和【最大】3个按钮。

> **提示**　单击【最小】按钮，会将曲线内边界与中心轴对齐；单击【中心】按钮，会将曲线中心与中心轴对齐；单击【最大】按钮，会将曲线外边界与中心轴对齐。

【输出】区域：选中【面片】单选按钮，表示产生一个可以折叠到面片对象中的对象；选中【网格】单选按钮，表示产生一个可以折叠到网格对象中的对象；选中【NURBS】单选按钮，表示产生一个可以折叠到NURBS对象中的对象。

【生成贴图坐标】：将贴图坐标应用到车削对象中。

【生成材质 ID】：将不同的材质ID指定给车削对象的侧面与封口。

【使用图形ID】：将材质ID指定给车削产生的样条线中的线段或NURBS车削产生的曲线子对象。

【平滑】：将平滑应用于车削图形。

下面，我们通过一个简单的实例来介绍车削修改器的基本操作。

重置场景，在【创建】命令面板中单击【图形】按钮，然后单击【对象类型】展卷栏中的【线】按钮，在顶视图中创建一段曲线，如图4.11所示。

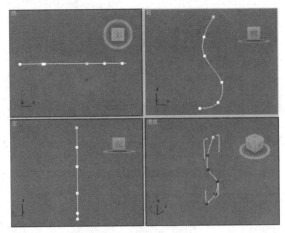

图4.11　创建的样条线

2 在修改编辑堆栈中选择【样条线】选项，如图4.12所示。然后，打开【几何体】展卷栏，在【端点自动焊接】区域的【轮廓】数值框中输入"50"，如图4.13所示。完成后的效果如图4.14所示。

图4.12　选择【样条线】选项

图4.13　输入轮廓值

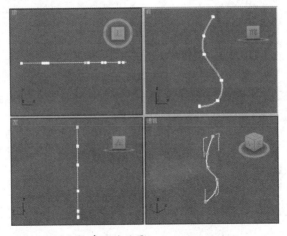

图4.14　增加轮廓后的效果

3 打开【修改】命令面板，单击【修改器列表】下拉列表框右侧的下拉按钮，在弹出的下拉列表中选择车削修改器，如图4.15所示。完成后的效果如图4.16所示。

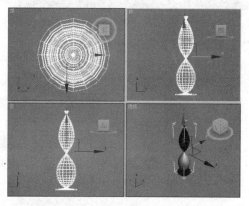

图4.15 选择车削修改器 　　　　图4.16 应用车削修改器后的效果

4 按照图4.17所示设置旋转的度数，然后单击【对齐】区域中的【最小】按钮，效果如图4.18所示。

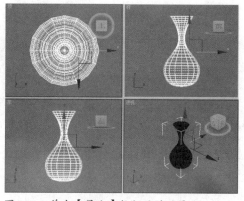

图4.17 设置车削修改器的参数 　　　图4.18 单击【最小】按钮后的效果

5 我们看到此时的模型呈黑色，取消选中参数展卷栏中的【翻转法线】复选框，效果如图4.19所示。

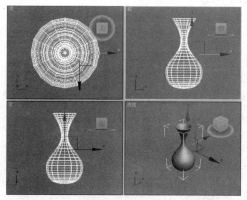

图4.19 翻转法线后的效果

4.1.4　倒角修改器命令面板

利用倒角修改器可以对二维图形进行挤压，在挤压的同时边界上产生直角或圆形倒角，此修改器一般用来制作立体文字和标志等，并且只能作用于二维图形对象。倒角修改器的参数展卷栏如图4.20所示。

图4.20　倒角修改器的展卷栏

其中各项参数的功能如下。

- 【封口】：对造型两端进行加盖控制。如果两端都进行加盖，则得到的是封闭实体。选中【始端】复选框，会在开始截面封顶加盖。选中【末端】复选框，会在结束截面封顶加盖。
- 【封口类型】：用于设置顶盖表面的构成类型。如果选中【变形】单选按钮，则不处理表面，以便通过变形操作制作变形动画；如果选中【栅格】单选按钮，则会对表面网格进行处理，使用此类型产生的渲染效果要好于【变形】类型。
- 【线性侧面】：选中此单选按钮，倒角内部的分段会以直线方式划分。
- 【曲线侧面】：选中此单选按钮，倒角内部的分段会以弧形曲线方式划分。
- 【分段】：设置倒角内部的分段数。
- 【级间平滑】：选中此复选框，会对倒角进行光滑处理，但总保持顶盖不被光滑处理。
- 【生成贴图坐标】：选中此复选框后，将贴图坐标应用于倒角对象。
- 【避免线相交】：选中此复选框，可以防止尖锐折角产生的突出变形。

> **提示**　选中此复选框，会大大增加系统的运算时间，可能需要等待很长时间，并且将来改动其他倒角参数时系统也会变得反应迟钝，所以应尽量避免选中它。如果遇到线相交的情况，最好还是返回到曲线图形中手动修改，将过于尖锐的地方调节圆滑。

🔍 【分离】：用于设置两个边界线之间保持的距离间隔，以防止越界交叉。

🔍 【起始轮廓】：用于设置原始图形的外轮廓大小，如果此值为0，则在原始图形上进行倒角处理。

🔍 【级别1】/【级别2】/【级别3】：分别用于设置3个级别的高度和轮廓大小。

下面，我们通过一个简单的实例来介绍倒角修改器的基本操作。

1 重置场景，在【创建】命令面板中单击【图形】按钮，然后单击【对象类型】展卷栏中的【文本】按钮，在前视图中创建一个 "@" 文字，并且设置【大小】为 "1000"，效果如图4.21所示。

图4.21　创建的文字

2 在修改编辑堆栈中选择【顶点】选项，如图4.22所示。在【几何体】展卷栏中单击【优化】按钮，如图4.23所示。

图4.22　选择【顶点】选项

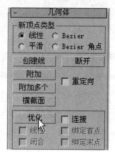

图4.23　单击【优化】按钮

3 在文字边线上通过单击鼠标的方式创建多个新节点，然后用移动工具调整形态，最终效果如图4.24所示。

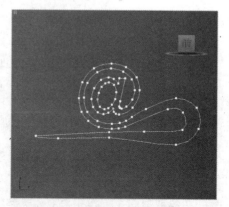

图4.24　对文字进行编辑

4 打开【修改】命令面板，单击【修改器列表】下拉列表框，在弹出的下拉列表中选择倒角修改器，如图4.25所示。

图4.25 选择倒角修改器

5 按照图4.26所示设置倒角参数，完成后的效果如图4.27所示。

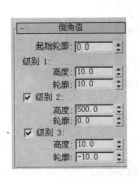

图4.26 设置参数

图4.27 完成后的效果

4.1.5 倒角剖面修改器命令面板

倒角剖面修改器是由倒角修改器扩展来的，它是一个更为自由的倒角工具。使用倒角剖面修改器，可以将一个图形作为剖面沿着另一个作为路径的二维图形进行挤出，以得到三维对象，其【参数】展卷栏如图4.28所示。

图4.28 【参数】展卷栏

该展卷栏中各项参数的功能如下。

【拾取剖面】：用于拾取作为路径的侧面。

- 【生成贴图坐标】：选中此复选框后，将贴图坐标应用于倒角剖面对象。
- 【封口】：对造型两端进行加盖控制。如果两端都进行加盖，则得到的是封闭实体。选中【始端】复选框，会在开始截面封顶加盖。选中【末端】复选框，会在结束截面封顶加盖。
- 【封口类型】：用于设置顶盖表面的构成类型。如果选中【变形】单选按钮，则不处理表面，以便通过变形操作制作变形动画；如果选中【栅格】单选按钮，则会对表面网格进行处理，使用此类型产生的渲染效果要好于【变形】类型。
- 【避免线相交】：选中此复选框，可以防止尖锐折角产生的突出变形。

下面，我们通过一个简单的实例来介绍倒角剖面修改器的基本操作。

1 重置场景，在【创建】命令面板中单击【图形】按钮，然后单击【对象类型】展卷栏中的【矩形】按钮，在顶视图中创建一个矩形（其参数设置为：【长度】为"200mm"、【宽度】为"350mm"、【角半径】为"70mm"），如图4.29所示。

2 在左视图中绘制一个矩形，设置【长度】为"80mm"、【宽度】为"100mm"，效果如图4.30所示。

图4.29 创建的矩形   图4.30 绘制的另一个矩形

3 确认刚创建的小矩形处于选中状态，打开【修改】命令面板，单击【修改器列表】下拉列表框，在弹出的下拉列表中选择编辑样条线修改器，如图4.31所示。

图4.31 选择编辑样条线修改器

4 在修改编辑堆栈中选择【顶点】选项，如图4.32所示。然后，打开【几何体】展卷栏，选择小矩形中的所有顶点，在【端点自动焊接】区域的【圆角】数值框中输入"7"，如图4.33所示。完成后的效果如图4.34所示。

图4.32　选择【顶点】选项　　　　　　　　　图4.33　输入圆角值

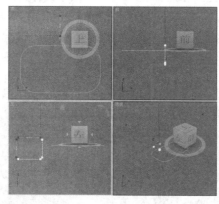

图4.34　对矩形进行圆角操作

在最初创建矩形时，用户可以在参数展卷栏中设置圆角半径来为矩形设置圆角的效果，但这样会使创建的矩形产生很多节点，不利于之后的编辑操作。

5 在【几何体】展卷栏中单击【优化】按钮，对矩形进行加点操作，移动调整节点，效果如图4.35所示。

6 选择较大的矩形，打开【修改】命令面板，单击【修改器列表】下拉列表框，在弹出的下拉列表中选择倒角剖面修改器，如图4.36所示。

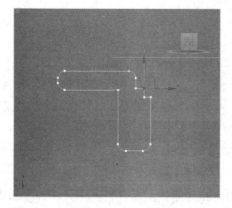

图4.35　调整节点　　　　　　　　　　图4.36　选择倒角剖面修改器

7 在【参数】展卷栏中单击【拾取剖面】按钮，如图4.37所示。然后，在视图中单击编辑后的小矩形，完成后的效果如图4.38所示。

图4.37 单击【拾取剖面】按钮

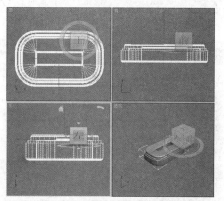

图4.38 拾取剖面后的效果

8 激活顶视图，选择编辑后的造型，单击倒角剖面修改器命令前的加号，选择【剖面Gimzo】选项，在主工具栏上右击【旋转并移动】按钮，弹出【旋转变换输入】对话框，在【偏移：屏幕】区域的【Z】数值框中输入"180"，如图4.39所示。然后，按回车键，效果如图4.40所示。

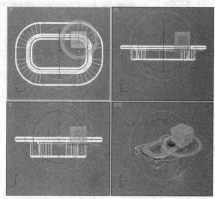

图4.40 创建效果

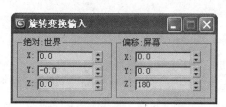

图4.39 输入变换数值

9 激活顶视图，单击主工具栏上的【选择并移动】按钮，在X轴方向上移动物体，并对其进行缩放操作，效果如图4.41所示。

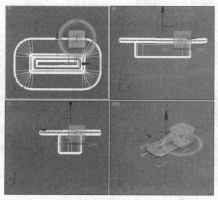

图4.41 缩放后的效果

10 打开【修改】命令面板，单击【修改器列表】下拉列表框，在弹出的下拉列表中选择 UVW贴图修改器。在【参数】展卷栏中选中【长方体】单选按钮，指定贴图坐标，如图 4.42所示。最终效果如图4.43所示。

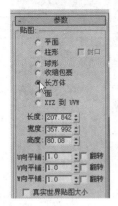

图4.42　选中【长方体】单选按钮

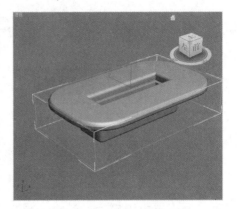

图4.43　最终效果

4.2 进阶——典型实例

本节将结合具体实例来介绍几种常用修改器的应用。利用挤出修改器制作百叶窗，利用挤出修改器和弯曲修改器制作旋转楼梯，利用编辑样条线修改器、倒角修改器和挤出修改器制作画框，利用倒角剖面修改器和挤出修改器制作圆桌凳，利用挤出修改器和车削修改器制作罗马柱。

4.2.1　制作百叶窗

本例利用挤出修改器将墙体的二维截面挤出成三维对象，然后利用捕捉命令创建窗框的截面，并将其挤出成三维对象。接着，创建长方体作为百叶窗的扇面，然后利用【阵列】命令将长方体对象阵列成百叶窗。

最终效果

本例制作完成后的效果如图4.44所示。

图4.44　百叶窗的实例效果

解题思路

- 创建矩形对象模拟墙体和窗洞，利用编辑样条线修改器将它们连为一体。
- 对墙体应用挤出修改器，将它挤出为墙体的主体。
- 利用【捕捉开关】命令创建窗框结构，并对其应用挤出修改器，将截面挤出为三维对象。
- 创建长方体对象模拟百叶窗的扇面，将其放置到合适的位置，然后利用【阵列】命令得到百叶窗的效果。
- 对创建的窗框和百叶窗进行复制。

操作步骤

本例的具体操作步骤如下：

1. 重置场景，将单位设置为毫米。
2. 在【创建】命令面板中单击【图形】按钮，然后单击【对象类型】展卷栏中的【矩形】按钮，在前视图中创建一个矩形作为窗洞（其参数设置为：【长度】为"2800mm"、【宽度】为"3500mm"），如图4.45所示。
3. 在前视图中再创建两个矩形作为墙体的窗户（其参数设置为：【长度】为"1800mm"、【宽度】为"1400mm"），如图4.46所示。

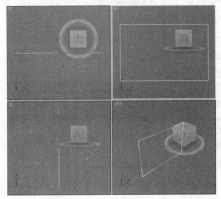

图4.45 创建的矩形

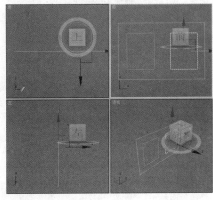

图4.46 创建的窗体

4. 选择较大的矩形，打开【修改】命令面板，单击【修改器列表】下拉列表框，在弹出的下拉列表中选择编辑样条线修改器，如图4.47所示。
5. 单击展开【几何体】展卷栏，单击【附加】按钮，如图4.48所示。

图4.47 选择编辑样条线修改器

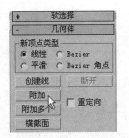

图4.48 单击【附加】按钮

6. 在前视图中单击两个小矩形，将它们连为一体，如图4.49所示。

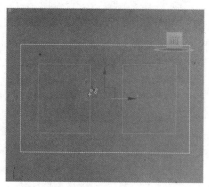

图4.49 将矩形附加为一体

提示

如果想快速地附加若干线形，则可以在【几何体】展卷栏中单击【附加多个】按钮，将所有的线形一次性附加为一体。

7 打开【修改】命令面板，单击【修改器列表】下拉列表框，在弹出的下拉列表中选择挤出修改器，参数设置如图4.50所示。挤出后的墙体效果如图4.51所示。

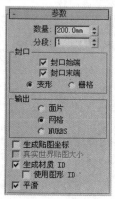

图4.50 设置参数

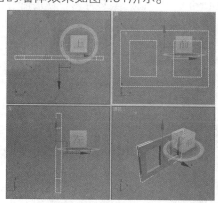

图4.51 挤出后的效果

墙体和窗洞制作完成了，下面我们来制作窗框造型。

8 右键单击主工具栏上的【捕捉开关】按钮，打开【栅格和捕捉设置】对话框，选中【顶点】复选框，如图4.52所示。

9 单击【捕捉开关】按钮，在前视图中创建一个与窗洞大小相符的矩形，如图4.53所示。

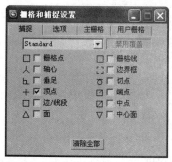

图4.52 选中【顶点】复选框

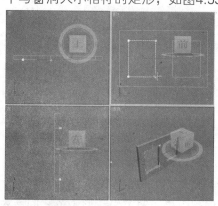

图4.53 绘制矩形

10 选择较大的矩形，打开【修改】命令面板，单击【修改器列表】下拉列表框，在弹出的下拉列表中选择编辑样条线修改器，将矩形转变为可编辑的样条线。

11 在修改编辑堆栈中选择【样条线】选项（如图4.54所示），然后打开【几何体】展卷栏，在【端点自动焊接】区域的【轮廓】数值框中输入"60mm"，如图4.55所示。完成后的效果如图4.56所示。

图4.54　选择【样条线】选项

图4.55　输入轮廓值

12 打开【修改】命令面板，单击【修改器列表】下拉列表框，在弹出的下拉列表中选择挤出修改器，设置【数量】为"200mm"，然后在左视图中调整它的位置，效果如图4.57所示。

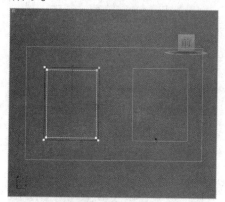

图4.56　添加轮廓后的效果

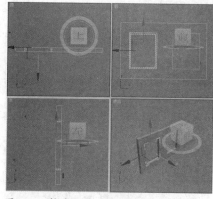

图4.57　挤出效果

13 按照步骤8～步骤11的操作方法，先通过捕捉绘制如图4.58所示的矩形，然后应用编辑样条线修改器，并为其添加30mm的轮廓，如图4.59所示。

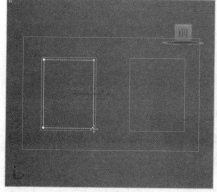

图4.58　绘制矩形

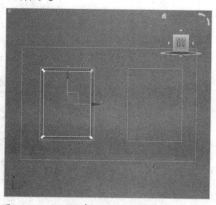

图4.59　添加轮廓

14 打开【修改】命令面板，单击【修改器列表】下拉列表框，在弹出的下拉列表中选择挤出修改器，设置【数量】为"50mm"，然后在左视图中调整它的位置，效果如图4.60所示。

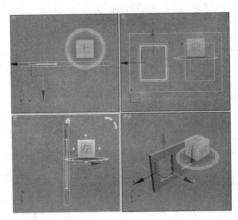

图4.60　挤出的窗框

15 在左视图中创建一个长方体对象（其参数设置为：【长度】为"20mm"、【宽度】为"1220mm"、【高度】为"100mm"），并在前视图和左视图中调整它的位置，如图4.61和图4.62所示。调整后的效果如图4.63所示。

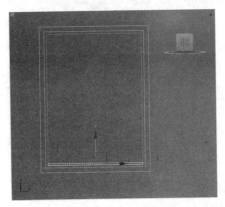

图4.61　在前视图中调整长方体的位置

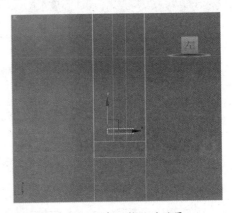

图4.62　在左视图中调整后的效果

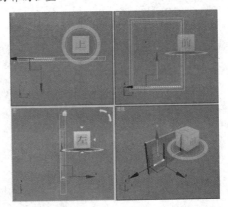

图4.63　调整后的效果

16 执行【工具】→【阵列】命令，打开【阵列】对话框，在【阵列变换】区域中设置Y轴移动增加"100mm"，在【阵列维度】区域中设置【1D】的数量为"17"，如图4.64所示。

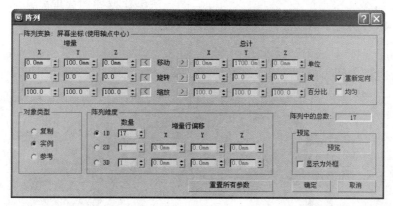

图4.64 设置阵列参数

17 单击【预览】按钮，可以观看预览效果，如果不理想可以再调整。设置完成后单击【确定】按钮，效果如图4.65所示。

18 在主工具栏上单击【按名称选择】按钮，打开【从场景选择】对话框，选择除Rectangle01对象外的所有对象，如图4.66所示。

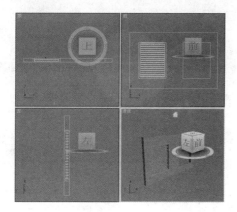

图4.65 阵列效果

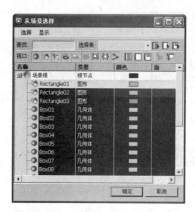

图4.66 选择对象

19 单击【确定】按钮，在前视图中沿X轴向右复制一组对象，并移动到与窗洞相符合的位置，最终效果如图4.67所示。

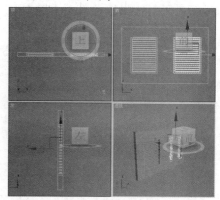

图4.67 百叶窗的复制效果

4.2.2 制作旋转楼梯

本例首先利用【捕捉开关】命令绘制楼梯截面，然后对其进行拆分。再利用挤出修改器将楼梯的二维截面挤出成三维对象。用同样的方法创建楼梯挡板模型并对其进行复制，然后对所有对象应用弯曲修改器，得到旋转楼梯的效果。

最终效果

本例制作完成后的效果如图4.68所示。

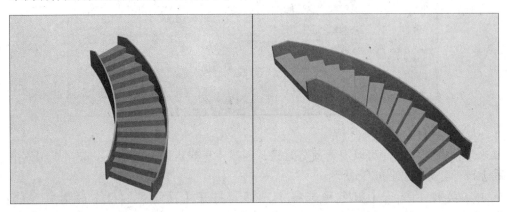

图4.68　旋转楼梯的实例效果

解题思路

🔍 利用【捕捉开关】命令创建楼梯截面。
🔍 利用【拆分】按钮对楼梯的一个截面进行拆分。
🔍 对楼梯截面运用挤出修改器，将截面挤出为三维对象。
🔍 创建楼梯挡板截面，对其进行拆分，然后利用挤出修改器将其挤出为三维对象。
🔍 对创建的挡板进行复制。
🔍 选中所有对象，然后应用弯曲修改器，创建旋转效果。

操作步骤

本例的具体操作步骤如下：

1 重置场景，将单位设置为毫米。

2 在主工具栏中右键单击【捕捉开关】按钮 🧲³，打开【栅格和捕捉设置】对话框，选中【栅格点】复选框，如图4.69所示。

图4.69　【栅格和捕捉设置】对话框

3 关闭【栅格和捕捉设置】对话框，然后激活前视图，按【Alt+W】组合键，将前视图最大化。

4 在主工具栏中单击【捕捉开关】按钮，在【创建】命令面板中单击【图形】按钮，然后单击【对象类型】展卷栏中的【线】按钮，在前视图中创建如图4.70所示的线形。

5 单击鼠标，弹出如图4.71所示的对话框，单击【是】按钮，闭合样条线。

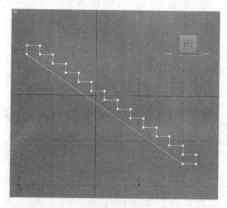

图4.70　创建的楼梯截面线

图4.71　提示框

6 切换到【修改】命令面板，在修改编辑堆栈中选择【线段】选项，如图4.72所示。

7 单击展开【几何体】展卷栏，单击【拆分】按钮，然后在右侧的数值框中输入"10"（如图4.73所示），将直线平分为10段，如图4.74所示。

图4.72　选择【线段】选项

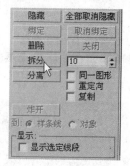

图4.73　设置拆分数量

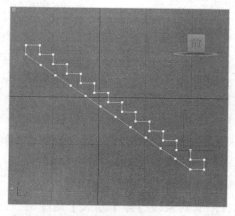

图4.74　将直线平分后的效果

8　打开【修改】命令面板，单击【修改器列表】下拉列表框，在弹出的下拉列表中选择挤出修改器，在【参数】展卷栏中设置【数量】为"150mm"，如图4.75所示。设置完成后的效果如图4.76所示。

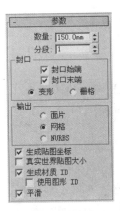

图4.75　设置参数

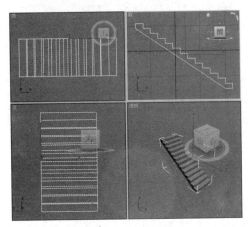

图4.76　挤出后的效果

9　按照步骤4～步骤6的操作方法在前视图中绘制楼梯挡板的截面，并对直线进行平分，效果如图4.77所示。

10　打开【修改】命令面板，单击【修改器列表】下拉列表框，在弹出的下拉列表中选择挤出修改器，在【参数】展卷栏中设置【数量】为"5mm"。设置完成后的效果如图4.78所示。

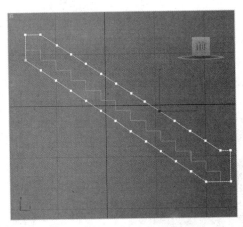

图4.77　制作的楼梯挡板截面

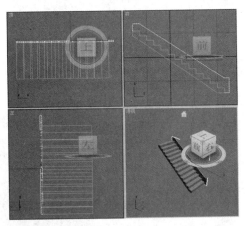

图4.78　挤出的挡板

11　激活顶视图，在主工具栏中单击【选择并移动】按钮，在按住【Shift】键的同时沿Y轴移动鼠标，复制一个挡板，效果如图4.79所示。

12　按【Ctrl+A】组合键选择所有对象，打开【修改】命令面板，单击【修改器列表】下拉列表框，在弹出的下拉列表中选择弯曲修改器，如图4.80所示。

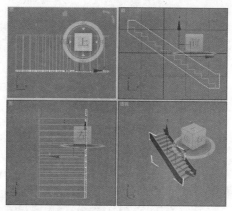

图4.79 复制挡板

13 在【参数】展卷栏的【弯曲】区域中设置【角度】为"90"、【方向】为"90",在【弯曲轴】区域中选中【X】单选按钮,如图4.81所示。

图4.80 选择弯曲修改器

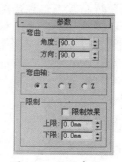

图4.81 设置参数

创建完成后的最终效果如图4.82所示。

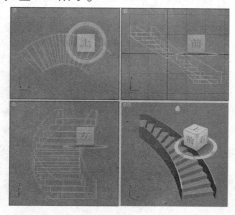

图4.82 创建的旋转楼梯

4.2.3 制作画框

本例利用编辑样条线修改器将创建的矩形连为一体，接着利用倒角修改器将其转换为三维对象，然后利用捕捉命令创建截面，并利用挤出修改器将其挤出成三维对象，最后对其赋予材质，创建画框效果。

最终效果

本例制作完成后的效果如图4.83所示。

图4.83　画框的实例效果

解题思路

- 创建矩形对象模拟画框，利用编辑样条线修改器将它们连为一体。
- 利用倒角修改器将其转换为三维对象。
- 利用【捕捉开关】命令创建矩形，并对其应用挤出修改器，将创建的对象挤出为三维对象。
- 为新创建的三维对象赋予材质，得到画框效果。

操作步骤

本例的具体操作步骤如下：

1 重置场景，将单位设置为毫米。

2 在【创建】命令面板中单击【图形】按钮，然后单击【对象类型】展卷栏中的【矩形】按钮，在前视图中创建一个矩形。参数设置如图4.84所示，创建完成后的效果如图4.85所示。

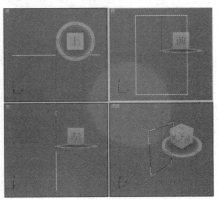

图4.84　矩形的创建参数　　　　图4.85　矩形的创建效果

3 在前视图中再创建一个矩形（其参数设置为：【长度】为"400mm"、【宽度】为"300mm"），如图4.86所示。

4 确认刚创建的对象处于选中状态，在主工具栏上单击【对齐】按钮，然后在视图中单击较大的矩形，打开【对齐当前选择】对话框，设置参数如图4.87所示。

5 单击【确定】按钮，将两个矩形对象对齐，效果如图4.88所示。

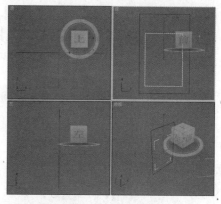

图4.86 创建的另一个矩形对象

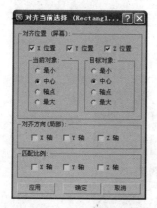

图4.87 设置参数

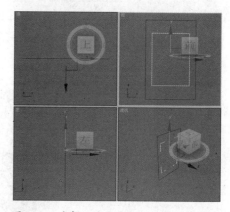

图4.88 对齐后的效果

6 选择较大的矩形，打开【修改】命令面板，单击【修改器列表】下拉列表框，在弹出的下拉列表中选择编辑样条线修改器。

7 单击展开【几何体】展卷栏，单击【附加】按钮，如图4.89所示。

8 在前视图中单击较小的矩形，将它们连为一体，如图4.90所示。

图4.89 单击【附加】按钮

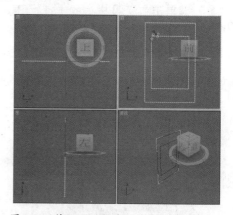

图4.90 将矩形附加为一体

9 打开【修改】命令面板，单击【修改器列表】下拉列表框，在弹出的下拉列表中选择倒角修改器，如图4.91所示。

10 在【倒角值】展卷栏中设置【级别1】的【高度】为"10mm"、【轮廓】为"5mm"，然后选中【级别2】复选框，设置【高度】为"5mm"、【轮廓】为"-5mm"，如图4.92所示。完成后的效果如图4.93所示。

图4.91 选择倒角修改器

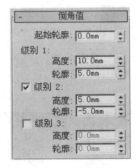

图4.92 设置参数

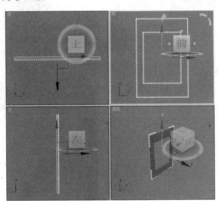

图4.93 应用倒角修改器后的效果

11 右键单击主工具栏上的【捕捉开关】按钮，打开【栅格和捕捉设置】对话框，选中【顶点】复选框，如图4.94所示。

12 单击【捕捉开关】按钮，在前视图中创建一个与画框大小相符的矩形，如图4.95所示。

图4.94 选中【顶点】复选框

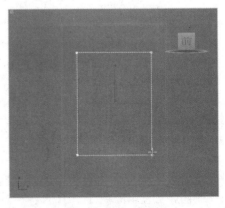

图4.95 绘制矩形

13 选择刚刚创建的矩形，打开【修改】命令面板，单击【修改器列表】下拉列表框，在弹出的下拉列表中选择挤出修改器，设置【数量】为"10mm"，如图4.96所示。

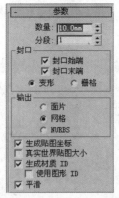

图4.96 设置参数

14 在前视图中沿Y轴调整它的位置，如图4.97所示。挤出后的画框效果如图4.98所示。

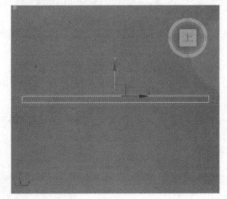

图4.97 调整位置

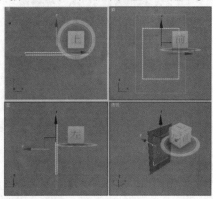

图4.98 挤出后的效果

15 按【M】键打开【材质编辑器】对话框，选择第1个样本球，在【Blinn基本参数】展卷栏中单击【漫反射】后的方块按钮，打开【材质/贴图浏览器】对话框，从其中选择【位图】选项，如图4.99所示。

16 单击【确定】按钮，打开【选择位图图像文件】对话框，在其中选择一幅图像文件，如图4.100所示。

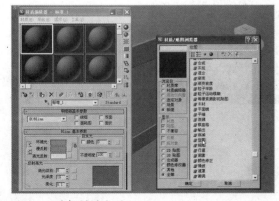

图4.99 选择材质类型

图4.100 设置材质

17 单击【打开】按钮，返回【材质编辑器】对话框。选中刚创建的对象，然后单击行工具栏中的【将材质指定给选定对象】按钮，将该材质赋予画框，效果如图4.101所示。

18 这时，赋予的材质并没有在视图中显示，单击行工具栏中的【在视口中显示标准贴图】按钮即可显示，效果如图4.102所示。

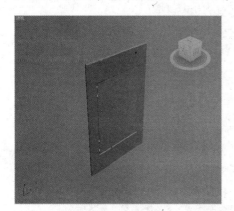

图4.101　赋予材质后的效果

图4.102　在视图中显示赋予的材质

4.2.4　制作圆桌凳

　　本例通过制作圆桌凳进一步学习倒角剖面修改器的应用。先绘制圆形和剖面，利用倒角剖面修改器制作圆桌凳的凳面。然后，绘制曲线，通过修改轮廓值制作凳腿的截面，再利用挤出修改器得到圆桌凳的凳腿。最后，利用旋转阵列命令对凳腿进行阵列复制，得到圆桌凳效果。

最终效果

　　本例制作完成后的效果如图4.103所示。

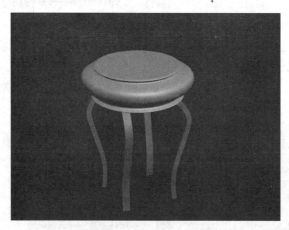

图4.103　圆桌凳的实例效果

解题思路

　　🔍 创建圆形对象模拟凳面截面，创建曲线作为剖面。

　　🔍 利用倒角剖面修改器创建凳面对象。

　　🔍 绘制曲线并添加轮廓效果，然后利用挤出修改器将其挤出为三维对象，作为凳腿。

利用【阵列】工具对凳腿进行旋转阵列。

操作步骤

本例的具体操作步骤如下：

1 重置场景，将单位设置为毫米。

2 在【创建】命令面板中单击【图形】按钮，然后单击【对象类型】展卷栏中的【圆】按钮，在顶视图中创建一个半径为150mm的圆形，效果如图4.104所示。

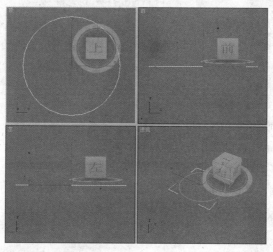

图4.104 创建的圆形

3 在【创建】命令面板中单击【图形】按钮，然后单击【对象类型】展卷栏中的【线】按钮，在前视图中创建一条曲线。

4 打开【修改】命令面板，单击【Line】前边的加号按钮，选择【顶点】选项，如图4.105所示。

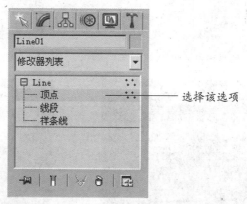

图4.105 选择【顶点】选项

5 展开【几何体】展卷栏，然后单击【优化】按钮，如图4.106所示；对创建的曲线进行加点操作，并利用主工具栏上的【选择并移动】按钮调整节点的位置，效果如图4.107所示。

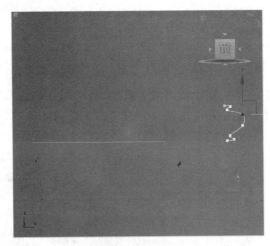

图4.106 单击【优化】按钮 　　　　　图4.107 创建的曲线

6 选择步骤2中创建的圆形对象，打开【修改】命令面板，单击【修改器列表】下拉列表框，在弹出的下拉列表中选择倒角剖面修改器，如图4.108所示。

7 在【参数】展卷栏中单击【拾取剖面】按钮（如图4.109所示），然后在前视图中拾取步骤5中绘制的曲线，如图4.110所示。完成后的效果如图4.111所示。

图4.108 选择倒角剖面修改器 　　　　　图4.109 单击【拾取剖面】按钮

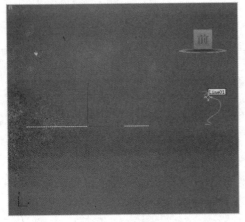

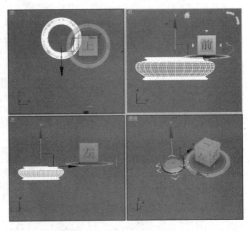

图4.110 拾取剖面 　　　　　图4.111 创建效果

8 在前视图中创建如图4.112所示的曲线，然后打开【修改】命令面板，单击【修改器列表】下拉列表框，在弹出的下拉列表中选择编辑样条线修改器，将矩形转变为可编辑的样条线。

9 在修改编辑堆栈中选择【样条线】选项，然后打开【几何体】展卷栏，在【端点自动焊接】区域的【轮廓】数值框中输入"30mm"，如图4.113所示。完成后的效果如图4.114所示。

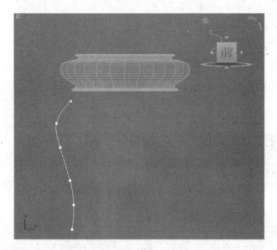

图4.112　绘制曲线

图4.113　输入轮廓值

10 打开【修改】命令面板，单击【修改器列表】下拉列表框，在弹出的下拉列表中选择挤出修改器，设置【数量】为"30mm"，然后在各个视图中利用移动和旋转工具调整它的位置，效果如图4.115所示。

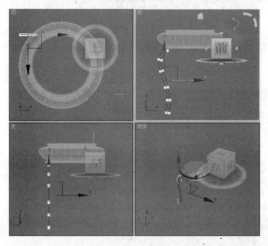

图4.114　轮廓效果

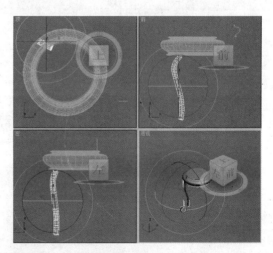

图4.115　挤出效果

11 确认桌凳腿处于选中状态，在主工具栏的下拉列表框中选择【拾取】选项，如图4.116所示。

12 在顶视图中单击绘制的桌凳面，此时的视图窗口变为"Circle01"的坐标窗口，然后在主工具栏上用鼠标按住【使用轴点中心】按钮不放，选择下拉列表中的【使用变换坐标中心】按钮 。

图4.116　选择【拾取】选项

13 确认桌凳腿处于选中状态，执行【工具】→【阵列】命令，在弹出的对话框中设置参数如图4.117所示。

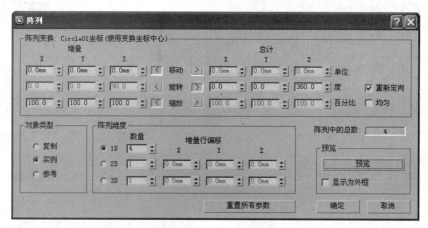

图4.117　设置阵列参数

14 单击【预览】按钮观看效果，如果效果不好可以重新设置。完成后单击【确定】按钮，最终效果如图4.118所示。

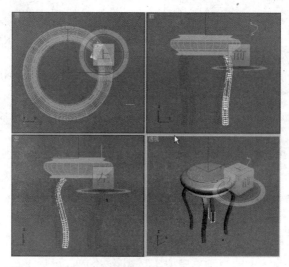

图4.118　最终的圆桌凳效果

4.2.5 制作罗马柱

本例通过制作罗马柱进一步学习挤出和车削修改器的应用。首先，创建星形对象，利用挤出修改器制作罗马柱的主体部分。然后，绘制曲线，通过车削修改器制作罗马柱的底座，再利用【镜像】工具对底座进行镜像复制。最后，修改顶端对象的样条曲线，得到罗马柱的最终效果。

最终效果

本例制作完成后的效果如图4.119所示。

图4.119　罗马柱的实例效果

解题思路

🔍 创建星形对象，利用挤出修改器创建罗马柱的主体部分。

🔍 绘制曲线，作为底座的截面。

🔍 利用车削修改器将其旋转为三维对象，模拟底座。

🔍 利用【镜像】工具对底座进行镜像复制。

🔍 对顶端对象进行修改编辑。

操作步骤

本例的具体操作步骤如下：

1. 重置场景，将单位设置为毫米。

2. 在【创建】命令面板中单击【图形】按钮，然后单击【对象类型】展卷栏中的【星形】按钮，在顶视图中创建一个星形对象，在【参数】展卷栏中设置【半径1】为"300mm"、【半径2】为"250mm"、【点】为"30"、【圆角半径1】为"20mm"、【圆角半径2】为"30mm"，如图4.120所示。创建后的效果如图4.121所示。

3. 打开【修改】命令面板，单击【修改器列表】下拉列表框，在弹出的下拉列表中选择挤出修改器，设置【数量】为"2500mm"、【分段】为"3"，如图4.122所示。这时，即可看到挤压后的星形效果，如图4.123所示。

图4.120 设置参数

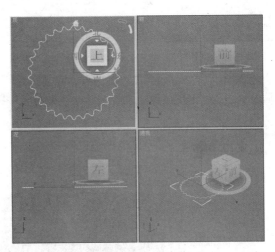

图4.121 创建的星形

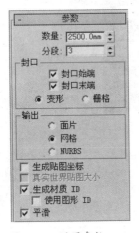

图4.122 设置参数

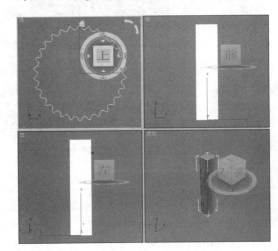

图4.123 挤压后的效果

4 在【创建】命令面板中单击【图形】按钮，然后单击【对象类型】展卷栏中的【矩形】按钮，在前视图中创建一个矩形，创建参数和创建效果分别如图4.124和图4.125所示。

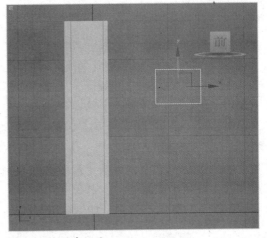

图4.124 创建参数

图4.125 创建效果

5 选中刚创建的矩形，单击【修改器列表】下拉列表框，在弹出的下拉列表中选择编辑样条线修改器，然后在修改器堆栈中选择【顶点】选项，如图4.126所示。

6 在【几何体】展卷栏中单击【优化】按钮，对矩形进行加点操作，然后移动调整节点，效果如图4.127所示。

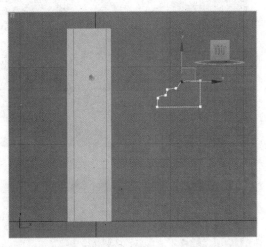

图4.126　选择【顶点】选项　　　　图4.127　编辑样条线

7 打开【修改】命令面板，单击【修改器列表】下拉列表框，在弹出的下拉列表中选择车削修改器，如图4.128所示。然后，在【对齐】区域中单击【最大】按钮，如图4.129所示。创建完成后的底座效果如图4.130所示。

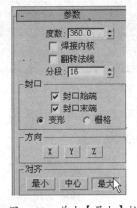

图4.128　选择车削修改器　　　　图4.129　单击【最大】按钮

8 确认刚创建的底座处于选中状态，在主工具栏中单击【镜像】按钮，打开【镜像】对话框。在【镜像轴】区域中选中【Z】单选按钮，设置【偏移】为"500mm"，在【克隆当前选择】区域中选中【复制】单选按钮，如图4.131所示。

9 单击【确定】按钮，完成复制，然后利用主工具栏上的【选择并移动】按钮调节这3个对象的位置，效果如图4.132所示。

10 在前视图中选择刚刚复制的对象，单击【修改】命令面板，然后选择编辑样条线修改器堆栈下的【顶点】选项，如图4.133所示。

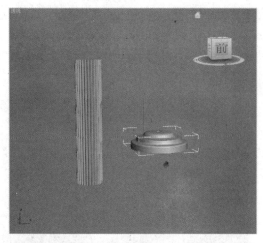

图4.130　制作完成后的底座

图4.131　设置参数

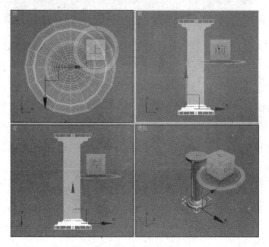

图4.132　调整位置

图4.133　选择【顶点】选项

▌▌利用主工具栏上的【选择并移动】按钮调整样条曲线，使它略小于底座，如图4.134所示。

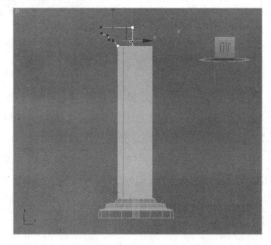

图4.134　调整曲线

12 在【修改】命令面板中双击【车削】选项，应用车削修改器，效果如图4.135和图4.136所示。

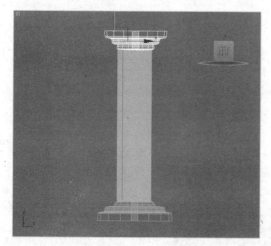

图4.135   应用车削修改器后的效果

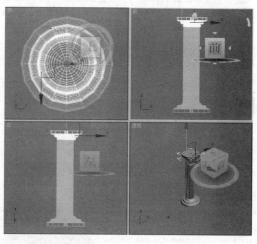

图4.136   最终效果

如果要得到真实的效果，可以为罗马柱选择合适的材质然后进行渲染。有关材质和贴图的内容将在后面的章节中介绍。

4.3 提高——自己动手练

本节将对前面介绍的几个修改器进行举一反三的讲解，主要介绍如何制作石凳、装饰柱、方格木门和酒吧吧台。学习了本节之后，读者可以更深入地掌握这些修改器的操作方法，从而制作出更为复杂的模型。

4.3.1   石凳的制作

本小节将介绍如何制作石凳，通过编辑图形并利用挤出修改器将简单的二维造型制作成一个完整的模型。

最终效果

制作完成后的石凳效果如图4.137所示。

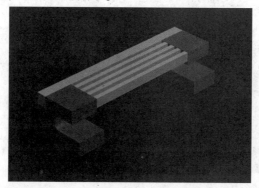

图4.137   石凳的最终效果

解题思路

- 🔍 在左视图中绘制两个矩形，作为石凳的截面。
- 🔍 将两个矩形附加到一起，然后利用布尔运算得到石凳的截面。
- 🔍 利用【优化】按钮修改石凳的截面。
- 🔍 利用挤出修改器将创建的截面挤出为三维对象。
- 🔍 创建长方体对象，模拟石凳的石条。
- 🔍 创建长方体对象并进行复制，创建石凳的木条。

操作提示

1 重置场景，将单位设置为毫米。

2 在【图形】面板中单击【矩形】按钮，在左视图中创建一个长度为450mm、宽度为600mm的矩形，然后使用同样的方法再在左视图中创建一个长度为150mm、宽度为500mm、角半径为45mm的矩形，效果如图4.138所示。

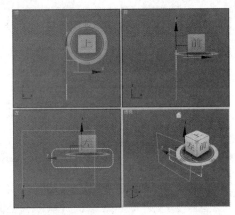

图4.138　创建的矩形

3 打开【修改】命令面板，单击【修改器列表】下拉列表框，在弹出的下拉列表中选择编辑样条线修改器，然后在【几何体】展卷栏中单击【附加】按钮，将两个矩形附加到一起。

4 单击打开编辑样条线修改器堆栈，选择【样条线】选项，在视图中单击较大的矩形，然后在【几何体】展卷栏中单击【布尔】按钮，再单击右侧的【差集】按钮，如图4.139所示。

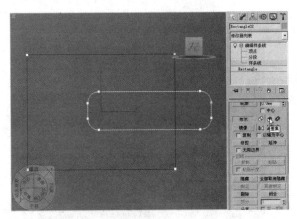

图4.139　单击【差集】按钮

5 在视图中单击较小的矩形，进行布尔运算，完成后的效果如图4.140示。

6 单击打开编辑样条线修改器堆栈，选择【顶点】选项，在【几何体】展卷栏中单击【优化】按钮，为矩形添加节点，并进行移动，完成后的效果如图4.141所示。

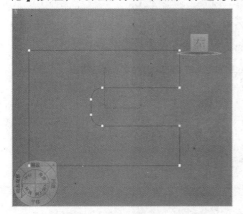

图4.140 进行布尔运算后的效果

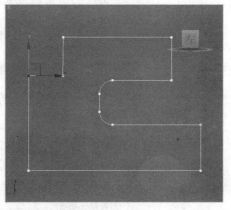

图4.141 添加节点后的效果

7 打开【修改】命令面板，单击【修改器列表】下拉列表框，在弹出的下拉列表中选择挤出修改器，在【数量】数值框中输入"200mm"，效果如图4.142所示。

8 激活前视图，将创建的对象沿X轴复制一个，如图4.143所示。

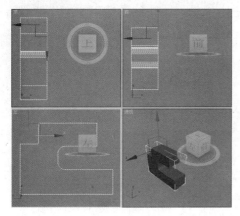

图4.142 挤出后的效果

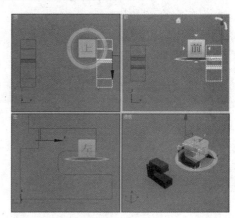

图4.143 复制后的效果

9 单击【几何体】面板中的【长方体】按钮，利用捕捉功能在顶视图中创建如图4.144所示的长方体。

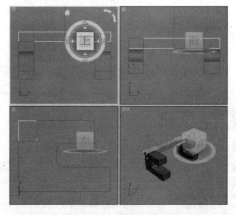

图4.144 创建的长方体

10 在顶视图中创建一个长方体，调整好它的大小和位置，然后沿Y轴复制3个，得到石凳的最终效果，如图4.145所示。

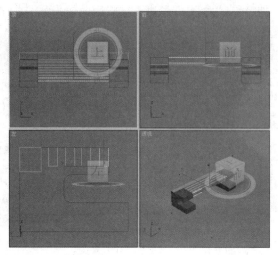

图4.145　制作的石凳

4.3.2　装饰柱的制作

本小节将介绍如何制作装饰柱，首先对图形进行编辑修改，然后运用车削修改器将二维图形转换为三维对象。

最终效果

制作完成后的装饰柱效果如图4.146所示。

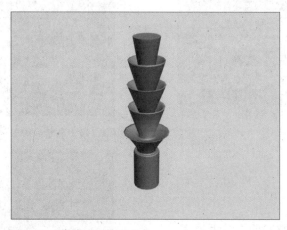

图4.146　装饰柱的最终效果

解题思路

🔍 利用【矩形】命令创建一个矩形。
🔍 对创建的矩形进行编辑修改，制作装饰柱的截面。
🔍 利用车削修改器将二维图形旋转为三维对象。
🔍 调整旋转后的对象的轴，完成装饰柱的制作。

操作提示

1. 重置场景，将单位设置为毫米。
2. 单击【图形】面板中的【矩形】按钮，在前视图中创建一个矩形。
3. 打开【修改】命令面板，单击【修改器列表】下拉列表框，在弹出的下拉列表中选择编辑样条线修改器。
4. 单击打开编辑样条线修改器堆栈，选择【顶点】选项，在【几何体】展卷栏中单击【优化】按钮，为矩形添加节点，并进行移动变换操作，通过调整新节点和其两侧控制柄的位置，将曲线编辑为如图4.147所示的形态。

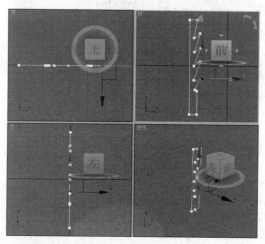

图4.147　编辑曲线

5. 确认编辑的曲线处于选中状态，在修改器列表中选择车削修改器，效果如图4.148所示。
6. 可以看到，旋转后的效果并不是很理想。单击打开车削修改器堆栈，然后选择【轴】选项，利用移动工具调整轴的位置，最终效果如图4.149所示。

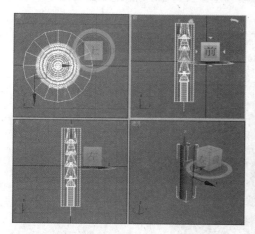

图4.148　应用车削修改器后的效果

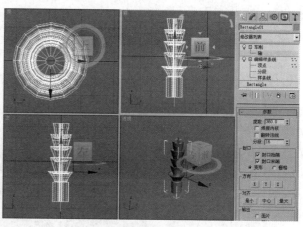

图4.149　调整轴后的效果

4.3.3 方格木门的制作

本小节将介绍如何制作方格木门，运用倒角修改器将二维图形转换为三维对象。

最终效果

制作完成后的方格木门效果如图4.150所示。

图4.150 方格木门的最终效果

解题思路

🔍 创建矩形对象，然后利用倒角修改器制作门框。

🔍 创建矩形，然后利用挤出修改器将其挤出为门面。

🔍 创建矩形，利用【阵列】命令对其进行复制。

🔍 创建矩形，模拟门框，然后将其附加为一体。

🔍 利用倒角修改器将附加后的对象转换为三维模型，得到方格木门效果。

操作提示

1 重置场景，将单位设置为毫米。

2 在前视图中创建两个矩形，选择其中的一个，打开【修改】命令面板，单击【修改器列表】下拉列表框，在弹出的下拉列表中选择编辑样条线修改器，然后将它们附加为一体，如图4.151所示。

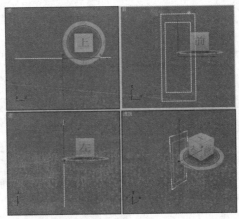

图4.151 创建的矩形

3 单击【修改器列表】下拉列表框，在弹出的下拉列表中选择倒角修改器，设置参数如图

4.152所示，创建完成后的效果如图4.153所示。

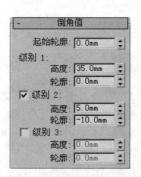

图4.152 设置参数

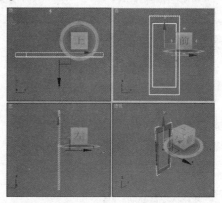

图4.153 倒角效果

4 利用捕捉命令在小矩形的位置再创建一个矩形，然后打开【修改】命令面板，单击【修改器列表】下拉列表框，在弹出的下拉列表中选择挤出修改器，将【数量】设置为"20mm"，效果如图4.154所示。

5 在前视图中创建一个小矩形，作为门的方格截面，然后利用【阵列】命令将其阵列成如图4.155所示的效果。

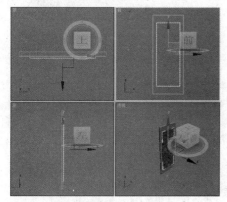

图4.154 挤出效果

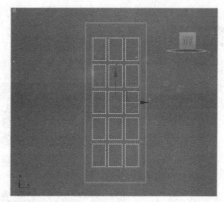

图4.155 阵列效果

6 在前视图中创建一个矩形并将其复制3个，再创建一个矩形并将其复制1个，以模拟木门的方格效果，如图4.156和图4.157所示。

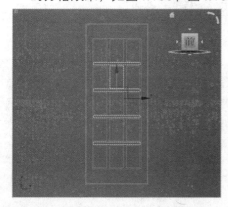

图4.156 制作方格

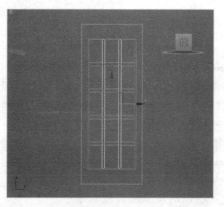

图4.157 制作方格

7 将所有的矩形附加为一体，然后打开【修改】命令面板，单击【修改器列表】下拉列表框，在弹出的下拉列表中选择倒角修改器，设置参数如图4.158所示，创建完成后的效果如图4.159所示。

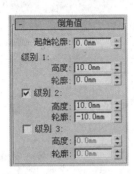

图4.158　设置参数

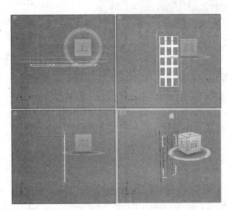

图4.159　方格木门效果

4.3.4　酒吧吧台的制作

本小节将介绍如何制作酒吧吧台，运用倒角剖面修改器将二维图形转换为三维对象。

最终效果

制作完成后的酒吧吧台效果如图4.160所示。

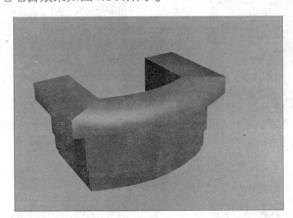

图4.160　酒吧吧台的最终效果

解题思路

- 创建矩形对象，利用编辑样条线修改器删除上面的那条线段。
- 对创建的矩形进行编辑修改，制作吧台的剖面。
- 绘制剖面曲线。
- 利用倒角剖面修改器将对象转换为三维模型，得到酒吧吧台效果。

操作提示

| 重置场景，将单位设置为毫米。

2 在顶视图中创建一个矩形，作为吧台的截面，然后打开【修改】命令面板，单击【修改器列表】下拉列表框，在弹出的下拉列表中选择编辑样条线修改器。

3 单击打开编辑样条线修改器堆栈，选择【线段】选项，然后单击选中上面的那条线段，并将其删除，如图4.161所示。

4 在编辑样条线修改器堆栈中选择【顶点】选项，然后调整下面两个顶点的位置，效果如图4.162所示。

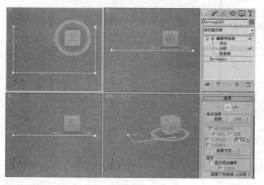

图4.161 删除上面的线段

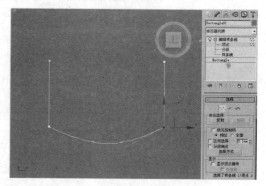

图4.162 调整端点的位置

5 在前视图中绘制如图4.163所示的曲线，作为吧台的剖面曲线。

6 选择作为截面的矩形，然后打开【修改】命令面板，单击【修改器列表】下拉列表框，在弹出的下拉列表中选择倒角剖面修改器。在【参数】展卷栏中单击【拾取剖面】按钮，然后在前视图中单击作为剖面的曲线，得到吧台的模型，如图4.164所示。

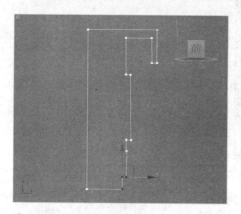

图4.163 绘制的剖面曲线

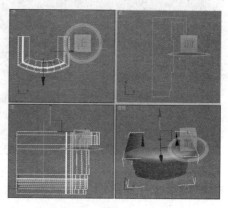

图4.164 制作的吧台

4.4 答疑与技巧

问：在修改器堆栈中选择【顶点】或【样条线】选项后，要选择其他对象却怎么也无法选中，这是为什么呢？

答：在修改器堆栈中选择【顶点】或【样条线】选项后，必须退出修改编辑器堆栈才可以选择其他对象，方法是单击堆栈中相应的修改器命令，如图4.165所示。要想取消选中【样条线】选项，再次单击【样条线】选项即可。

图4.165 取消选中【样条线】选项

问：当视图中有很多对象时，选中一个对象并对其进行操作很不方便，有没有解决办法呢？

答：按【Alt+Q】组合键，就会使当前选中的对象孤立显示，打开如图4.166所示的【警告】对话框。要想退出孤立显示模式，单击黄色的【退出孤立模式】按钮或者关闭该对话框即可。

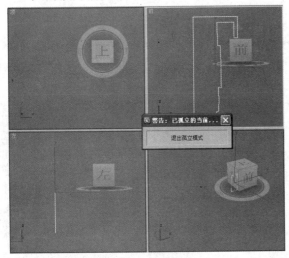

图4.166 孤立显示模式

问：在绘制线形时，总是调整不好各个顶点的位置，有没有好的方法呢？

答：顶点的类型有很多种（如图4.167所示），在绘制线形时，为了将整体的形态控制好，可使用【角点】方式绘制曲线。

图4.167 顶点的类型

结束语

　　本章介绍了在3ds Max 2009中如何利用修改器将二维线形转换为三维对象，包括挤出修改器、车削修改器、倒角修改器和倒角剖面修改器等，熟练掌握这些修改器的操作，能够将二维线形巧妙地转换为三维对象，为制作出更复杂的模型打下基础。

Chapter 5

第5章
三维对象的修改编辑

本章要点

入门——基本概念与基本操作

- 锥化修改器命令面板
- 弯曲修改器命令面板
- 噪波修改器命令面板
- 晶格修改器命令面板
- FFD（长方体）修改器命令面板

进阶——典型实例

- 制作冰激凌

- 制作弧形椅
- 制作床垫
- 制作装饰灯
- 制作花钵

提高——自己动手练

- 沙发抱枕的制作
- 锥形钢架的制作

答疑与技巧

本章导读

在前面的章节中我们学习了二维图形的绘制和修改编辑，本章将讲述三维对象的修改编辑。3ds Max 2009中有大量的三维修改器，通过使用这些三维修改器，可以对三维对象进行一些复杂的变形和编辑，快捷地创建出精度要求很高的复杂三维造型。

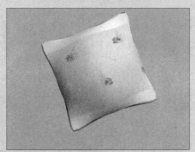

5.1 入门——基本概念与基本操作

3ds Max 2009中有5种常用的三维修改器，分别为锥化、弯曲、噪波、晶格和FFD（长方体）修改器，它们都可以对三维对象进行修改编辑，从而创造出更为复杂的模型。

5.1.1　锥化修改器命令面板

锥化修改器通过缩放几何体对象的两端使其产生锥化轮廓，一端放大而另一端缩小。可以在两组轴上控制锥化的量和曲线，也可以对几何体的一端限制锥化。

锥化修改器堆栈如图5.1所示。

图5.1　锥化修改器堆栈

此堆栈中各个参数的功能如下。

【Gizmo】：在该子对象层级，可以像其他任何对象那样平移Gizmo和设置Gizmo的动画，从而改变锥化修改器的效果。转换Gizmo将以相等的距离转换它的中心，根据中心转动和缩放Gizmo。

【中心】：在该子对象层级，可以平移中心和设置中心的动画，改变锥化Gizmo的形状，并由此改变锥化对象的形状。

锥化修改器的【参数】展卷栏如图5.2所示。

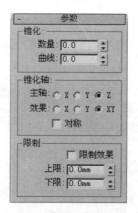

图5.2　【参数】展卷栏

此展卷栏中各个参数的功能如下。

【**数量**】：缩放扩展的末端。这个量是一个相对值，最大为10。

【**曲线**】：对锥化Gizmo的侧面应用曲率，从而影响锥化对象的形状。正值沿着锥化侧面产生向外的曲线，负值产生向内的曲线，值为0时侧面不变。默认值为0。

【**主轴**】：用于设置锥化的中心轴或中心线，默认选中【Z】单选按钮。

【**效果**】：用于表示主轴上的锥化方向的轴或轴对。可用选项取决于主轴的选取。影响轴可以是剩下两个轴的任意一个或者它们的合集。如果主轴是X，影响轴则可以是Y、Z或YZ。默认选中【XY】单选按钮。

【**对称**】：围绕主轴产生对称锥化。锥化始终围绕影响轴对称。默认设置为禁用状态。

【**限制效果**】**复选框**：用于对锥化效果启用上下限。

【**上限**】：用世界单位从倾斜中心点设置上限边界，超出这一边界以外，倾斜将不再影响几何体。

【**下限**】：用世界单位从倾斜中心点设置下限边界，超出这一边界以外，倾斜将不再影响几何体。

下面，我们通过一个简单的实例来介绍锥化修改器的基本操作。

1 重置场景，在【创建】命令面板中单击【几何体】按钮，然后单击【对象类型】展卷栏中的【长方体】按钮，在视图中创建一个长方体对象，如图5.3所示。

2 打开【修改】命令面板，单击【修改器列表】下拉列表框，在弹出的下拉列表中选择锥化修改器，如图5.4所示。

3 在【参数】展卷栏中，将【数量】设置为"0.47"，将【曲线】设置为"1"，在【锥化轴】区域中选中【主轴】右侧的【Y】单选按钮，如图5.5所示。设置完成后的对象效果如图5.6所示。

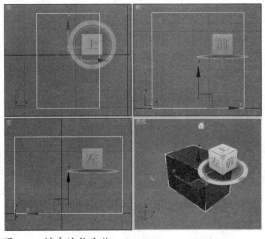

图5.3 创建的长方体

图5.4 在修改器列表中选择锥化修改器

图5.5 设置参数

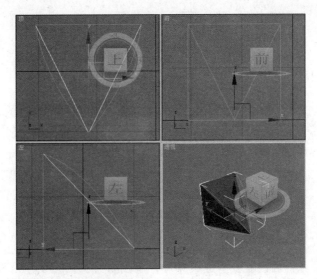

图5.6 锥化后的效果

5.1.2 弯曲修改器命令面板

弯曲修改器允许将当前选中的对象围绕单独轴弯曲360°，在对象几何体中产生均匀弯曲。可以在任意3个轴上控制弯曲的角度和方向。也可以对几何体的一端限制弯曲。

弯曲修改器堆栈与锥化修改器堆栈相似，如图5.7所示。

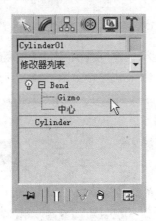

图5.7 弯曲修改器堆栈

此堆栈中各个参数的功能如下。

- 【Gizmo】：可以在此子对象层级上与其他对象一样对Gizmo进行变换并设置动画，从而改变弯曲修改器的效果。转换Gizmo将以相等的距离转换它的中心，根据中心转动和缩放Gizmo。
- 【中心】：可以在该子对象层级上平移中心并对其设置动画，改变弯曲Gizmo的形状，并由此改变弯曲对象的形状。

弯曲修改器的【参数】展卷栏如图5.8所示。

图5.8 【参数】展卷栏

此展卷栏中各个参数的功能如下。

【角度】：从顶点平面设置要弯曲的角度，范围为-999 999.0~999 999.0。

【方向】：设置弯曲相对于水平面的方向，范围为-999 999.0~999 999.0。

【弯曲轴】区域：指定要弯曲的轴。注意，此轴用于弯曲Gizmo并与选择项不相关。默认设置为Z轴。

【限制效果】：将限制约束应用于弯曲效果。默认设置为禁用状态。

【上限】：以世界单位设置上部边界，此边界位于弯曲中心点上方，超出此边界，弯曲不再影响几何体。默认值为0，范围为0~999 999.0。

【下限】：以世界单位设置下部边界，此边界位于弯曲中心点下方，超出此边界，弯曲不再影响几何体。默认值为0，范围为-999 999.0~0。

下面，我们通过一个简单的实例来介绍弯曲修改器的基本操作。

1 重置场景，在【创建】命令面板中单击【几何体】按钮，然后单击【对象类型】展卷栏中的【圆柱体】按钮，在顶视图中创建一个圆柱体，如图5.9所示。

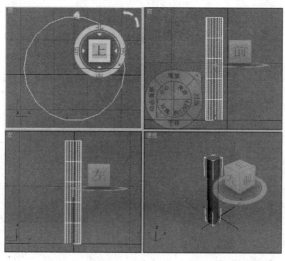

图5.9 创建的圆柱体

2 打开【修改】命令面板，单击【修改器列表】下拉列表框，在弹出的下拉列表中选择弯曲修改器，如图5.10所示。

3 在【参数】展卷栏中，将【角度】设置为 "80"，在【弯曲轴】区域中选中【X】单选按钮，如图5.11所示。设置完成后的对象效果如图5.12所示。

图5.10 在修改器列表中选择弯曲修改器

图5.11 设置参数

 提示 若在【弯曲轴】区域中选中【Z】单选按钮，则效果如图5.13所示。

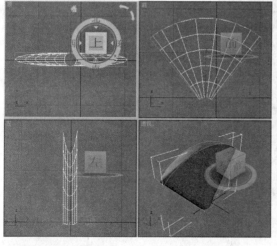

图5.12 弯曲后的效果

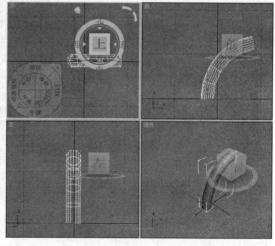

图5.13 选中【Z】单选按钮后的弯曲效果

5.1.3 噪波修改器命令面板

噪波修改器沿3个轴的任意组合调整对象顶点的位置。它是模拟对象形状随机变化的重要动画工具。

使用分形设置，可以得到随机的涟漪图案，比如风中的旗帜。使用分形设置，也可以从平面几何体中创建多山地形。

可以将噪波修改器应用到任何对象类型上。噪波修改器堆栈中的【Gizmo】会更改形状以帮助用户更直观地理解更改参数设置所带来的影响。噪波修改器对含有大量面的对象效果最明显。

大部分噪波参数都含有一个动画控制器。默认设置的唯一关键点是为相位设置的。

噪波修改器堆栈与锥化修改器堆栈相似，如图5.14所示。

图5.14　噪波修改器堆栈

选择【Gizmo】/【中心】选项，可以移动、旋转或缩放Gizmo/中心子对象，以此来影响噪波。也可以设置子对象变换的动画。

噪波修改器的【参数】展卷栏如图5.15所示。

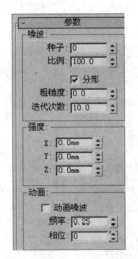

图5.15　【参数】展卷栏

此展卷栏中各个参数的功能如下。

- 【种子】：从设置的数中生成一个随机起始点。在创建地形时尤其有用，因为每种设置都可以生成不同的配置。
- 【比例】：设置噪波影响（不是强度）的大小。较大的值产生较为平滑的噪波，较小的值产生锯齿现象较严重的噪波。默认值为100。
- 【分形】复选框：根据当前设置产生分形效果。默认设置为禁用状态。选中该复选框后，【粗糙度】和【迭代次数】数值框变为可用状态。

- 【粗糙度】：决定分形变化的程度，较小的值比较大的值更精细。取值范围为0~1.0，默认设置为0。
- 【迭代次数】：控制分形功能所使用的迭代（或八度音阶）数目。较小的迭代次数使用较少的分形能量并生成更平滑的效果。迭代次数为1.0与取消选中【分形】复选框的效果一致。取值范围为1.0~10.0，默认值为6.0。
- 【强度】区域：用于控制噪波效果的大小。只有应用了强度后噪波效果才会起作用。沿着X，Y，Z 3个轴的每一个设置噪波效果的强度。至少为这些轴中的一个输入值，以产生噪波效果。默认值为0.0mm，0.0mm，0.0mm。
- 【动画】区域：通过为噪波图案叠加一个要遵循的正弦波形控制噪波效果的形状。这使得噪波位于边界内，并加上完全随机的阻尼值。选中【动画噪波】复选框后，这些参数影响整体噪波效果。但是，可以分别设置【噪波】和【强度】参数动画，这并不需要在设置动画或播放过程中选中【动画噪波】复选框。
- 【动画噪波】复选框：调节【噪波】和【强度】参数的组合效果。下列参数用于调整基本波形。
- 【频率】：设置正弦波的周期，调节噪波效果的速度。较高的频率使得噪波振动地更快，较低的频率产生较为平滑和更温和的噪波。
- 【相位】：移动基本波形的开始和结束点。默认情况下，动画关键点设置在活动帧范围的任意一端。通过在轨迹视图中编辑这些位置，可以更清楚地看到相位的效果。

下面，我们通过一个简单的实例来介绍噪波修改器的基本操作。

1. 重置场景，在【创建】命令面板中单击【几何体】按钮，然后单击【对象类型】展卷栏中的【长方体】按钮，在顶视图中创建一个长方体，参数设置和创建效果如图5.16和图5.17所示。

图5.16 参数设置

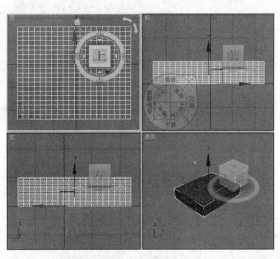

图5.17 创建的长方体

2. 打开【修改】命令面板，单击【修改器列表】下拉列表框，在弹出的下拉列表中选择噪波修改器，如图5.18所示。

3. 在【参数】展卷栏中，选中【分形】复选框，然后将【迭代次数】设置为"8"，在【强度】区域中分别设置【X】、【Y】、【Z】的值，如图5.19所示。设置完成后的对象效果如图5.20所示。

图5.18 在修改器列表中选择噪波修改器

图5.19 设置参数

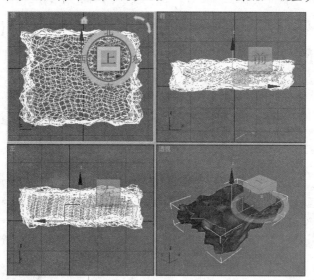

图5.20 应用噪波修改器后的效果

5.1.4 晶格修改器命令面板

晶格修改器将图形的线段或边转化为圆柱形结构，并在顶点上产生可选的关节多面体。使用它可基于网格拓扑创建可渲染的几何体结构，或作为获得线框渲染效果的另一种方法。

晶格修改器的【参数】展卷栏如图5.21所示。

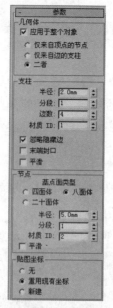

图5.21　【参数】展卷栏

此展卷栏中各个参数的功能如下。

 　【应用于整个对象】复选框：将晶格效果应用到对象的所有边或线段上。取消选中它时，仅将晶格效果应用于传送到堆栈中的选中子对象。默认设置为选中状态。

> **注意**　当取消选中【应用于整个对象】复选框时，未选中对象正常渲染。例如，可以将长方体转化为可编辑网格，选择一个多边形，然后在取消选中【应用于整个对象】复选框时应用晶格，这将不渲染面，但构成面的边和顶点将转化为结构与关节并保持正常渲染。然而，如果选中包围多边形的4条边并取消选中【忽略隐藏边】复选框，则将把结构和关节添加到对象中，而对象所有的面正常渲染。如果选中【支柱】区域中的【忽略隐藏边】复选框，则将渲染多边形的一个面，而不渲染其他面。

 　【仅来自顶点的节点】：仅显示由原始网格顶点产生的关节（多面体）。
 　【仅来自边的支柱】：仅显示由原始网格线段产生的支柱（多面体）。
 　【二者】：显示支柱和关节。
 　【半径】：指定结构半径。
 　【分段】：指定沿结构的分段数目。当需要使用后续修改器将结构变形或扭曲时，增加此值。
 　【边数】：指定结构周界的边数目。
 　【材质ID】：指定用于结构的材质ID。使结构和关节具有不同的材质ID，会很容易地将它们指定给不同的材质。
 　【忽略隐藏边】：仅生成可视边的结构。取消选中时，将生成所有边的结构，包括不可见边。默认情况下处于选中状态。
 　【末端封口】：将末端封口应用于结构。
 　【平滑】：将平滑应用于结构。
 　【四面体】：使用一个四面体。
 　【八面体】：使用一个八面体。
 　【二十面体】：使用一个二十面体。

🔍 【半径】：设置关节的半径。

🔍 【分段】：指定关节中的分段数目。分段越多，关节形状越像球形。

🔍 【材质ID】：指定用于关节的材质ID。默认设置为2。

🔍 【平滑】：将平滑应用于关节。

🔍 【贴图坐标】区域：确定指定给对象的贴图类型。【无】表示不指定贴图。【重用现有坐标】表示将当前贴图指定给对象。这可能是由生成贴图坐标、在创建参数中或前一个指定贴图修改器指定的贴图。选择此单选按钮时，每个关节将继承它所包围顶点的贴图。【新建】表示将贴图用于晶格修改器，将圆柱形贴图应用于每个结构，将圆形贴图应用于每个关节。

下面，我们通过一个简单的实例来介绍晶格修改器的基本操作。

1 重置场景，在【创建】命令面板中单击【几何体】按钮，然后单击【对象类型】展卷栏中的【球体】按钮，在顶视图中创建一个球体，效果如图5.22所示。

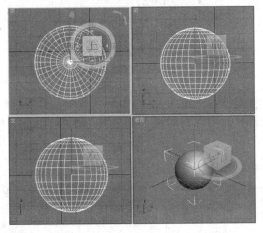

图5.22 创建的球体

2 打开【修改】命令面板，单击【修改器列表】下拉列表框，在弹出的下拉列表中选择晶格修改器，如图5.23所示。

3 在【参数】展卷栏中进行如图5.24所示的设置。设置完成后的对象效果如图5.25所示。

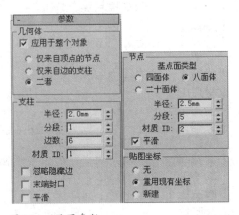

图5.23 在修改器列表中选择晶格修改器　　图5.24 设置参数

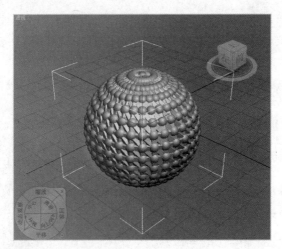

图5.25 应用晶格修改器后的效果

5.1.5 FFD修改器命令面板

使用FFD（长方体）与FFD（圆柱体）修改器可以创建长方体形状与圆柱体形状晶格自由形式变形动画。可用于对象修改器和空间扭曲中。

FFD修改器的源晶格和在堆栈中将其指定到的几何体相匹配，这可以是整个对象，也可以是面或顶点子对象。

FFD（长方体）修改器堆栈如图5.26 所示。

图5.26 FFD（长方体）修改器堆栈

此堆栈中各个参数的功能如下。

【控制点】：在此子对象层级，可以选择并操纵晶格的控制点，可以一次处理一个或以组为单位处理（使用标准方法选择多个对象）。操纵控制点将影响基本对象的形状。可以给控制点使用标准变形方法。修改控制点时如果启用了【自动关键点】按钮，此点将变为动画。

【晶格】：在此子对象层级，可从几何体中单独摆放、旋转或缩放晶格框。如果启用了【自动关键点】按钮，此晶格将变为动画。当首先应用FFD时，默认晶格是一个包围几何体的边界框。移动或缩放晶格时，仅位于体积内的顶点子集合可应用局部变形。

【设置体积】：在此子对象层级，变形晶格控制点变为绿色，可以选择并操作控制点而不影响修改对象。这使晶格更精确地符合不规则形状对象，变形时这将提供更好的控制。

> **注意** 【设置体积】选项主要用于设置晶格原始状态。如果控制点已是动画或启用【动画】按钮，则【设置体积】与子对象层级上的【控制点】一样，当操作点时改变对象形状。

图5.27 【FFD参数】展卷栏

【FFD参数】展卷栏如图5.27所示。此展卷栏中各个参数的功能如下。

 【尺寸】：用来调整源体积的单位尺寸，并指定晶格中控制点的数目。请注意，点尺寸显示在堆栈列表中修改器名称的旁边，显示晶格中当前的控制点数目（例如4×4×4）。

 【设置点数】：单击该按钮，打开如图5.28所示的对话框，其中包含【长度】、【宽度】和【高度】数值框以及【确定】和【取消】按钮。指定晶格中所需控制点数目，然后单击【确定】按钮以进行更改。

图5.28 【设置FFD尺寸】对话框

> **注意** 请在调整晶格控制点的位置之前更改其尺寸。当使用该对话框更改控制点的数目时，之前对控制点所做的任何调整都会丢失。

 【晶格】：绘制连接控制点的线条以形成栅格。虽然绘制这些额外的线条时会使视图显得混乱，但它们可以使晶格形象化。

 【源体积】：将控制点和晶格以未修改的状态显示，当调整源体积以影响位于其内或其外的特定顶点时，这点很重要。

> **提示** 要查看位于源体积（可能会变形）中的点，可通过单击堆栈中显示出的关闭灯泡图标来暂时取消激活修改器。

 【仅在体内】：只有位于源体积内的顶点会变形，源体积外的顶点不受影响。

 【所有顶点】：所有顶点都会变形，不管它们位于源体积的内部还是外部，具体情况取决于【衰减】数值框中的数值。体积外的变形是对体积内的变形的延续。请注意，离源晶格较远的点的变形可能会很极端。

- 【衰减】：它决定着FFD效果减为零时离晶格的距离，仅用于选择【所有顶点】单选按钮时。当设置为0时，它实际上处于关闭状态，不存在衰减。所有顶点，无论到晶格的距离远近都会受到影响。【衰减】参数是相对于晶格的大小指定的：衰减值为1表示那些到晶格的距离为晶格的宽度/长度/高度的点（具体情况取决于点位于晶格的哪一侧）所受的影响降为0。
- 【张力】/【连续性】：调整变形样条线的张力/连续性。虽然无法看到FFD中的样条线，但晶格和控制点代表着控制样条线的结构。在调整控制点时，会改变样条线（通过各个点）。样条线使对象的几何结构变形。通过改变样条线的张力和连续性，可以改变它们在对象上的效果。
- 【选择】区域：这些选项提供了选择控制点的其他方法。可以切换3个按钮的任何组合状态来一次在1个、2个或3个维度上选择。
- 【重置】按钮：使所有控制点返回到它们的原始位置。
- 【全部动画化】按钮：默认情况下，FFD晶格控制点不在轨迹视图中显示出来，因为没有给它们指定控制器。但是在设置控制点动画时给它们指定了控制器，所以它们在轨迹视图中可见。也可以添加和删除关键点和执行其他关键点操作。
- 【与图形一致】按钮：在对象中心控制点位置之间沿直线延长线，将每一个FFD控制点移到修改对象的交叉点上，这将增加一个由【偏移】数值框指定的偏移距离。

> **注意** 将与图形一致效果应用到规则图形上的效果浪好，如基本体。它对退化（长、窄）面或锐角的效果不佳。这些图形不可使用这些控件，因为它们没有用于晶格相交的面。

- 【内部点】：仅控制受【与图形一致】按钮影响的对象内部点。
- 【外部点】：仅控制受【与图形一致】按钮影响的对象外部点。
- 【偏移】：受【与图形一致】按钮影响的控制点偏移对象曲面的距离。
- 【About】按钮：单击它，将显示版权和许可信息对话框，如图5.29所示。

图5.29　信息对话框

下面，我们通过一个简单的实例来介绍FFD修改器的基本操作。

1. 重置场景，在【创建】命令面板中单击【几何体】按钮，单击【标准几何体】下拉按钮，从打开的下拉列表中选择【扩展几何体】选项。
2. 单击【对象类型】展卷栏中的【切角长方体】按钮，在顶视图中创建一个切角长方体，参数设置和创建效果如图5.30和图5.31所示。

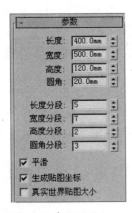

图5.30　参数设置

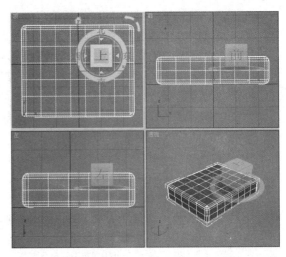

图5.31　创建的长方体

3 打开【修改】命令面板，单击【修改器列表】下拉列表框，在弹出的下拉列表中选择 FFD（长方体）修改器，如图5.32所示。

4 在【参数】展卷栏中，单击【设置点数】按钮，在弹出的【设置FFD尺寸】对话框中设置【长度】和【宽度】为"5"、【高度】为"3"，如图5.33所示，然后单击【确定】按钮。

图5.32　选择FFD（长方体）修改器

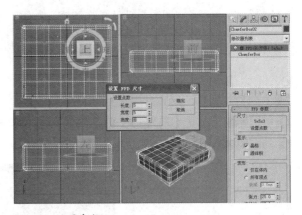

图5.33　设置参数

5 单击打开FFD（长方体）修改器堆栈，然后选择【控制点】选项，在顶视图中选中四周的控制点，如图5.34所示。

6 在主工具栏上单击【选择并均匀缩放】按钮，然后在前视图中沿Y轴进行缩放，效果如图5.35所示。

7 分别选中顶端和底端的控制点，并利用【选择并均匀缩放】按钮在前视图中沿Y轴进行缩放，如图

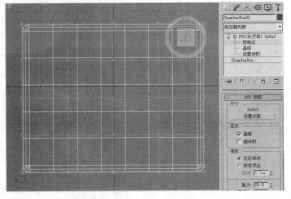

图5.34　选中四周的控制点

5.36所示。

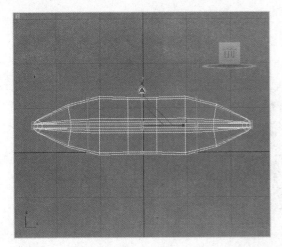

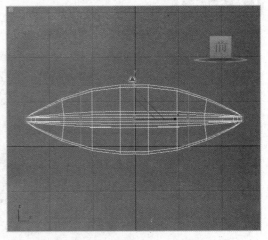

图5.35 对四周的控制点进行缩放　　　　　图5.36 对顶端和底端的控制点进行缩放

可以在其他视图中单独选择控制点进行调整，直至满意为止，最终效果如图5.37所示。

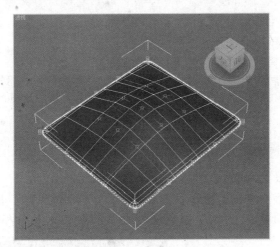

图5.37 最终效果

5.2 进阶——典型实例

本节将结合具体实例来介绍上节讲解的常用修改器的应用。利用锥化修改器，结合挤出、扭曲和车削等修改器制作冰激凌；利用倒角修改器和弯曲修改器制作弧形椅；利用噪波修改器和编辑多边形修改器制作床垫；利用晶格修改器，结合锥化和影响区域修改器制作装饰灯；利用车削修改器和FFD（长方体）修改器制作花钵。

5.2.1 制作冰激凌

本例利用挤出修改器将星形对象挤出成三维对象，然后利用扭曲修改器对挤出后的对象进行扭曲，再利用锥化修改器制作出冰激凌的头。接着，用【线】命令绘制曲线，然后应用车削修改器将其旋转为冰激凌的外壳。

最终效果

本例制作完成后的效果如图5.38所示。

图5.38　冰激凌的实例效果

解题思路

🔍 创建星形对象，利用挤出修改器将其挤出为三维对象。
🔍 对挤出后的对象应用扭曲修改器，制作扭曲效果。
🔍 应用锥化修改器，将三维对象锥化为冰激凌的头。
🔍 绘制封闭曲线，然后应用车削修改器将其旋转为冰激凌的下半部分。
🔍 再次绘制封闭曲线，然后应用车削修改器将其旋转为冰激凌的外壳。

操作步骤

本例的具体操作步骤如下：

1 重置场景，将单位设置为毫米。

2 在【创建】命令面板中单击【图形】按钮，然后单击【对象类型】展卷栏中的【星形】按钮，在顶视图中创建一个星形，参数设置和创建效果如图5.39和图5.40所示。

渲染
插值
参数

半径 1: 85.0mm
半径 2: 65.0mm
点: 8
扭曲: 0.0
圆角半径 1: 15.0mm
圆角半径 2: 0.0mm

图5.39　参数设置

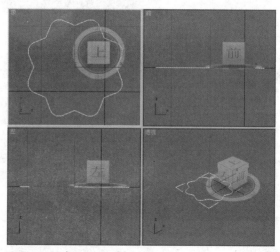

图5.40　创建的星形

3 打开【修改】命令面板，单击【修改器列表】下拉列表框，在弹出的下拉列表中选择挤出修改器，如图5.41所示。

4 在【参数】展卷栏中将【数量】设置为"180mm"，将【分段】设置为"30"，如图5.42所示。挤出后的效果如图5.43所示。

图5.41 选择挤出修改器

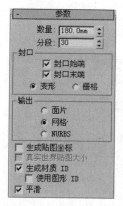

图5.42 设置参数

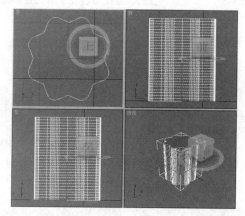

图5.43 挤出后的效果

5 在修改器列表中选择扭曲修改器，如图5.44所示。在【参数】展卷栏中将【角度】设置为"180"，将挤出的模型扭曲180°，效果如图5.45所示。

图5.44 选择扭曲修改器

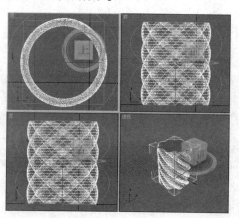

图5.45 扭曲后的效果

6 在修改器列表中选择锥化修改器，对模型进行锥化处理。在【参数】展卷栏中将【数量】设置为"−1"，将【曲线】设置为"1"，如图5.46所示。这时的效果如图5.47所示。至此，冰激淋上部的形状就制作完成了。

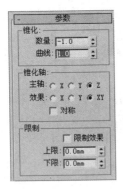

图5.46　设置参数

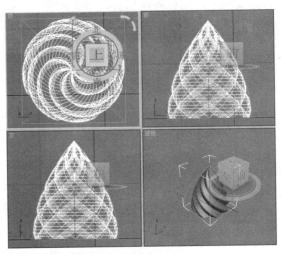

图5.47　锥化后的效果

7 在【创建】命令面板中单击【图形】按钮，然后单击【对象类型】展卷栏中的【线】按钮，在前视图中绘制一条封闭的线条，如图5.48所示。

 提示　在绘制过程中，如果点的位置不合适，可以先绘制大概的形状，然后进入点子对象层级进行详细的调整。

8 在修改器列表中选择车削修改器，在【参数】展卷栏中将【度数】设置为"360"，然后在【对齐】区域中单击【最小】按钮，并调整其位置，效果如图5.49所示。

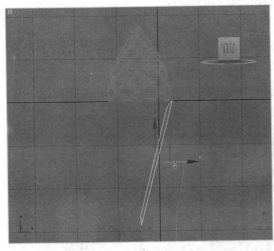

图5.48　绘制线条

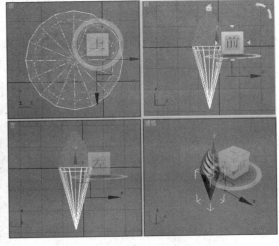

图5.49　应用车削修改器后的效果

9 在前视图中绘制一条封闭的线条，如图5.50所示。

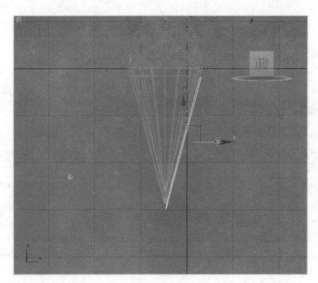

图5.50 绘制线条

10 选中当前绘制的线条，在修改器列表中选择车削修改器，按上面的方法再次旋转出一个模型，作为冰激淋的纸筒，设置颜色为浅绿色，并调整它的位置。至此，冰激淋就制作完成了，如图5.51所示。

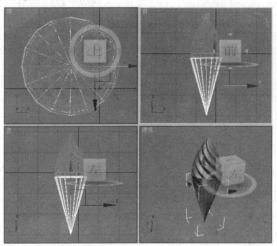

图5.51 制作的冰激淋

提示 如果要得到真实的效果，可以为冰激淋选择合适的材质，然后进行渲染。有关材质和贴图的内容将在后面的章节中介绍。

5.2.2 制作弧形椅

本例先创建椭圆模拟弧形椅垫的截面，然后利用倒角修改器将二维截面转换成三维对象。再利用弯曲修改器制作椅垫的弧形效果，然后将其复制，并改变其位置制作靠背。绘制曲线模拟椅子腿截面，并在【渲染】展卷栏中修改参数，制作椅子腿。最后将其复制，得到最终的弧形椅模型。

最终效果

本例制作完成后的效果如图5.52所示。

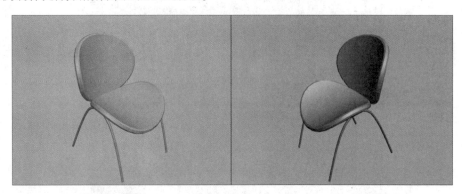

图5.52　弧形椅的实例效果

解题思路

🔍 创建椭圆对象模拟椅垫的截面。
🔍 利用倒角修改器将截面转换为三维对象。
🔍 利用弯曲修改器制作椅垫的弧形效果。
🔍 将创建的椅垫复制一个，并变换它的位置，模拟椅子的靠背。
🔍 绘制曲线模拟椅子腿的截面，然后在【渲染】展卷栏中修改参数，制作出椅子腿的效果。
🔍 将制作好的椅子腿沿X轴复制一个，完成弧形椅的创建。

操作步骤

本例的具体操作步骤如下：

1　重置场景，将单位设置为毫米。

2　在【创建】命令面板中单击【图形】按钮，然后单击【对象类型】展卷栏中的【椭圆】按钮，在顶视图中创建一个椭圆，设置【长度】为"490mm"、【宽度】为"710mm"，效果如图5.53所示。

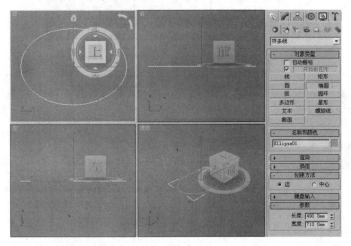

图5.53　创建的椭圆

3 打开【修改】命令面板，单击【修改器列表】下拉列表框，在弹出的下拉列表中选择倒角修改器，设置参数如图5.54所示。应用倒角修改器后的效果如图5.55所示。

图5.54　设置参数

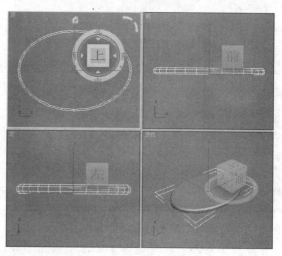

图5.55　倒角效果

4 激活左视图，打开【修改】命令面板，单击【修改器列表】下拉列表框，在弹出的下拉列表中选择弯曲修改器，在【参数】展卷栏中设置【角度】为"–93.5"、【弯曲轴】为"X"（如图5.56所示），效果如图5.57所示。

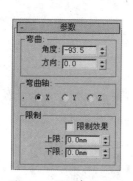

图5.56　设置参数

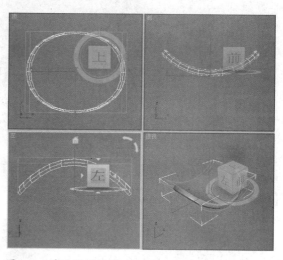

图5.57　弯曲后的效果

5 继续保持左视图的激活状态，在主工具栏上右击【选择并旋转】按钮，打开【旋转变换输入】对话框，在【偏移：屏幕】区域的【Z】数值框中输入"–15"，如图5.58所示。

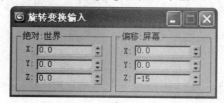

图5.58　设置旋转角度

6 关闭【旋转变换输入】对话框，此时的效果如图5.59所示。

7 将创建好的对象复制一个，并利用移动和旋转工具调整它的位置，完成后的效果如图5.60所示。

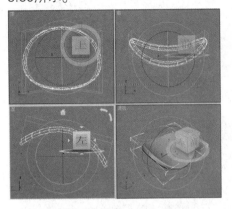

图5.59　旋转后的效果

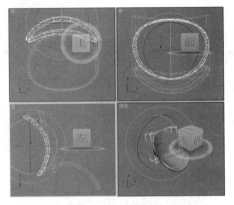

图5.60　复制后的效果

8 在【创建】命令面板中单击【图形】按钮，然后单击【对象类型】展卷栏中的【线】按钮，在左视图中绘制如图5.61所示的曲线，模拟椅子腿的截面。

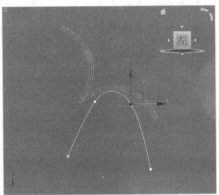

图5.61　绘制曲线

9 单击展开【渲染】展卷栏，选中【在渲染中启用】和【在视口中启用】复选框，然后将【厚度】设置为"20mm"（如图5.62所示），完成后的效果如图5.63所示。

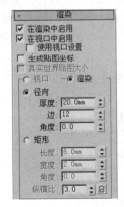

图5.62　设置参数

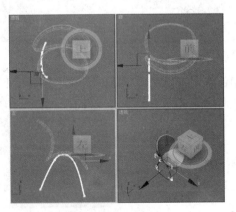

图5.63　创建效果

10 激活前视图，将新创建的椅子腿沿X轴复制一个，并将其移动到合适的位置。此时，弧形椅创建完成，效果如图5.64所示。

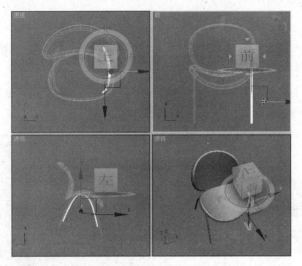

图5.64 创建的弧形椅

5.2.3 制作床垫

本例首先创建切角长方体，再利用编辑多边形修改器选中上边的多边形，然后利用噪波修改器制作出床垫的褶皱效果。

最终效果

本例制作完成后的效果如图5.65所示。

图5.65 床垫的实例效果

解题思路

- 创建切角长方体对象模拟床垫（注意设置它的分段数）。
- 利用编辑多边形修改器选中上面的多边形。
- 应用噪波修改器并修改其参数，制作床垫的褶皱效果。

┃ 操作步骤 ┃

本例的具体操作步骤如下:

1 重置场景,将单位设置为毫米。

2 在【创建】命令面板中单击【几何体】按钮,单击【标准几何体】下拉按钮,从打开的下拉列表中选择【扩展几何体】选项。

3 单击【对象类型】展卷栏中的【切角长方体】按钮,在前视图中创建一个切角长方体。参数设置如图5.66所示,完成后的效果如图5.67所示。

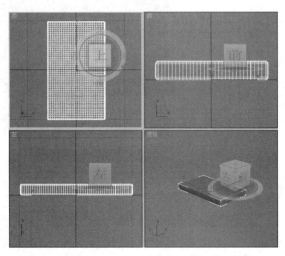

图5.66　长方体的创建参数　　　　　　图5.67　创建的长方体

4 打开【修改】命令面板,单击【修改器列表】下拉列表框,在弹出的下拉列表中选择编辑多边形修改器,在其修改器堆栈中选择【多边形】选项,如图5.68所示。

5 在主工具栏上单击【选择对象】按钮,然后在顶视图中选择上面的表面,如图5.69所示。

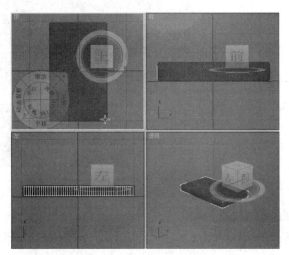

图5.68　选择【多边形】选项　　　　　　图5.69　选择面

6 按住键盘上的【Alt】键,在前视图中选择下面的多边形(如图5.70所示),然后松开鼠标,将下面的多边形减掉,如图5.71所示。

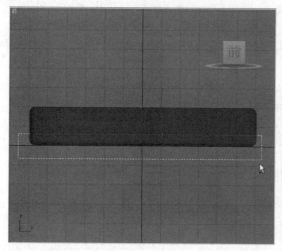

图5.70 选择下面的多边形

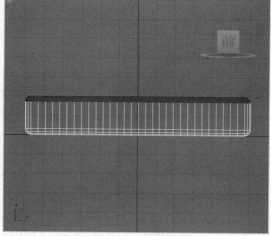

图5.71 减掉下面的多边形后的效果

提示 在选择多边形的时候，一定要使用主工具栏上的【选择对象】按钮；如果使用【选择并移动】按钮进行选择，则会移动到一边，出现错误的效果。

7 打开【修改】命令面板，单击【修改器列表】下拉列表框，在弹出的下拉列表中选择噪波修改器，在【参数】展卷栏中将【比例】设置为"100"，然后选中【分形】复选框，将【迭代次数】设置为"10"，在【强度】区域中将【Z】设置为"30mm"（如图5.72所示），完成后的效果如图5.73所示。

图5.72 设置参数

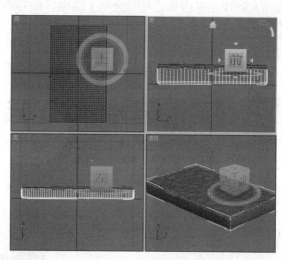

图5.73 床垫效果

5.2.4 制作装饰灯

本例通过制作装饰灯来学习晶格修改器的应用。首先创建圆柱体，利用锥化修改器制作装饰灯的上半部分的形状，然后使用晶格修改器将其晶格化。接着，利用【塌陷全部】命令删除不需要的面。创建球体，利用影响区域修改器调整出灯的结构，利用晶格修改器制作出装饰灯的下半部分，再利用【塌陷全部】命令删除不需要的面。

最终效果

本例制作完成后的效果如图5.74所示。

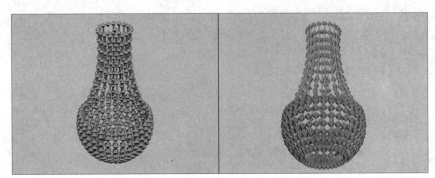

图5.74 装饰灯的实例效果

解题思路

- 创建圆柱体对象模拟装饰灯的上半部分。
- 利用锥化修改器创建灯的形状。
- 利用晶格修改器将创建的圆柱体晶格化。
- 在修改器堆栈中应用【塌陷全部】命令，然后删除不需要的面。
- 创建半球体对象模拟装饰灯的下半部分。
- 利用影响区域修改器修改球体的形状。
- 利用晶格修改器将创建的半球体晶格化。
- 在修改器堆栈中应用【塌陷全部】命令，然后删除不需要的面。

操作步骤

本例的具体操作步骤如下：

1　重置场景，将单位设置为毫米。

2　在【创建】命令面板中单击【几何体】按钮，然后单击【对象类型】展卷栏中的【圆柱体】按钮，在顶视图中创建一个半径为150mm、高度为900mm、高度分段为10的圆柱体，参数设置如图5.75所示，创建后的效果如图5.76所示。

图5.75 参数设置

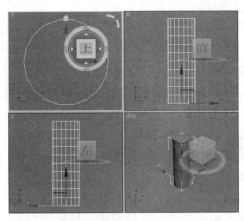

图5.76 创建的圆柱体

3 选中刚创建的圆柱体，打开【修改】命令面板，单击【修改器列表】下拉列表框，在弹出的下拉列表中选择锥化修改器。

4 在【参数】展卷栏中将【数量】设置为"1.6"，将【曲线】设置为"-2.0"，如图5.77所示。设置完成后的效果如图5.78所示。

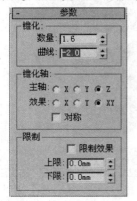

图5.77　设置参数

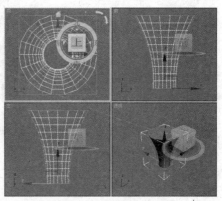

图5.78　设置完成后的效果

5 单击打开锥化修改器堆栈，在其中选择【中心】选项（如图5.79所示），然后在前视图中对锥化中线做适当的调整，效果如图5.80所示。

图5.79　选择【中心】选项

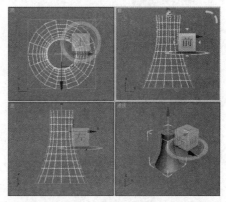

图5.80　移动中心后的效果

6 选中圆柱体对象，右击鼠标，在弹出的快捷菜单中执行【转换为】→【转换为可编辑网格】命令，如图5.81所示。

7 打开【修改】命令面板，单击【修改器列表】下拉列表框，在弹出的下拉列表中选择晶格修改器，设置参数如图5.82所示，完成后的效果如图5.83所示。

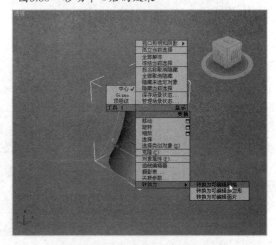

图5.81　将对象转换为可编辑网格

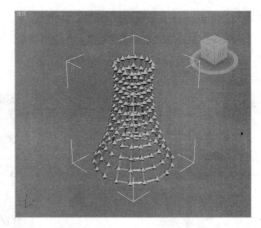

图5.82　设置参数　　　　　　　　　图5.83　晶格效果

8 在修改编辑堆栈中右击鼠标，在弹出的快捷菜单中选择【塌陷全部】命令，如图5.84所示。

9 打开【警告：塌陷全部】对话框，如图5.85所示。单击【确定】按钮，进行塌陷操作。

图5.84　选择【全部塌陷】命令　　　　图5.85　警告框

10 单击展开可编辑网格堆栈，选择【元素】选项，然后将所有的横向面删除，效果如图5.86所示。

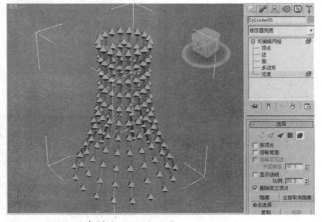

图5.86　删除所有横向面后的效果

11 在【创建】命令面板中单击【几何体】按钮，然后单击【对象类型】展卷栏中的【球体】按钮，在顶视图中创建一个半径为380mm的球体，将【半球】设置为"0.4"（如图5.87所示），创建后的效果如图5.88所示。

图5.87 设置参数

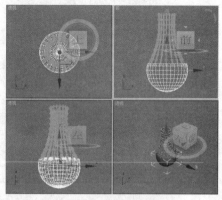

图5.88 将半球放置在合适的位置

12 打开【修改】命令面板，单击【修改器列表】下拉列表框，在弹出的下拉列表中选择影响区域修改器，设置【衰退】为"200"、【收缩】为"-0.25"、【膨胀】为"0.74"，如图5.89所示。然后，在影响区域修改器堆栈中选择【点】选项，进行位置的调整，完成后的效果如图5.90所示。

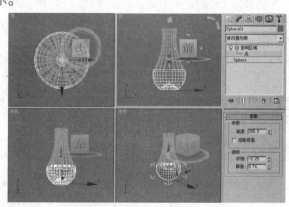

图5.89 设置参数

图5.90 调整位置后的效果

13 打开【修改】命令面板，单击【修改器列表】下拉列表框，在弹出的下拉列表中选择晶格修改器，设置参数如图5.91所示，完成后的效果如图5.92所示。

图5.91 设置参数

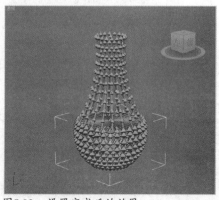

图5.92 设置完成后的效果

14 按照前面介绍的方法在修改器堆栈中应用【塌陷全部】命令进行塌陷，并选择【元素】选项，将底部与顶部的面删除，效果如图5.93所示。

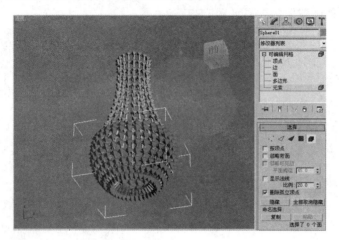

图5.93　删除底部与顶部的面后的效果

5.2.5　制作花钵

本例通过制作花钵来学习FFD（长方体）修改器的应用。首先，绘制曲线，对其进行修改编辑，制作出花钵主体部分的截面，利用车削修改器将其转换为三维对象。然后，创建多边形对象，使用编辑样条线修改器对其进行修改编辑，再利用挤出修改器将其挤出为花钵的花边外观。最后，使用FFD（长方体）修改器拖动两侧的控制点，得到花钵的最终效果。

最终效果

本例制作完成后的效果如图5.94所示。

图5.94　花钵的实例效果

解题思路

🔲 绘制曲线并对其进行修改编辑，创建花钵主体部分的截面。
🔲 利用车削修改器将创建的载面旋转为三维对象。
🔲 创建多边形对象，然后对其应用编辑样条线修改器。
🔲 通过增加轮廓和调整顶点的位置，创建花钵的花边截面。

利用挤出修改器将创建的截面挤出为三维对象。

在修改器堆栈中应用【塌陷全部】命令，然后删除不需要的面。

利用FFD（长方体）修改器修改花边的控制点的位置。

操作步骤

本例的具体操作步骤如下：

1 重置场景，将单位设置为毫米。

2 在【创建】命令面板中单击【图形】按钮，然后单击【对象类型】展卷栏中的【线】按钮，在前视图中绘制如图5.95所示的曲线。

3 打开【修改】命令面板，在Line堆栈中选择【顶点】选项，然后选择如图5.96所示的顶点。

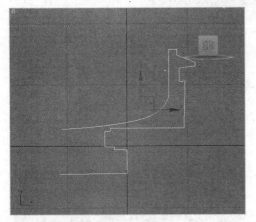

图5.95　绘制的曲线

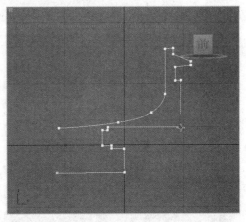

图5.96　选择顶点

4 单击展开【几何体】展卷栏，然后单击【圆角】按钮（如图5.97所示），向上拖动选择的顶点，得到如图5.98所示的效果。

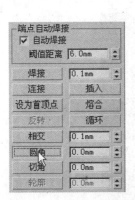

图5.97　单击【圆角】按钮

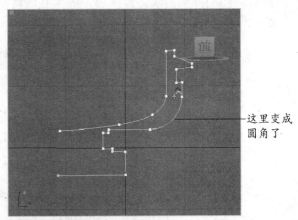

——这里变成圆角了

图5.98　圆角效果

5 在主工具栏上单击【选择并移动】按钮，分别拖动圆角线段两侧的顶点及其调整柄，直至得到如图5.99所示的效果。

6 选中如图5.100所示的顶点，单击【圆角】按钮，向上拖动顶点，得到如图5.101所示的效果。

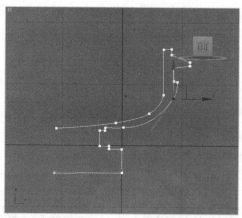

图5.99 调整顶点的位置

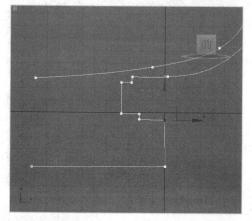

图5.100 选择顶点

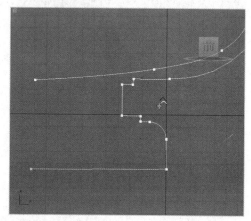

图5.101 圆角效果

7 按照步骤5的操作方法，分别移动圆角线段两侧的顶点并拖动其调整柄，直至得到如图5.102所示的效果。

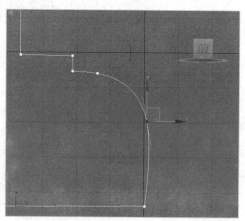

图5.102 调整顶点的位置

8 打开【修改】命令面板，单击【修改器列表】下拉列表框，在弹出的下拉列表中选择车削修改器，在【参数】展卷栏中选中【焊接内核】和【翻转法线】复选框，并将【分段】设置为"50"，如图5.103所示。应用车削修改器后的效果如图5.104所示。

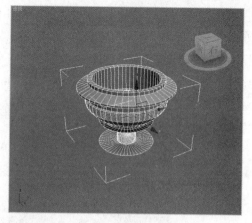

图5.103 设置参数 图5.104 应用车削修改器后的效果

9 在【创建】命令面板中单击【图形】按钮，然后单击【对象类型】展卷栏中的【多边形】按钮，在前视图中创建一个多边形，将边数设置为18，如图5.105所示。

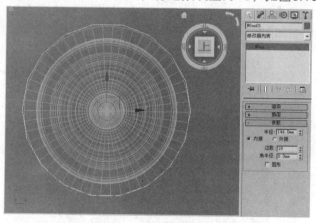

图5.105 创建多边形

10 选中刚创建的多边形，单击【修改器列表】下拉列表框，在弹出的下拉列表中选择编辑样条线修改器，然后在修改器堆栈中选择【顶点】选项，这时可以看到各个顶点，如图5.106所示。

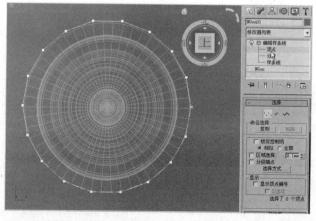

图5.106 选择【顶点】选项

11 在修改器堆栈中选择【样条线】选项，在【几何体】展卷栏中单击【轮廓】按钮，然后在后面的数值框中输入"–10mm"，得到轮廓线，效果如图5.107所示。

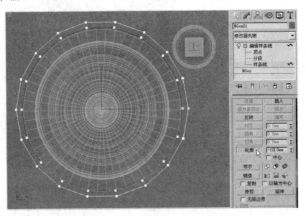

图5.107　轮廓线效果

12 在修改器堆栈中选择【顶点】选项，然后分别选择生成的轮廓线上的各顶点并向外拖动两侧的控制柄，得到如图5.108所示的效果。

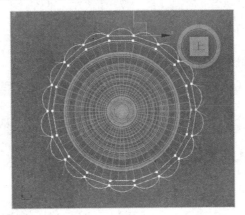

图5.108　调节顶点后的效果

13 在修改器堆栈中选择【样条线】选项，然后单击选中内侧的样条线，如图5.109所示。按【Delete】键，将其删除。

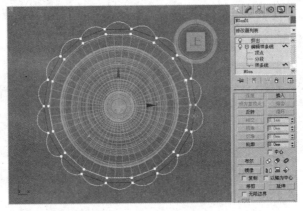

图5.109　选择样条线

14 打开【修改】命令面板，单击【修改器列表】下拉列表框，在弹出的下拉列表中选择挤出修改器，将【数量】设置为"40mm"，效果如图5.110所示。

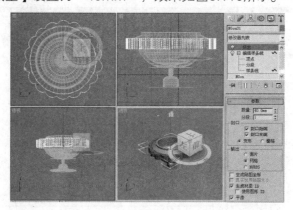

图5.110 挤出后的效果

15 单击【修改器列表】下拉列表框，在弹出的下拉列表中选择FFD（长方体）修改器，单击【设置点数】按钮，在打开的对话框中将【长度】、【宽度】、【高度】均设置为"3"（如图5.111所示），然后单击【确定】按钮。

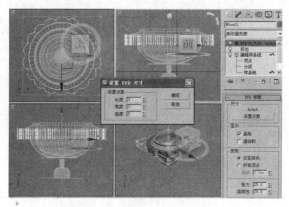

图5.111 设置参数

16 打开修改器堆栈，然后选择【控制点】选项，分别在前视图和左视图中拖动两侧的控制点，效果如图5.112所示。

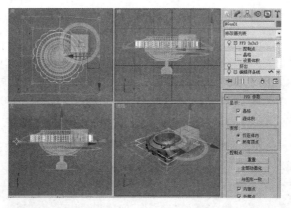

图5.112 最终效果

5.3 提高——自己动手练

本节将对前面介绍的几个修改器进行举一反三的讲解，主要讲解如何制作沙发抱枕和锥形钢架。学习了本节之后，读者可以更深入地掌握这些修改器的操作方法，从而制作出更为复杂的模型。

5.3.1 沙发抱枕的制作

本小节将介绍如何制作沙发抱枕，通过使用锥化、松弛和FFD（长方体）修改器对创建的长方体对象进行修改编辑，从而制作一个完整的模型。

最终效果

制作完成后的沙发抱枕效果如图5.113所示。

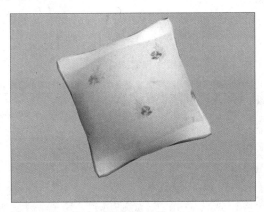

图5.113 沙发抱枕的最终效果

解题思路

🔍 创建长方体对象，注意设置长度、宽度和高度分段数。
🔍 利用锥化修改器对创建的对象进行编辑。
🔍 利用松弛修改器将创建的模型轮廓变得平滑。
🔍 利用FFD（长方体）修改器调节控制点的位置，得到抱枕的效果。
🔍 为创建的抱枕赋予材质。

操作提示

1 重置场景，将单位设置为毫米。
2 在【几何体】面板中单击【长方体】按钮，在顶视图中创建一个长方体，设置【长度】为 "240mm"、【宽度】为 "240mm"、【高度】为 "90mm"、【长度分段】和【宽度分段】均为 "10"、【高度分段】为 "3"（如图5.114所示），效果如图5.115所示。

> 提示　对象的各个分段参数决定了对象的节点数量，所以在制作之前要合理地设置分段数量。

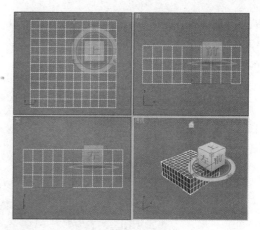

图5.114　设置参数　　　　　　　图5.115　创建效果

3 打开【修改】命令面板，单击【修改器列表】下拉列表框，在弹出的下拉列表中选择锥化修改器，设置【数量】为"1"、【曲线】为"−1"、【主轴】为"X"、【效果】为"Y"，效果如图5.116所示。

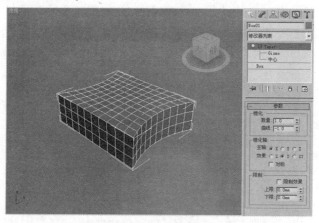

图5.116　应用锥化修改器后的效果

4 再次对其应用锥化修改器，设置【主轴】为"Y"、【效果】为"X"，如图5.117所示。

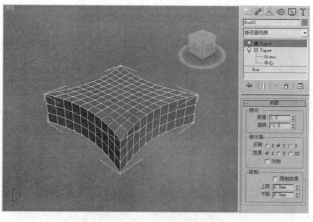

图5.117　再次应用锥化修改器后的效果

5 打开【修改】命令面板，单击【修改器列表】下拉列表框，在弹出的下拉列表中选择松弛修改器，设置【松弛值】为"1"、【迭代次数】为"3"， 此时的模型轮廓变得平滑起来，效果如图5.118所示。

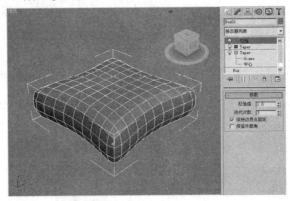

图5.118　应用松弛修改器后的效果

6 打开【修改】命令面板，单击【修改器列表】下拉列表框，在弹出的下拉列表中选择FFD（长方体）修改器。单击【设置点数】按钮，在打开的对话框中设置【长度】、【宽度】和【高度】均为"3"，如图5.119所示。

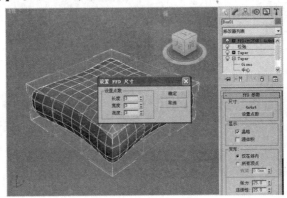

图5.119　设置点数

7 单击【确定】按钮关闭对话框，然后结合各个视图对控制点进行编辑，如图5.120所示，得到沙发抱枕效果。

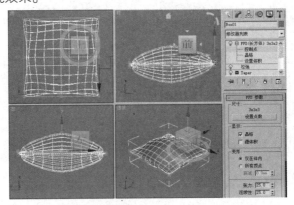

图5.120　沙发抱枕效果

8 按【M】键，打开【材质编辑器】对话框，为创建的抱枕赋予材质，效果如图5.121所示。

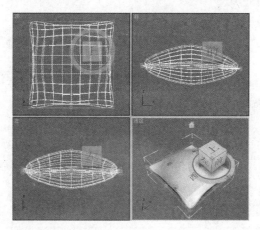

图5.121　赋予材质后的效果

5.3.2　锥形钢架的制作

本小节将介绍如何制作锥形钢架，运用晶格修改器将创建的长方体晶格化，然后利用锥化修改器创建锥化效果。

最终效果

制作完成后的锥形钢架效果如图5.122所示。

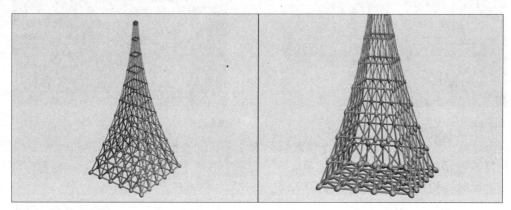

图5.122　锥形钢架的最终效果

解题思路

🔍 创建长方体对象，注意设置长度、宽度和高度分段数。
🔍 利用晶格修改器创建晶格效果。
🔍 利用锥化修改器创建锥形效果。

操作提示

1 重置场景，将单位设置为毫米。

2 在【几何体】面板中单击【长方体】按钮，在顶视图中创建一个长方体，设置【长度】为"200mm"、【宽度】为"200mm"、【高度】为"500mm"、【长度分段】和

【宽度分段】均为"5"、【高度分段】为"10"（如图5.123所示），效果如图5.124所示。

图5.123　设置参数

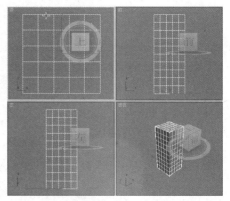

图5.124　创建效果

3 打开【修改】命令面板，单击【修改器列表】下拉列表框，在弹出的下拉列表中选择晶格修改器，设置参数如图5.125所示，此时的长方体效果如图5.126所示。

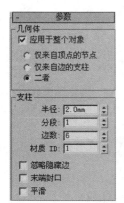

图5.125　设置参数

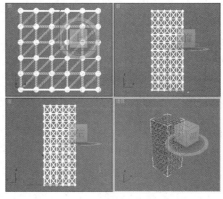

图5.126　应用晶格修改器后的效果

4 打开【修改】命令面板，单击【修改器列表】下拉列表框，在弹出的下拉列表中选择锥化修改器，将【数量】设置为"–0.95"，将【曲线】设置为"–0.8"，如图5.127所示，此时的长方体效果如图5.128所示。

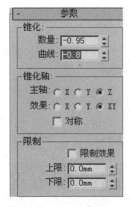

图5.127　设置参数

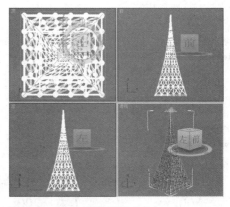

图5.128　锥化后的效果

5.4 答疑与技巧

问：在创建模型时，为什么三维修改器的使用如此频繁呢？

答：因为现实生活中的物体是很复杂的，通过标准几何体和扩展几何体是不可能创建出来的，这就需要使用三维修改器对其进行变形，所以挤出、锥化、弯曲、FFD（长方体）等修改器的使用都是非常频繁的。

问：FFD（长方体）修改器可以用于哪些模型的修改？

答：一般来说，FFD（长方体）修改器可以用于任何三维模型的修改，但是该修改器是针对总体进行变形的，如果针对模型的某个区域进行变形就不太适合了。

问：在使用某些修改器（如噪波修改器、晶格修改器和FFD（长方体）修改器）时，为什么一定要注意设置分段数呢？

答：因为只有设置了长度、宽度和高度分段数，才能在应用相应的修改时显示节点或控制点的数量，从而影响创建的模型效果。

结束语

本章介绍了在3ds Max 2009中如何利用多种修改器对三维对象进行编辑，包括锥化修改器、弯曲修改器、噪波修改器、晶格修改器和FFD（长方体）修改器。熟练掌握这些修改器的操作，能够将三维对象转化为更为复杂的模型。

Chapter 6

第6章
材质和贴图的应用

本章要点

入门——基本概念与基本操作

- 材质编辑器
- 标准材质
- 材质的贴图通道
- 复合材质
- 贴图
- 材质的应用
- UVW贴图坐标的使用

进阶——典型实例

- 制作金属材质茶壶

- 制作棋盘格贴图
- 制作清玻璃茶几
- 制作布纹材质
- 制作砖墙材质

提高——自己动手练

- 大理石材质的制作
- 磨砂玻璃材质的制作
- 折射材质的制作

答疑与技巧

本章导读

在3ds Max 2009中，通过编辑材质和贴图并将它们赋予创建的对象，能使对象呈现不同的质地、色彩和纹理，更好地展现其质感和光感等细节的变化。本章主要介绍材质编辑器的结构与使用方法、常用材质和贴图的指定与编辑方式、材质和贴图的类型，使读者能够制作出精美的材质效果。

6.1 入门——基本概念与基本操作

在3ds Max 2009中，赋予材质是指为场景模型的表面覆盖颜色或者图片，用材质来决定模型的属性。被赋予了材质的模型在渲染后可以表现出特定的颜色、反光度和透明度等外表特性，这样模型看起来会更加真实和多姿多彩。

通过前面实例的制作，我们已经了解了材质是通过材质编辑器编辑的，下面就来具体进行讲解。

6.1.1 材质编辑器

材质编辑器用于创建、编辑并组合材质或贴图。在材质编辑器中，通过4种颜色构成对真实材质进行模拟。

【环境光】：指定对象表面阴影区的色彩。受环境投影的影响，一般可以指定为低明度的对象固有色。

【漫反射】：指定对象表面在最佳光照条件下呈现的本色，即一般意义上对象的固有色。

【高光反射】：指定对象在强光高光点处的颜色。受光源色的影响，在实际指定时既可以是明度稍低的光源色，也可以是高明度、低纯度的对象固有色。

【过滤色】：指定光从对象穿过后的透射颜色，只有设定了一定透明度的对象才具有过滤色。

在材质编辑器中应用不同的明暗器类型，其高光的控制也不同。本节中主要介绍【材质编辑器】对话框的相关内容和功能按钮等。

选择【渲染】菜单中的【材质编辑器】命令、单击主工具栏中的【材质编辑器】按钮或按【M】键，都可以打开【材质编辑器】对话框，如图6.1所示。

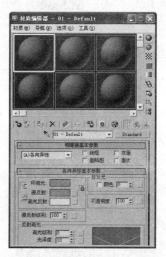

图6.1 【材质编辑器】对话框

从图中可以看到，默认的【材质编辑器】对话框包括标题栏、菜单栏、工具栏、样本槽和展卷栏5部分。

在【材质编辑器】对话框顶部是标题栏，用于显示材质编辑器的名称。

在标题栏下面是菜单栏，菜单栏中包括【材质】、【导航】、【选项】和【工具】4个主菜单，这些菜单中的命令与下面要介绍的工具栏中的按钮的功能是相同的。

菜单栏下方有6个样本槽，用于预览可用的材质。

材质工具栏按钮分布在样本槽的右侧和下方，通常分别称为垂直工具栏和水平工具栏。

工具栏下面的大部分区域是材质编辑器的展卷栏，用于进行材质的各种设置。这些展卷栏因材质类型的不同而有所不同。

1. 垂直工具栏

样本槽右侧和下方显示按钮图标的区域是工具栏，这些按钮用来控制样本槽的外观并与材质互相作用。工具栏通常分为垂直工具栏和水平工具栏。

垂直工具栏主要包括以下按钮，具体功能如下。

- 【采样类型】：此按钮属于下拉按钮，单击此按钮后，会出现3个按钮，其功能是控制显示在样本槽中对象的类型，默认的对象是球体，还可以选择另外的按钮作为预览对象。

- 【背光】：打开或关闭样本槽中的背景灯光。当打开背景灯光时，此按钮以黄色显示。

- 【背景】：在样本槽的材质后面显示方格底纹，主要是为了更好地显示透明材质的编辑效果。

- 【采样UV平铺】：为样本槽中的贴图设置UV平铺显示，以预览场景中对象表面的重复贴图阵列效果。单击此按钮后，会出现4个按钮。默认为【1×1】，其他3个按钮是【2×2】、【3×3】和【4×4】。

- 【视频颜色检查】：不同的显示设置色彩再现范围也不同，一种高纯度的色彩在有的显示设备中不能被正确地显示，这会影响最后的渲染输出效果。此按钮会依据NTSC和PAL制式检查当前材质的颜色。

- 【生成预览】：单击此按钮后会出现3个按钮，这3个工具按钮分别用于生成、播放和保存材质预览渲染，使用这些材质动画预览可在渲染之前查看材质动画。

- 【选项】：单击此按钮后，会弹出【材质编辑器选项】对话框（如图6.2所示），在此对话框中可以对材质编辑器进行整体控制。

图6.2　【材质编辑器选项】对话框

- 【按材质选择】：单击此按钮会弹出【选择对象】对话框，从中可以找到使用当前材质的所有对象。
- 【材质/贴图导航器】：单击这个按钮可以打开【材质/贴图导航器】对话框，这个对话框用层次树的方式显示了当前的所有材质图。

2. 水平工具栏

在样本槽下面的工具栏一般称为水平工具栏，其中各个按钮的功能如下。

- 【获取材质】：单击此按钮后会打开【材质/贴图浏览器】对话框，在其中可以选取所需的材质和贴图。
- 【将材质放入场景】：更新已经编辑并应用到视图场景中的对象的材质。
- 【将材质指定给选定对象】：把选定的材质赋予选定的对象。
- 【重置贴图/材质为默认设置】：删除被修改的所有材质属性并把材质属性重新设置为默认值。
- 【复制材质】：在选定的样本槽中创建激活材质的副本。
- 【使唯一】：可以使贴图实例成为唯一的副本，还可以使一个实例化的子材质成为唯一的子材质。
- 【放入库】：单击此按钮会弹出一个简单的对话框，用于重新命名材质并将材质保存到当前打开的库中。
- 【材质ID通道】：用于为材质指定G-buffer特效通道，为后期制作效果设置唯一的通道ID。单击此按钮会弹出按钮菜单，显示了1~15通道，通道为0的材质意味着不应用任何效果。
- 【在视口中显示标准贴图】：在视图中的对象上显示二维材质贴图。
- 【显示最终结果】：主要用于多级次物体材质、混合材质和材质的贴图层级，主要作用是在样本槽中显示出应用的所有层次，如果禁用该按钮，则只会看到当前选定的层次。
- 【转到父对象】：只应用于有几个层次的复合对象，返回到上一级的父级材质编辑状态。
- 【转到下一同级】：返回同一层次的下一个贴图或材质属性。
- 【从对象拾取材质】：可以拾取场景中对象的材质并把材质加载到当前的样本槽中。
- 材质下拉列表框 `02 - Default`：列出当前材质中的元素，在该下拉列表框中输入新名可以更改材质或贴图的名称。
- 类型按钮 `Standard`：显示当前正在使用的材质或贴图类型，单击该按钮可以打开【材质/贴图浏览器】对话框，从中可以选定新的材质或贴图类型。

3. 样本槽

样本槽是显示用户编辑材质和贴图的地方，以方便查看编辑材质的效果。在3ds Max 2009中，默认情况下会显示6个样本槽，如图6.3所示。

而实际材质编辑器包括24个样本槽，并且每个样本槽都包含一个材质或贴图。用户一次只能选定一个样本槽，选定的样本槽周围会以白色边界标明。

图6.3　样本槽

选择【选项】菜单中的【选项】命令，打开【材质编辑器选项】对话框，在其中选中【示例窗数目】区域中的【6×4】单选按钮，如图6.4所示。

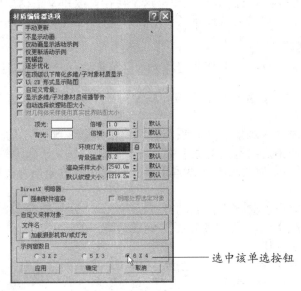

图6.4 【材质编辑器选项】对话框

单击【确定】按钮，【材质编辑器】对话框便会显示24个样本槽，如图6.5所示。

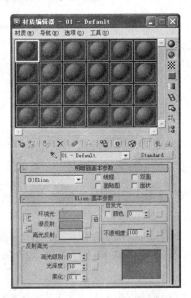

图6.5 显示24个样本槽的对话框

提示 要创建一个真实的场景，会有成百上千种材质要编辑，24个样本槽是远远不够用的，这时用户可以把材质加载到样本槽，更改它的参数后再将其应用于其他对象；或者将其保存进材质库中，以便其他场景使用。

在【材质编辑器】对话框中，通过滚动样本槽右侧和下方的滑块可以访问其他的18个样本槽。

6.1.2 标准材质

3ds Max中提供了十几种材质类型，如标准材质、光线跟踪材质、混合材质等，系统默认的材质类型是标准材质。

无论是何种材质类型，它的编辑都是通过与之相关的参数展卷栏进行的。下面详细讲解标准材质的使用方法。

标准材质的参数展卷栏如图6.6所示。

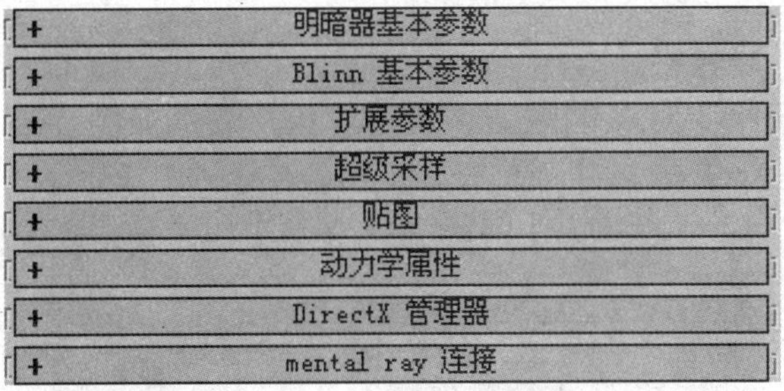

图6.6 参数展卷栏

其中包括【明暗器基本参数】、【Blinn基本参数】、【扩展参数】、【超级采样】、【贴图】、【动力学属性】等展卷栏，各个展卷栏中的参数会依据当前材质与贴图的不同类型而呈现不同的变化。下面简要介绍其中的4个展卷栏。

1.【明暗器基本参数】展卷栏

材质的基本参数设置主要是通过【明暗器基本参数】展卷栏来完成的，如图6.7所示。

图6.7 【明暗器基本参数】展卷栏

3ds Max 2009中有8种明暗器类型供选择，单击下拉按钮可以打开如图6.8所示的下拉列表。

图6.8 明暗器类型下拉列表

右侧的4个复选框用于设置不同的渲染效果。

- 【线框】复选框：以结构线框的方式对模型进行渲染。
- 【双面】复选框：将材质指定到造型的正反两面。

> **提示**
> 通常情况下要取消选中【双面】复选框，因为选中它会降低显示刷新的速度。

 【**面贴图**】复选框：将材质指定到几何体的每个表面。如果材质是贴图材质，面贴图方式不需要贴图坐标，贴图会自动指定到对象的每一个表面。

 【**面状**】复选框：渲染对象的每个小平面，不进行邻近面的平滑处理，这样对象的表面就由一块块的平面构成。

2. 【Blinn 基本参数】展卷栏

该展卷栏主要用于指定对象的贴图，设置对象材质的颜色、高光度、反光度、透明度、自发光等基本属性。依据【明暗器基本参数】展卷栏中指定的不同明暗方式，该展卷栏中会呈现不同的基本参数，例如，【Blinn基本参数】展卷栏如图6.9所示。

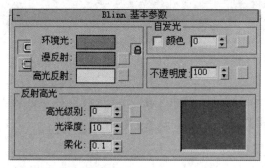

图6.9 【Blinn基本参数】展卷栏

各个参数的功能如下。

 【**环境光**】：指定对象表面阴影区的色彩。

 【**漫反射**】：指定对象表面在最佳光照条件下呈现的本色。

 【**高光反射**】：指定对象在强光高光点处的颜色。

 【**不透明度**】：指定材质的不透明度百分比例，透明的对象可以透过背面的场景。还可以在【扩展参数】展卷栏中指定不透明度衰减。

> **提示**
> 单击右侧的快速贴图按钮，可以为材质指定不透明区贴图。

 【**自发光**】：使材质具有自身发光的效果，常用于制作灯等发光物体。在数值框中可以调节自发光的值，当选中【颜色】前面的复选框时，数值框将变成颜色条，可以设置带有颜色的自发光。

 【**高光级别**】：指定高光区的强度。

 【**光泽度**】：影响高光区的尺寸。增大光泽度数值，高光区变得小而锐。

 【**柔化**】：用于柔化高光的效果。

3. 【扩展参数】展卷栏

标准材质的8种明暗器类型的【扩展参数】展卷栏是相同的，都包括【高级透明】、【反射暗淡】和【线框】区域，如图6.10所示。

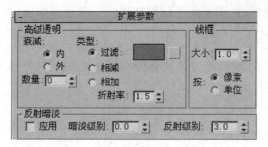

图6.10　【扩展参数】展卷栏

各个参数的功能如下。

　【高级透明】区域

【衰减】选项组： 提供两种不同材质的透明效果。

【内】： 选中该单选按钮，从对象边缘向中心逐渐增加透明度，类似于玻璃杯的材质。

【外】： 选中该单选按钮，从对象中心向边缘逐渐增加透明度，类似于烟雾的材质。

【数量】： 指定衰减程度。

【类型】选项组： 提供了3种产生透明效果的方式。

【过滤】： 选中该单选按钮，产生有色的透明对象（如蓝色的钴玻璃）效果；单击色彩样本按钮可以为透明滤镜指定色彩；单击右侧的快速贴图按钮，可以为材质指定透明滤镜贴图。

> **提示**　透明对象的光线跟踪阴影中将包含对象的滤镜色。

【相减】： 选中该单选按钮，从透过的背面环境中减去材质的色彩，使背景在透明区域的明度降低。

【相加】： 选中该单选按钮，在透过的背面环境中加上材质的色彩，使背景在透明区域的明度提高。

【折射率】： 指定在光线跟踪和折射贴图中使用的折射率（IOR）。如果设定折射率为1.0（空气折射率），那么透明对象后面的其他对象不发生扭曲变形；如果设定折射率为1.5，那么透明对象后面的其他对象如同透过玻璃一样产生扭曲变形。还可以为折射率指定一个贴图控制，例如将折射率设置为3.55，然后使用一个黑白噪波贴图控制折射率，对象的折射率将在1.0~3.55之间进行噪波变化，这样可以模拟对象透明区域密度不均匀的效果，如同混乱的热气流。

【线框】区域： 用于设置线框的一些特性。

【大小】： 指定线框材质模式下线框的粗细。

【按】选项组： 指定线框粗细的度量单位。

【像素】： 选中该单选按钮，以像素作为线框粗细的单位；在缩放对象或移动观察位置的情况下，线框的粗细不改变。

【单位】： 选中该单选按钮，度量线框粗细；如果观测距离变远，则线框变细。

【反射暗淡】区域： 用于设置物体阴影区中反射贴图的暗淡效果。

【应用】： 取消选中该复选框，反射贴图材质不受场景中其他对象直接阴影投射的影响。

【暗淡级别】： 指定在阴影中的暗化含量，如果指定为0.0，那么阴影中的反射贴图是全黑的；如果指定为0.5，那么反射贴图被暗化一半；如果指定为1.0，那么反射贴图不暗化，如同取消选中【应用】复选框的效果一样。默认为0.0。

【反射级别】：该设置影响不在阴影区的反射强度，加大其值可以使反射强度提高，补偿反射暗化对反射贴图材质表面的影响。当取值为3.0时，类似于取消选中【应用】复选框的效果。

4.【超级采样】展卷栏

【超级采样】展卷栏如图6.11所示。

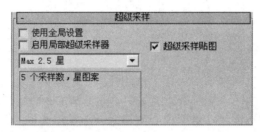

图6.11 【超级采样】展卷栏

超级采样是3ds Max 2009的一种抗锯齿技术，虽然纹理、阴影、高光、光线跟踪反射与折射都包含自身的抗锯齿处理方式，但超级采样却可以作用于输出的每一个像素，使其得到更好的抗锯齿渲染效果。3ds Max 2009的场景是基于几何矢量创建的，而输出过程是将矢量场景渲染为基于像素的图像，在超级采样过程中，程序在确定像素（特别是对象边缘和色块边缘的像素）色彩时，同时参照邻近像素的色彩，这样便可以避免由于一个像素色彩与周围像素色彩完全不同而产生的锯齿。

超级采样在对材质表面进行附加的抗锯齿处理过程中，虽然会增加渲染计算的时间，但却可以得到很好的输出效果，也不需要占用额外的内存空间，可用于优化细腻的高光与凹凸贴图的效果。一般只在最终渲染输出时开启超级采样。

【超级采样】展卷栏中提供了4种超级采样的类型，如图6.12所示。

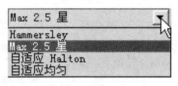

图6.12 下拉列表中的4种类型

一般情况下，我们采用默认的采样类型。通过选中或取消选中【使用全局设置】复选框来开启或关闭超级采样。

6.1.3 材质的贴图通道

【贴图】展卷栏如图6.13所示，用于为材质的不同组成部分指定贴图。不但可以为材质的不同组成部分指定相同的贴图，例如为自发光与不透明度指定一个相同的纹理贴图；还可以利用不同的贴图类型控制材质不同组成部分的强度，例如为材质的不透明度指定一个黑白棋格贴图，一部分区域保持对象材质不透明的效果，另一部分区域呈现透明的效果。能否塑造出真实材质效果，在很大程度上取决于贴图方式与形形色色的贴图类型结合运用得成功与否。

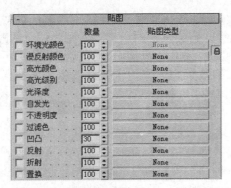

图6.13 【贴图】展卷栏

3ds Max 2009提供了12种贴图方式，下面简单介绍一下【贴图】展卷栏中的各项参数。

【环境光颜色】：为对象的阴影区指定位图或程序贴图，通常不单独使用。阴影区与过渡区通常使用相同的贴图，如果想为阴影区指定贴图，那么首先要关闭右侧的锁定按钮 🔒。

【漫反射颜色】：为对象的过渡区指定图像贴图或程序贴图，这是最常用的贴图区域，影响着对象绝大部分表面的材质贴图效果。它用于表现材质的纹理效果，当它的值为100时，会将对象的固有色完全置换为所选贴图。

【高光颜色】：效果与【漫反射颜色】相同，只是它是在对象的高光处显示出贴图效果。

【高光级别】：通过位图或程序贴图来改变对象高光部分的强度。高光级别贴图中的黑色像素完全移除反射高光，贴图中的白色像素产生最强的反射高光效果，灰色像素依据自身的明度比例降低高光反射的强度。一般情况下，为光泽度和高光级别指定相同的贴图会得到比较理想的效果。

【光泽度】：通过位图或程序贴图影响高光出现的位置。光泽度贴图中的黑色像素产生全部的光泽效果，贴图中的白色像素完全移除光泽度的效果，灰色像素依据自身的明度比例减小高光区的尺寸。

【自发光】：贴图图像在对象表面可以产生自发光，图像中纯黑的部分不会对材质产生影响，其他部分将会根据自身的灰度值产生不同的发光效果。自发光贴图中的黑色像素完全移除自发光效果，贴图中的白色像素产生最强的自发光效果，灰色像素依据自身的明度比例降低自发光的强度。

【不透明度】：选中此复选框，可以通过贴图的明暗来产生透明效果。透明度贴图中的黑色像素产生完全透明的效果，贴图中的白色像素产生完全不透明的效果，灰色像素依据自身的明度比例呈现半透明的效果。

【过滤色】：影响透明贴图，材质的颜色取决于贴图自身的颜色。过滤色贴图中的黑色像素产生完全透明的效果，贴图中的白色像素产生完全不透明的效果，灰色像素依据自身的明度比例呈现半透明的效果。

【凹凸】：通过图像自身的明暗强度，使对象产生凹凸感，颜色浅的地方凸起，颜色深的地方凹陷。

【反射】：通常用于表现表面比较光滑的物质，它能制作出光洁亮丽的质感，如金属的表面。当为其指定图像贴图或程序贴图时，可以创建3种不同的反射效果：基础反射贴图、自动反射贴图、镜面反射贴图。

【折射】：通常用于表现玻璃、水等具有折射特性的物质。可以为其指定图像贴图或程序贴图。折射贴图类似于反射贴图，直接锁定到其所面对的环境而不是对象本身，所以不需要指定贴图坐标，它会依据对象与场景相对位置的改变而自动变化。

【置换】：根据贴图图案的灰度分布情况对几何体表面进行置换，颜色浅的外凸，颜色深的内陷。置换贴图的效果均匀作用于整个对象的表面，当缩放对象时，置换贴图会随同对象缩放相同的比例。

6.1.4 复合材质

标准材质能够体现对象表面单一的材质和材质的光学性质。但在真实的场景中，材料的质感很可能是多重性的，仅用标准材质来编辑是很难模拟的，必须同时使用几个材质一起作用到对象表面才能将其充分表现，这就是复合材质。3ds Max 2009提供了更多的材质类型以满足动画制作中的需求，其中包括一些具备特殊属性的高级材质，帮助设计师实现一些标准材质实现不了的特殊效果。

单击【材质编辑器】对话框中的【Standard】按钮，打开【材质/贴图浏览器】对话框，如图6.14所示，在右侧的列表框中可以看到除标准材质之外的多种复合材质类型。

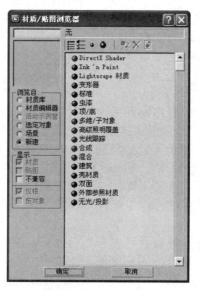

图6.14 【材质/贴图浏览器】对话框

1. DirectX Shader（DirectX 9明暗器材质）

DirectX 9明暗器材质可使用户使用DirectX 9（DX9）明暗器对视图中的对象进行明暗处理。使用DirectX明暗处理，视图中的材质可以更精确地显现材质如何显示在其他应用程序中或其他硬件上，如游戏引擎。只有使用了Direct3D显示驱动程序并将DirectX 9.0选为Direct3D版本时，才能使用此材质。

DirectX 9明暗器是FX文件，在3ds Max程序目录的"\fx"文件夹中提供了几个FX示例文件。

提示 通常，只有用户的系统中使用 DirectX 9，并且使用的Direct3D显示驱动程序将DirectX 9.0选为Direct3D版本，才能在浏览器中查看此材质。如果此材质不可见，则可通过在【材质/贴图浏览器】对话框左侧选中【显示】区域中的【不兼容】复选框来查看它。

2. Ink'n Paint（卡通材质）

使用3ds Max 2009的卡通材质可以很方便地创建二维卡通效果。

Ink'n Paint（卡通材质）是一种带"勾线"的均匀填色方式，主要用于制作卡通渲染效果。与其他大多数材质提供的三维真实效果不同，卡通材质提供带有"墨水"边界的平面着色，如图6.15所示。

图6.15　卡通材质效果

Ink'n Paint（卡通材质）的参数主要在【绘制控制】和【墨水控制】两个展卷栏中设置，如图6.16所示。

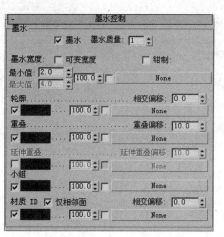

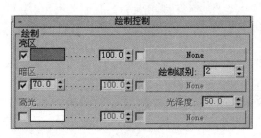

图6.16　Ink'n Paint的参数展卷栏

3. Lightscape材质

Lightscape材质用于设置在现有Lightscape光能传递网格中使用的材质光能传递行为，是专门用于Lightscape软件的一种材质，其参数展卷栏如图6.17所示。

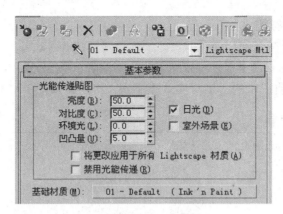

图6.17　Lightscape材质的参数展卷栏

4. 变形器材质

变形器材质与变形修改编辑器相辅相成，可以用来创建角色脸颊变红的效果，或者使角色在抬起眼眉时前额褶皱。使用变形修改器中的通道微调器，材质可以被混合在一起，就像几何体通过变形修改器进行混合或变形一样。变形器材质共有100个材质通道和对应的100个贴图通道。变形器材质的参数展卷栏如图6.18所示。

图6.18　【变形器基本参数】展卷栏

5. 虫漆材质

虫漆材质通过叠加将两种材质混合。叠加材质中的颜色称为虫漆材质，被添加到基础材质的颜色中，【虫漆颜色混合】参数控制颜色混合的量，其参数展卷栏如图6.19所示。

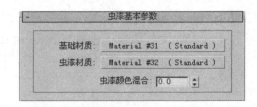

图6.19　【虫漆基本参数】展卷栏

【基础材质】：单击其后面的按钮，可以选择材质或贴图作为基础材质。

【虫漆材质】：单击其后面的按钮，可以选择材质或贴图作为虫漆材质。

【虫漆颜色混合】：通过调节该数值框中的数值，可以控制颜色混合程度。

6. 顶/底材质

使用顶/底材质可以为一个对象指定两种不同的材质，一种位于顶部，一种位于底部，其中间部分可以相互浸入，其参数展卷栏如图6.20所示。

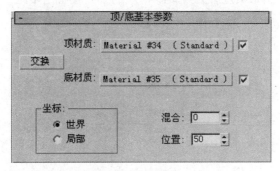

图6.20　【顶/底基本参数】展卷栏

7. 多维/子对象材质

多维/子对象材质可以将多个材质组合为一个复合材质，并将其赋予一个对象的不同子对象。例如，可以使用编辑网格修改器框选一个对象的多个次级结构面，再为这组次级结构面指定一个材质ID号，材质ID号是对象与材质之间的对应编号。用同样的方法选定多组次级结构面，并为这些选择集指定不同的材质ID号，然后就可以将一个多维/子对象材质指定给这个对象，使这个对象的不同次级结构面选择集分别对应于这个多维/子对象材质中的不同子材质，这样就可以表现出多个材质同时呈现在同一个对象表面不同部分的效果。多维/子对象材质的参数展卷栏如图6.21所示。

图6.21　【多维/子对象基本参数】展卷栏

8. 高级照明覆盖材质

用于微调材质在高级照明中的效果，包括光跟踪和光能传递解决方案。通过高级照明覆盖材质展卷栏中的参数调节，可以对反射、颜色溢出等进行控制。虽然计算高级照明时并不需要光能传递覆盖设置，但使用它可以增强效果。

9. 光线跟踪材质

光线跟踪材质包含了标准材质的所有功能参数，更重要的是它能够真实地反映物体对光线的反射和折射。光线跟踪材质虽然效果不错，但是却需要很长的渲染时间，因此一般的反射模拟多用反射贴图来实现。光线跟踪材质的参数展卷栏如图6.22所示。

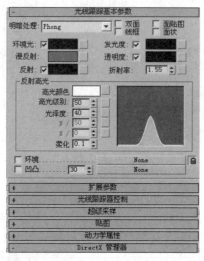

图6.22　【光线跟踪基本参数】展卷栏

10. 合成材质

合成材质最多可以合成10种材质，按照在展卷栏中列出的顺序从上到下叠加材质。还可以使用增加的不透明度、相减的不透明度来组合材质，或使用数量值来混合材质。

合成材质的参数展卷栏如图6.23所示。

图6.23　【合成基本参数】展卷栏

11. 混合材质

混合材质的功能是将两种不同的材质混合在一起，使用遮罩或简单的曲线控制可以设定两个次级材质的混合方式。混合材质的参数展卷栏如图6.24所示。

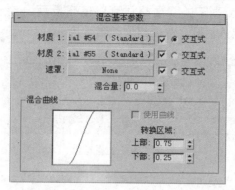

图6.24 【混合基本参数】展卷栏

12. 建筑材质

建筑材质的设置是基于物理属性的，因此当与光度学灯光和光能传递一起使用时，它能够提供最逼真的效果，专门用于创建建筑场景中具有真实感的材质。建筑材质的参数展卷栏如图6.25所示。

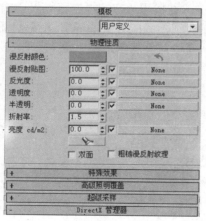

图6.25 建筑材质的参数展卷栏

13. 壳材质

壳材质用于纹理烘焙。使用"渲染到纹理"烘焙材质时，将创建包含两种材质的壳材质：在渲染中使用的原始材质和烘焙材质。烘焙材质是通过"渲染到纹理"保存到磁盘的位图，该材质将烘焙结果附加到场景中的对象上，其参数展卷栏如图6.26所示。

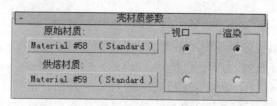

图6.26 【壳材质参数】展卷栏

14. 双面材质

双面材质包括两部分材质：一部分在对象的外表面，另一部分在对象的内表面。它和基本参数设置中的【双面】选项不同，标准材质的双面设置只能使正反面使用同一种材质，目的是使背面可见；而真正的双面材质可以使正反两面使用两种完全不同属性的材质，另外还可以控制它们的透明度。双面材质的参数展卷栏如图6.27所示。

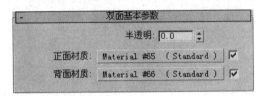

图6.27　【双面基本参数】展卷栏

其各项参数的功能如下。

- 【正面材质】：用于设置对象外表面的材质。
- 【背面材质】：用于设置对象内表面的材质。
- 【半透明】：用于设置一个材质在另一个材质上能够显示出的百分比。值为0时第2种材质不可见，值为100时第1种材质不可见。

15. 无光/投影材质

Matte是电影制作中常用的一种技巧：在拍摄中将场景中的部分物体遮挡，使得在后期制作的时候可以对被遮挡区域实现不同的效果。无光/投影材质的作用与Matte类似，通过给场景中的对象添加投影，从而使对象真实地融入到背景中，使得对象和背景场景看上去融为一体，在对场景进行分层渲染时就常用到这种材质。无光/投影材质的参数展卷栏如图6.28所示。

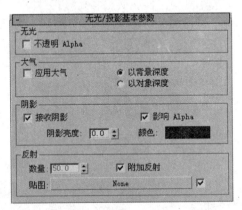

图6.28　【无光/投影基本参数】展卷栏

6.1.5　贴图

3ds Max 2009中提供了多种不同的贴图方式，这些贴图方式中既包含2D贴图（平面图像贴图），也包含3D贴图（三维程序贴图）。

2D贴图类型使用现有的图像文件直接投影到对象的表面，这些图像文件既可以由其他图像处理程序创建，也可以通过扫描照片或数码摄像从真实世界中获取；3D贴图类型通过各种参数的控制由计算机自动随机生成贴图。3D贴图类型不需要指定贴图坐标，而且贴图不仅仅局限在对象的表面，对象从内到外都进行贴图指定。

与材质的层级结构相似，任何一个贴图都既可以使用单一的贴图方式，也可以由多个贴图层级构成。

1. 贴图的类型

3ds Max 2009提供了多种不同的贴图类型，包括"2D贴图"、"3D贴图"、"合成器"、"颜色修改器"、"其他"和"全部"等。可以从【材质/贴图浏览器】对话框中看到大多数材质贴图。图6.29所示的是贴图浏览器中所有可用的贴图。要打开此对话框，可以在材质编辑器中单击任意一个贴图按钮，或单击【获取材质】按钮，还可以单击展开【贴图】展卷栏，然后单击【贴图类型】下面的长按钮。

图6.29　贴图浏览器中的贴图

在【材质/贴图浏览器】对话框中，使用【显示】区域中的复选框（包括【材质】、【贴图】、【仅根】和【按对象】等）可以过滤要显示的贴图类型。在【浏览自】区域中选择【新建】单选按钮后，就可以使用【2D贴图】、【3D贴图】、【合成器】、【颜色修改器】、【其他】和【全部】贴图选项了。如果要把一个材质加载到材质编辑器的样本槽中，直接双击它或者在选定它后单击【确定】按钮均可。

下面详细介绍一下贴图的5种类型。

* 【2D贴图】：在二维平面上进行贴图控制，既可以在对象表面贴图，也可以作为环境贴图创建场景背景，其中包含以下贴图：位图贴图、棋盘格贴图、combustion贴图、渐变贴图、渐变坡度贴图和漩涡贴图。

* 【3D贴图】：在三维空间中进行贴图控制，计算机依据指定的参数自动随机生成贴图，这种贴图类型不需要指定贴图坐标，而且贴图不仅仅局限在对象的表面，对象从

内到外都进行贴图指定，其中包含以下贴图：细胞贴图、凹痕贴图、衰减贴图、大理石贴图、噪波贴图、粒子年龄贴图、粒子运动模糊贴图、Perlin大理石贴图、行星贴图、烟雾贴图、斑点贴图、泼溅贴图、灰泥贴图和木材贴图。

🔍 【合成器】：用于合成其他色彩与贴图，其中包含以下贴图：合成贴图、遮罩贴图、混合贴图和RGB相乘贴图。

🔍 【颜色修改器】：改变对象表面材质像素的色彩，其中包含以下贴图：输出贴图、RGB染色贴图和顶点颜色贴图。

🔍 【其他】：用于产生反射与折射效果，其中包含以下贴图：平面镜贴图、光线跟踪贴图、反射/折射贴图和薄壁折射贴图。

以上介绍的几种类型的贴图都将被应用到材质贴图中，进入材质编辑器，在【贴图】展卷栏中选择贴图，展卷栏中的色彩与材质的基本参数相关。单击【None】按钮就会弹出贴图浏览器，可以选择任意一种贴图作为材质贴图，如图6.30所示。

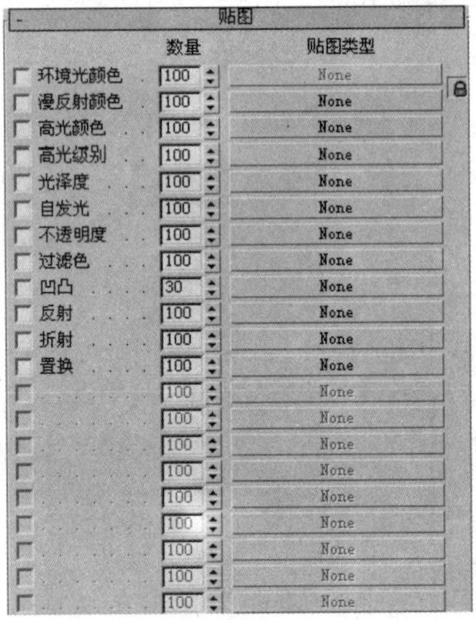

图6.30 【贴图】展卷栏

2. 贴图坐标

贴图坐标指定几何体上贴图的位置、方向以及大小。坐标通常以U、V和W指定，其中U是水平维度，V是垂直维度，W是可选的第三维度，它表示深度。

如果将贴图材质应用到没有贴图坐标的对象上，渲染器就会指定默认的贴图坐标。内置贴图坐标是针对每个对象类型而设计的。长方体贴图坐标在它的6个面上分别放置重复的贴图。对于圆柱体，图像沿着它的面包裹一次，而它的副本则在末端封口进行扭曲。对于球体，图像也会沿着它的球面包裹一次，然后在顶部和底部聚合。

在3ds Max 2009中用标准几何体创建模型时，大多数情况下会自动生成该坐标，在【创建】命令面板的【参数】展卷栏中选择【生成贴图坐标】复选框即可，这样将按照系统预定的方式给对象指定贴图坐标。如果在创建过程中没有指定贴图坐标，那么既可以在【修改】命令面板中为对象指定贴图坐标，也可以通过单击材质编辑器中材质编辑工具栏里的【在视口中显示标准贴图】按钮🔵自动为场景中选定的对象指定贴图坐标。

另外，3ds Max 2009中还提供了几个功能强大的贴图坐标修改器，如UVW贴图修改器和

UVW展开修改器，使用这些修改器可以方便地将对象与贴图部位对齐，还可以为模型的不同次级结构对象选择集指定不同的贴图坐标与材质ID号。

贴图坐标参数展卷栏

贴图坐标参数展卷栏如图6.31所示。

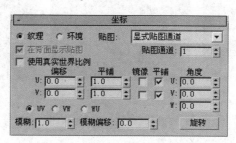

图6.31 贴图坐标参数展卷栏

具体参数介绍如下。

- 【纹理】：选中此单选按钮后，可将贴图作为纹理贴图指定到对象表面上，这时在右侧的【贴图】下拉列表框中有4种坐标方式可以选择。

   【显示贴图通道】：使用任何贴图通道，可以在1~99之间任选。

   【顶点颜色通道】：使用指定的顶点颜色通道。

   【对象XYZ平面】：使用源于对象自身坐标系的平面贴图方式，但必须选中【在背面显示贴图】复选框才能在背面显示贴图。

   【世界XYZ平面】：使用源于场景世界坐标系的平面贴图方式，但必须选中【在背面显示贴图】复选框才能在背面显示贴图。

- 【环境】：选中此单选按钮后，位图作为环境贴图使用时就好像将该位图指定到了场景中的一个不可见的物体上一样，这时在右侧的【贴图】下拉列表框中有4种坐标方式可以选择，包括【球型环境】、【柱型环境】、【收缩包裹环境】和【屏幕】。

- 【在背面显示贴图】：选中此复选框后，平面贴图能够在渲染时投射到对象的背面。默认情况下，该复选框处于选中状态。

- 【偏移】：通过调节下面的【U】和【V】两个数值框，可以改变对象的UV坐标，从而调节贴图在对象表面的位置。

- 【UV】/【VW】/【WU】：选择这3个单选按钮可以改变贴图所使用的贴图坐标系统，默认情况下，【UV】单选按钮处于选中状态，它将贴图投影到对象表面；VW与WU坐标系统对贴图进行旋转，使其垂直于表面。

- 【平铺】：通过调节下面的两个数值框，可以设置水平和垂直方向上贴图重复的次数，但只有将右侧【平铺】下的复选框选中时，才可以将纹理连续不断地贴在对象的表面。

- 【镜像】：选中下面的两个复选框后，可以将贴图在对象表面进行镜像复制，与平铺一样，镜像可以在U轴、V轴或两轴向同时进行重复，图6.32所示的是镜像的效果。

- 【角度】：通过调节下面的【U】/【V】/【W】数值框中的值，可以控制在相应坐标方向上产生贴图的旋转效果。

- 【模糊】：调节此数值框中的数值可以影响图像的尖锐程度，但影响力较低，主要用于位图的抗锯齿处理。

图6.32　镜像效果

- 【模糊偏移】：通过调节此数值框中的值，利用图像的偏移可以进行大幅度的模糊处理，常用于产生柔化和焦散效果。
- 【旋转】：单击此按钮会打开一个旋转贴图坐标示意框，可以用鼠标直接在框中拖动旋转贴图。

UVW贴图修改器

UVW贴图修改器用于为对象表面指定贴图坐标，以确定贴图材质如何投射到对象的表面。UVW贴图修改器主要用于：

- 为特定的贴图通道指定一种贴图坐标，如漫反射贴图在贴图通道1，凹凸贴图在贴图通道2，可以为这两个贴图通道分别指定UVW贴图修改器，使它们具有不同的贴图坐标，并可以在修改编辑堆栈中分别对这两个贴图坐标进行编辑。
- 通过变换贴图修改器线框的位置，改变对象表面贴图的位置。
- 为不具有默认贴图坐标的对象指定贴图坐标。
- 为对象的次级结构层级指定贴图坐标。

UVW展开修改器

UVW展开修改器用于为次级结构对象指定平面贴图，还可以利用展开选定区域的方式编辑贴图的坐标，将贴图的形状适配于选定的网格对象、面对象、多边形对象、HSDS对象、NURBS对象或其次级结构对象。例如，一个动画角色的表面要使用3种不同的贴图，可以首先将这些表面分别指定为3个不同的次级结构对象选择集，然后利用UVW展开修改器分别编辑这3个选择集贴图坐标的范围和位置。

6.1.6　材质的应用

材质编辑器是对材质进行编辑修改时使用的，编辑完成后需要指定给场景中的对象使用。对创建的对象赋予材质的具体操作步骤如下：

- 重置场景，在【创建】命令面板中单击【几何体】按钮，然后单击【对象类型】展卷栏中的【茶壶】按钮，在顶视图中创建一个茶壶对象，如图6.33所示。

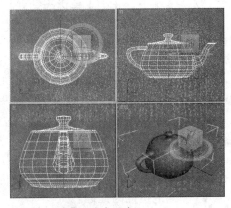

图6.33　创建的茶壶对象

2 按【M】键打开【材质编辑器】对话框，并选择一个材质球，如图6.34所示。

3 单击【漫反射】右侧的方块按钮，打开【材质/贴图浏览器】对话框，选中【木材】选项（如图6.35所示），为漫反射添加木材贴图，然后单击【确定】按钮。

图6.34　选择材质球

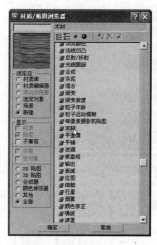

图6.35　选择贴图

4 在【坐标】和【木材参数】展卷栏中设置该贴图的相关参数，如图6.36所示。

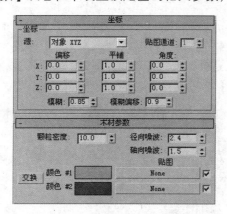

图6.36　设置贴图参数

5 分别单击【木材参数】展卷栏中的色块，打开【颜色选择器】对话框，并按照图6.37和图6.38所示分别设置颜色1和颜色2。

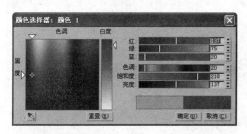

图6.37　设置颜色1

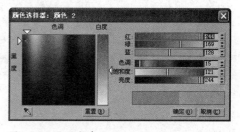

图6.38　设置颜色2

6 双击示例窗中的材质，可放大观察该材质的效果，如图6.39所示。在视图中选择茶壶对象，单击【材质编辑器】对话框中的【将材质指定给选定对象】按钮 ，然后再单击

【在视口中显示标准贴图】按钮 ，为长方体指定编辑好的材质，效果如图6.40所示。

图6.39　材质效果

图6.40　为对象赋予材质后的效果

6.1.7　UVW贴图坐标的使用

贴图可以使材质应用效果更加丰富、真实，当对象使用贴图时，其贴图坐标信息会决定如何进行贴图。下面，我们通过一个实例来练习使用贴图坐标，具体操作步骤如下：

1　重置场景，在【创建】命令面板中单击【几何体】按钮，然后单击【对象类型】展卷栏中的【圆柱体】按钮，在顶视图中创建一个圆柱体对象，如图6.41所示。

2　按【M】快捷键打开【材质编辑器】对话框，单击【漫反射】右侧的方块按钮，打开【材质/贴图浏览器】对话框，选中【细胞】选项（如图6.42所示），为漫反射添加细胞贴图，然后单击【确定】按钮。

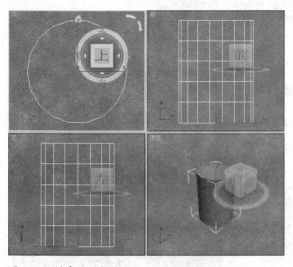

图6.41　创建的圆柱体

图6.42　选择【细胞】选项

3　在材质编辑器的【坐标】展卷栏的【源】下拉列表框中选择【显示贴图通道】选项，如图6.43所示。

4　在【细胞参数】展卷栏的【细胞特性】区域中将【大小】设置为"10"，如图6.44所示。

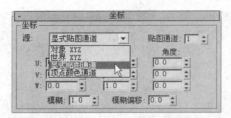

图6.43 选择【显示贴图通道】选项

5 单击【材质编辑器】对话框中的【将材质指定给选定对象】按钮，再单击【在视口中显示标准贴图】按钮，为长方体指定编辑好的材质，然后按【Shift+Q】组合键得到渲染效果，如图6.45所示。

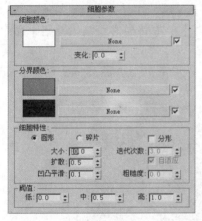

图6.44 设置参数

图6.45 渲染效果

6 打开【修改】命令面板，单击【修改器列表】下拉列表框，在弹出的下拉列表中选择UVW贴图修改器，如图6.46所示。

7 在【参数】展卷栏中选择【贴图】区域中的【XYZ到UVW】单选按钮（如图6.47所示），效果如图6.48所示，细胞图案正常显示在圆柱体对象上。

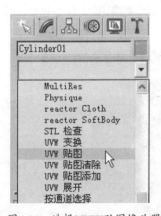

图6.46 选择UVW贴图修改器

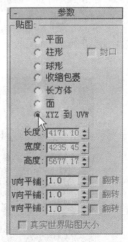

图6.47 选择【XYZ到UVW】单选按钮

图6.48　细胞图案正常显示

8 右击圆柱体对象，在弹出的快捷菜单中选择【转换为】→【转换为可编辑网格】命令，将其转换为可编辑网格对象。

9 在修改器堆栈中选择【顶点】选项，在前视图中选择顶部的点并将其向上移动，如图6.49所示。

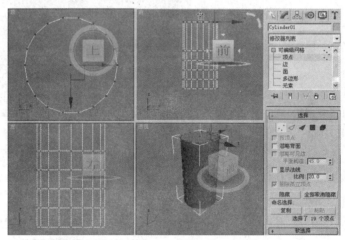

图6.49　移动顶点

10 按【Shift+Q】组合键进行快速渲染，如图6.50所示，可以看到细胞图案随圆柱体对象的拉伸而拉伸了。

图6.50　细胞图案随圆柱体的拉伸而拉伸

▌▌在【材质编辑器】对话框中，选择【坐标】展卷栏的【源】下拉列表框中的【对象XYZ】选项，再进行渲染，效果如图6.51所示，可以看到细胞图案已经正常显示，而不再拉伸了。

图6.51　细胞图案不再拉伸

6.2 进阶——典型实例

本节主要介绍金属材质、棋盘格材质、清玻璃材质、布纹材质以及砖墙材质，其中有些材质处理时需要修改一些参数和使用一些技巧。

6.2.1　制作金属材质茶壶

本例介绍如何创建简单的金属材质茶壶。使用金属明暗器并修改参数，然后对反射贴图通道指定光线跟踪材质，最后指定位图贴图。

最终效果

本例制作完成后的效果如图6.52所示。

图6.52　金属材质茶壶的实例效果

解题思路

🔍 创建茶壶对象，打开【材质编辑器】对话框，选择金属明暗器。

📷 修改环境光和漫反射的颜色，并设置【高光级别】和【光泽度】参数。

📷 为反射贴图通道指定光线跟踪材质，并添加位图贴图。

📷 设置反射贴图的【数量】值。

📷 将设置好的材质赋予茶壶对象，然后进行渲染。

操作步骤

本例的具体操作步骤如下：

1　重置场景，将单位设置为毫米。

2　在【创建】命令面板中单击【几何体】按钮，然后单击【对象类型】展卷栏中的【茶壶】按钮，在顶视图中创建一个茶壶对象，如图6.53所示。

3　选择刚创建的茶壶对象，单击主工具栏上的【材质编辑器】按钮，弹出【材质编辑器】对话框，在该对话框中选择一个新的样本球，在明暗器下拉列表中选择【(M)金属】选项，如图6.54所示。

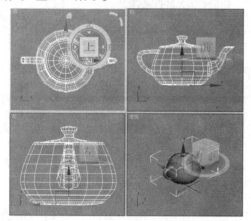

图6.53　创建的茶壶对象

图6.54　选择【(M)金属】选项

4　单击【环境光】左侧的 C 按钮，然后单击【环境光】右侧的色块，打开【颜色选择器：环境光颜色】对话框，设置环境光颜色的R（红）、G（绿）和B（蓝）值均为"33"，如图6.55所示。

5　单击【确定】按钮，返回【材质编辑器】对话框。单击【漫反射】右侧的色块，在打开的颜色对话框中设置漫反射颜色的R，G和B值均为"210"，然后设置【高光级别】为"120"、【光泽度】为"60"，如图6.56所示。

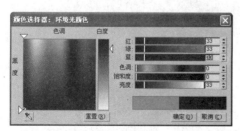

图6.55　设置颜色

图6.56　设置参数

6 打开【贴图】展卷栏，单击【反射】贴图通道按钮，在打开的对话框中双击【光线跟踪】选项，如图6.57所示。

7 在【光线跟踪器参数】展卷栏中单击【背景】区域中的【None】按钮（如图6.58所示），在打开的对话框中双击【位图】按钮。

图6.57　双击【光线跟踪】选项

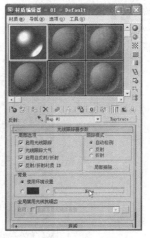

图6.58　单击【None】按钮

8 在打开的对话框中选择需要的图像文件，如图6.59所示，单击【打开】按钮，返回【材质编辑器】对话框。

9 在【材质编辑器】对话框中单击两次【转到父对象】按钮，返回金属材质编辑界面，设置反射的【数量】值为"80"，如图6.60所示。

图6.59　选择贴图

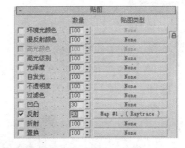

图6.60　设置参数

10 在【材质编辑器】对话框的水平工具栏中单击【将材质指定给选定对象】按钮，将材质赋予对象，按【Shift+Q】组合键进行渲染，效果如图6.61所示。

图6.61　渲染效果

6.2.2 制作棋盘格贴图

本例主要讲述了棋盘格贴图的应用，修改其参数并添加带有光线跟踪的反射贴图，然后将它赋给平面对象，再通过【合并】命令将其与金属茶壶对象合并，从而得到一个简单的实例效果。

最终效果

本例制作完成后的效果如图6.62所示。

图6.62 棋盘格贴图的实例效果

解题思路

- 创建平面对象，打开【材质编辑器】对话框，添加棋盘格材质。
- 修改平铺和角度的参数，并改变棋盘格的颜色。
- 为反射贴图通道指定光线跟踪材质，并修改反射值。
- 利用【合并】命令将金属茶壶对象合并进来，并分别调整它们的位置。

操作步骤

本例的具体操作步骤如下：

1 重置场景，将单位设置为毫米。

2 在【创建】命令面板中单击【几何体】按钮，然后单击【对象类型】展卷栏中的【平面】按钮，在顶视图中创建一个平面对象，如图6.63所示。

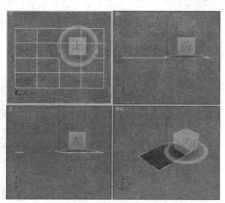

图6.63 创建的平面

3 选择刚创建的平面对象，单击主工具栏上的【材质编辑器】按钮，弹出【材质编辑器】对话框。

4 在该对话框中选择一个新的样本球，然后单击【漫反射】右侧的方块按钮，打开【材质/贴图浏览器】对话框，从中选择【棋盘格】选项，如图6.64所示。

5 单击【确定】按钮，返回【材质编辑器】对话框。在【坐标】展卷栏的【平铺】区域中将【U】和【V】均设置为"5"，在【角度】区域中将【W】设置为"45"，如图6.65所示。

图6.64 选择【棋盘格】选项

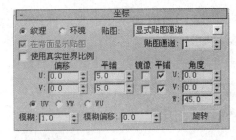

图6.65 设置参数

6 单击展开【棋盘格参数】展卷栏，分别单击【颜色#1】和【颜色#2】后的色块（如图6.66所示），然后按照图6.67和图6.68所示的参数设置颜色。

图6.66 单击色块

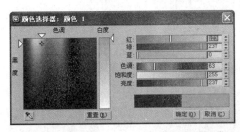

图6.67 设置颜色1

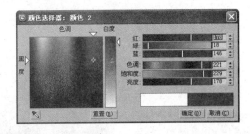

图6.68 设置颜色2

7 单击【转到父对象】按钮，返回到第一层级。

8 单击展开【贴图】展卷栏，单击【反射】贴图通道按钮，在打开的对话框中双击【光线跟踪】选项，单击【转到父对象】按钮，返回到第一层级，然后设置反射的【数量】值为"40"，如图6.69所示。

9 在【材质编辑器】对话框的水平工具栏中单击【将材质指定给选定对象】按钮，将材质赋予对象，然后单击【在视口中显示标准贴图】按钮，此时在视图中显示贴图效果，如图6.70所示。

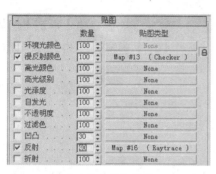

图6.69　设置反射的【数量】值

图6.70　贴图效果

10 执行【文件】→【合并】命令，打开【合并文件】对话框，选择上例中制作的金属茶壶对象，如图6.71所示。

11 单击【打开】按钮，打开【合并】对话框，选中Teapot01对象，如图6.72所示。

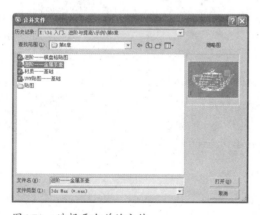

图6.71　选择要合并的文件

图6.72　选择合并对象

12 单击【确定】按钮，将对象合并到视图中，然后调整合并后的对象的大小和位置，效果如图6.73所示。

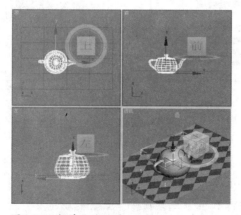

图6.73　合并后的效果

13 按【Shift+Q】组合键进行渲染。

6.2.3　制作清玻璃茶几

本例首先创建长方体和圆柱体对象，制作茶几模型。然后，使用Phong明暗器，并修改其参数。接着，对反射贴图通道指定光线跟踪材质，并设置其反射值，将创建的材质赋予茶几的桌面和搁板，得到清玻璃茶几效果。

最终效果

本例制作完成后的效果如图6.74所示。

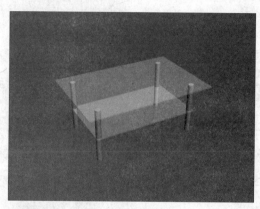

图6.74　清玻璃茶几的实例效果

解题思路

🔍 创建长方体对象，模拟茶几面。

🔍 创建圆柱体对象并进行复制，模拟茶几腿。

🔍 复制创建的长方体对象并修改其参数，模拟搁板。

🔍 打开【材质编辑器】对话框，选择Phong明暗器，并修改其参数。

🔍 为反射贴图通道指定光线跟踪材质，并设置反射贴图的【数量】值。

🔍 将设置好的材质赋予茶几面和搁板，然后进行渲染。

操作步骤

本例的具体操作步骤如下：

1 重置场景，将单位设置为毫米。

2 在【创建】命令面板中单击【几何体】按钮，然后单击【对象类型】展卷栏中的【长方体】按钮，在顶视图中创建一个长方体对象，作为茶几面。参数设置如图6.75所示，完成后的效果如图6.76所示。

3 单击【对象类型】展卷栏中的【圆柱体】按钮，在顶视图中创建一个圆柱体对象，作为茶几腿。参数设置如图6.77所示，完成后的效果如图6.78所示。

4 激活顶视图，单击主工具栏上的【选择并移动】按钮，在按住【Shift】键的同时沿X轴拖动圆柱体对象，对其进行复制。

图6.75　长方体的创建参数

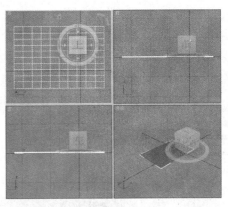

图6.76　创建的长方体

图6.77　圆柱体的创建参数

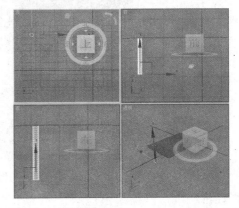

图6.78　创建的圆柱体

5 在顶视图中同时选中两个圆柱体，然后沿Y轴复制一组，并调整其位置，效果如图6.79所示。

6 在顶视图中选择长方体对象，然后在前视图中沿Y轴向下复制一个，作为搁板。打开【修改】命令面板，设置【长度】为"600"、【宽度】为"1000"，效果如图6.80所示。

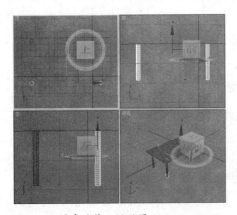

图6.79　创建的茶几腿效果

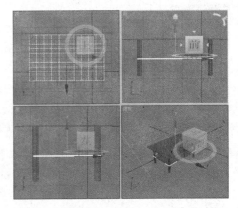

图6.80　创建的搁板

7 单击主工具栏上的【材质编辑器】按钮，弹出【材质编辑器】对话框。在该对话框中选择一个新的样本球，在明暗器下拉列表中选择【(P)Phong】选项，如图6.81所示。

8 单击【环境光】后面的色块，打开【颜色选择器：环境光颜色】对话框，将颜色设置为淡蓝绿色，具体参数设置如图6.82所示。

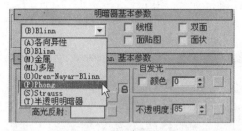

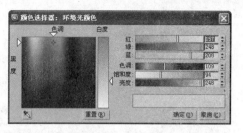

图6.81 选择【(P)Phong】选项　　　　　　　图6.82 设置颜色

9 单击【高光反射】后面的色块，将其颜色设置为白色，然后设置【不透明度】为"30"、【高光级别】为"60"、【光泽度】为"30"，如图6.83所示。

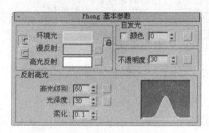

图6.83 设置参数

10 单击展开【贴图】展卷栏，单击【反射】贴图通道按钮，在打开的对话框中双击【光线跟踪】选项，单击【转到父对象】按钮，返回到第一层级，然后设置反射的【数量】值为"30"。

11 在视图中选择作为茶几面和搁板的长方体，在材质编辑器的水平工具栏中单击【将材质指定给选定对象】按钮，将材质赋予对象，然后单击【在视口中显示标准贴图】按钮，此时在视图中显示贴图效果，如图6.84所示。

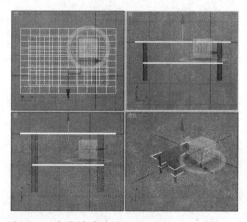

图6.84 赋予材质后的效果

6.2.4 制作布纹材质

本例首先创建四边形面片对象，并对其进行修改编辑，得到单人床的模型。然后，对漫反射贴图通道指定位图贴图，并将其赋予创建的对象，再添加UVW贴图修改器，得到布纹材质单人床效果。

最终效果

本例制作完成后的效果如图6.85所示。

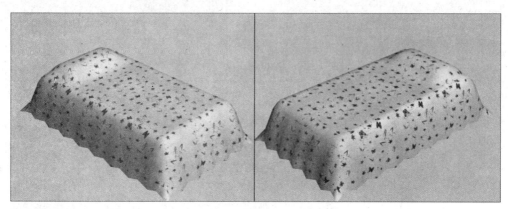

图6.85　单人床的实例效果

解题思路

🔍 创建四边形面片对象，模拟单人床。

🔍 添加网格平滑修改器，然后对其中的顶点进行编辑，得到单人床的模型。

🔍 打开【材质编辑器】对话框，对漫反射贴图通道指定位图贴图，将材质赋予创建的对象。

🔍 添加UVW贴图修改器并修改其参数，得到最终的单人床效果。

操作步骤

本例的具体操作步骤如下：

1　重置场景，将单位设置为毫米。

2　在【创建】命令面板中单击【几何体】按钮，单击【标准几何体】右侧的下拉按钮，在弹出的下拉列表中选择【面片栅格】选项，然后在【对象类型】展卷栏中单击【四边形面片】按钮，如图6.86所示。

图6.86　单击【四边形面片】按钮

3　在顶视图中单击并拖动鼠标，创建一个四边形面片对象，创建参数和创建效果分别如图6.87和图6.88所示。

图6.87　设置参数

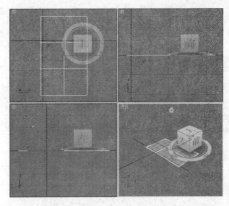

图6.88　创建效果

4 打开【修改】命令面板，单击【修改器列表】下拉列表框，在弹出的下拉列表中选择网格平滑修改器，然后打开修改器堆栈，选择【顶点】选项，在顶视图中选择中间所有的顶点，如图6.89所示。

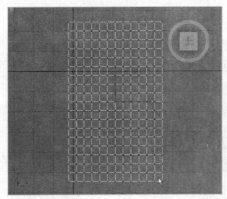

图6.89　选择中间的顶点

5 在主工具栏中单击【选择并移动】按钮，在前视图中沿Y轴向上移动至如图6.90所示的位置。

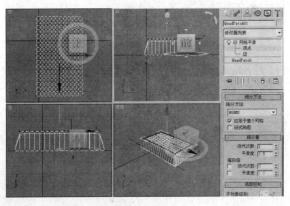

图6.90　移动顶点

6 按住【Ctrl】键的同时在顶视图中选择四周的顶点，每间隔一个顶点选择一个，如图6.91所示。

7 单击主工具栏上的【选择并均匀缩放】按钮，然后沿XY平面进行缩放，效果如图6.92所示。

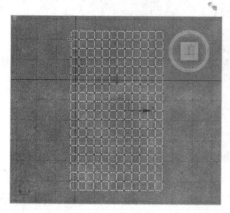

图6.91　选择顶点

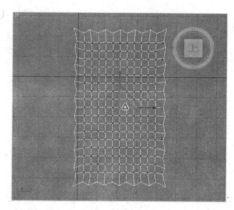

图6.92　缩放后的效果

8 在顶视图中选择上边的一些顶点（如图6.93所示），然后在前视图中沿Y轴向上移动，作为枕头，如图6.94所示。

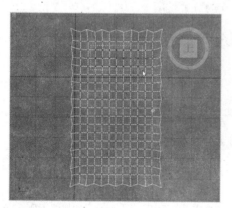

图6.93　选择顶点

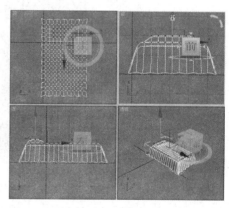

图6.94　制作的枕头效果

9 单击主工具栏上的【材质编辑器】按钮，弹出【材质编辑器】对话框。展开【贴图】展卷栏，单击【漫反射颜色】后面的【None】按钮，在打开的对话框中双击【位图】选项。

10 在打开的【选择位图图像文件】对话框中选择需要的图像文件，如图6.95所示，单击【打开】按钮，返回【材质编辑器】对话框。

11 在视图中选择单人床，在【材质编辑器】对话框的水平工具栏中单击【将材质指定给选定对象】按钮，将材质赋予对

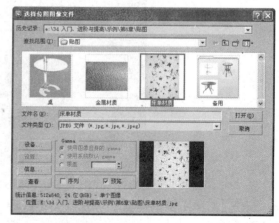

图6.95　选择图像文件

象。然后，单击【在视口中显示标准贴图】按钮，此时在视图中显示贴图效果，如图6.96所示。

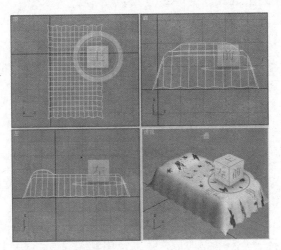

图6.96　赋予材质后的效果

12 打开【修改】命令面板，单击【修改器列表】下拉列表框，在弹出的下拉列表中选择UVW贴图修改器，在【参数】展卷栏中选中【长方体】单选按钮，然后将【长度】、【宽度】、【高度】均设置为"500mm"，如图6.97所示。

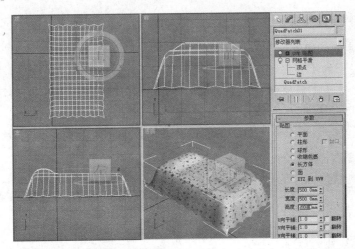

图6.97　添加UVW贴图修改器

提示　为赋予材质后的对象添加UVW贴图修改器，可以单独修改对象的纹理大小而不影响视图中其他对象的纹理。

6.2.5　制作砖墙材质

本例通过对漫反射贴图通道和凹凸贴图通道指定位图贴图，并将其赋予创建的对象，再添加UVW贴图修改器，从而得到砖墙效果。

最终效果

本例制作完成后的效果如图6.98所示。

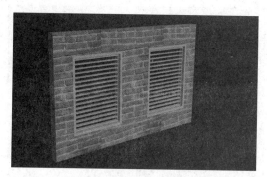

图6.98 砖墙材质的实例效果

解题思路

- 打开文件，然后选择一个新的材质球，对漫反射贴图通道指定位图贴图。
- 将对漫反射贴图通道指定的贴图复制给凹凸通道，并修改凹凸通道的【数量】值。
- 将创建的材质赋予给作为墙体的长方体对象。
- 添加UVW贴图修改器，并修改其参数，得到最终的砖墙材质效果。

操作步骤

本例的具体操作步骤如下：

1　打开本书第4章中创建的"百叶窗.max"文件。

2　单击主工具栏上的【材质编辑器】按钮，弹出【材质编辑器】对话框。单击展开【贴图】展卷栏，单击【漫反射颜色】后面的【None】按钮，在打开的对话框中双击【位图】选项，如图6.99所示。

3　在打开的【选择位图图像文件】对话框中选择需要的图像文件，如图6.100所示。

图6.99 双击【位图】选项

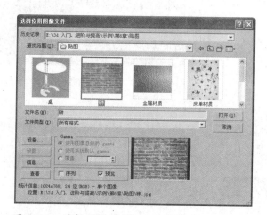

图6.100 选择图像文件

4　单击【打开】按钮，返回【材质编辑器】对话框。双击添加贴图后的材质，查看砖墙材质的效果，如图6.101所示。

5 在行工具栏上单击【转到父对象】按钮，返回第一层级，然后在【漫反射颜色】后的长按钮上右击鼠标，从弹出的快捷菜单中选择【复制】命令，如图6.102所示。

图6.101 材质效果

图6.102 选择【复制】命令

6 将鼠标光标移动到凹凸贴图通道上，使用快捷菜单粘贴贴图，选择【粘贴（实例）】命令，如图6.103所示。

7 完成贴图复制后，将凹凸贴图通道的【数量】值设置为"–100"，如图6.104所示。

图6.103 选择【粘贴（实例）】命令

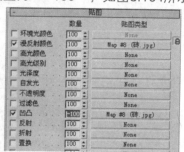

图6.104 设置贴图通道的参数

 提示 如果要表现出凹凸不平的砖墙效果，则可以在凹凸通道中添加与漫反射颜色通道中不一样的贴图，这样会得到一种很好的效果。

8 在视图中选择作为墙体的长方体，在【材质编辑器】对话框的水平工具栏中单击【将材质指定给选定对象】按钮，将材质赋予对象。然后，单击【在视口中显示标准贴图】按钮，此时在视图中显示贴图效果，如图6.105所示。

9 打开【修改】命令面板，单击【修改器列表】下拉列表框，在弹出的下拉列表中选择UVW贴图修改器，在【参数】展卷栏中选中【长方体】单选按钮，然后设置【长度】和【宽度】为"2000mm"、【高度】为"500mm"，如图6.106所示。

图6.105 赋予材质后的效果

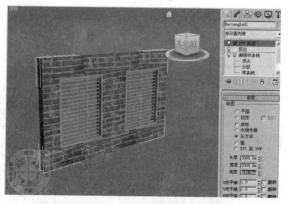

图6.106 添加UVW贴图修改器

6.3 提高——自己动手练

本节将对材质的应用进行进一步的讲解，主要介绍如何制作大理石材质、磨砂玻璃材质以及折射材质。

6.3.1 大理石材质的制作

本小节将介绍如何制作大理石材质。使用平铺材质模拟大理石地面，然后添加光线跟踪贴图，模拟大理石的反射效果。

最终效果

制作完成后的大理石材质效果如图6.107所示。

图6.107　大理石材质的最终效果

解题思路

🔍 创建长方体对象，模拟地面。创建圆柱体对象，作为观察大理石地面反射效果的柱子。

🔍 打开【材质编辑器】对话框，对漫反射贴图通道指定平铺材质。

🔍 为平铺材质指定位图贴图，并修改平铺材质的参数。

🔍 为反射贴图通道添加光线跟踪贴图，并修改其【数量】值。

🔍 将反射贴图通道的贴图复制到凹凸贴图通道上。

🔍 将创建好的材质赋予作为地面的长方体对象。

操作提示

1　重置场景，将单位设置为毫米。

2　在【几何体】面板中单击【长方体】按钮，在顶视图中创建一个长方体对象，作为地面，创建参数和创建效果如图6.108和图6.109所示。

3　在顶视图中创建两个圆柱体，作为观察大理石地面反射效果的柱子，并使用移动工具将其调整到合适的位置，如图6.110所示。

4　选中长方体对象，单击工具栏上的【材质编辑器】按钮，打开【材质编辑器】对话框。选择第一个样本球，设置其参数为：明暗处理器为"Phong"、【高光级别】为

"30"、【光泽度】为"20",如图6.111所示。

图6.108 创建参数

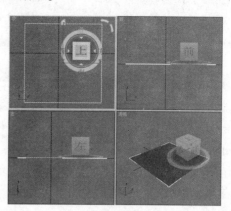

图6.109 创建的长方体

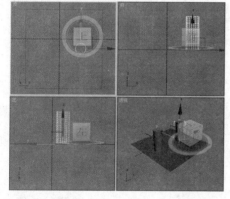

图6.110 创建的圆柱体

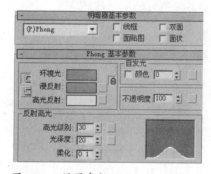

图6.111 设置参数

5 展开【贴图】展卷栏,单击漫反射贴图通道后面的按钮,在打开的对话框中选择【平铺】选项,如图6.112所示。

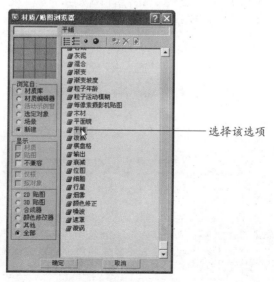

图6.112 选择【平铺】选项

6 单击【确定】按钮，完成操作。在【材质编辑器】对话框中展开【标准控制】展卷栏，设置【预设类型】为"堆栈砌合"，如图6.113所示。

图6.113　选择【堆栈砌合】选项

7 展开【高级控制】展卷栏，单击【平铺设置】区域中【纹理】右侧的【None】按钮，如图6.114所示。

8 在弹出的【材质/贴图浏览器】对话框中双击【位图】选项，在打开的对话框中选择需要的图像文件，如图6.115所示。

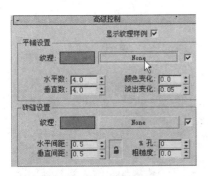

图6.114　单击【None】按钮

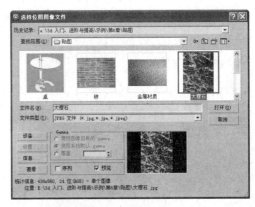

图6.115　选择位图文件

9 单击【打开】按钮，返回【材质编辑器】对话框。单击行工具栏上的【转到父对象】按钮，返回上一个层级。在【高级控制】展卷栏中单击【砖缝设置】区域中【纹理】右侧的色块，在弹出的对话框中设置砖缝颜色的R，G和B值均为"130"，设置【水平间距】和【垂直间距】为"0.2"，如图6.116所示。

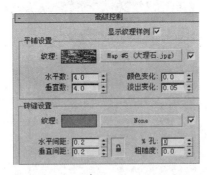

图6.116　设置参数

 提示
如果要调整每一块大理石地板的尺寸，只需调整【水平数】和【垂直数】数值即可；调整【水平间距】和【垂直间距】的数值就是调整地板砖之间的压线宽度。

10 单击【转到父对象】按钮，返回基本材质编辑界面。单击反射贴图通道右侧的按钮，在打开的对话框中双击【光线跟踪】选项。

11 单击【转到父对象】按钮，返回基本材质编辑界面，设置反射贴图通道的【数量】值为 "30"。

12 在【贴图】展卷栏中将漫反射贴图通道的贴图复制到凹凸贴图通道上，单击凹凸贴图通道按钮，在【高级控制】展卷栏中取消选中【平铺设置】区域中【纹理】右侧的复选框，如图6.117所示。

13 单击【转到父对象】按钮，返回基本材质编辑界面，如图6.118所示。

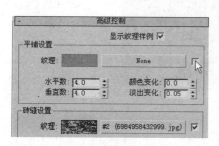

图6.117 取消选中复选框

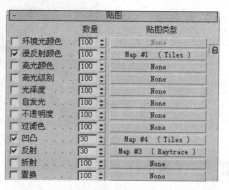

图6.118 编辑完成后的【贴图】展卷栏

14 在视图中选中长方体对象，在【材质编辑器】对话框的水平工具栏中单击【将材质指定给选定对象】按钮，将材质赋予对象。

15 按【Shift+Q】组合键，快速渲染图像，效果如图6.119所示。

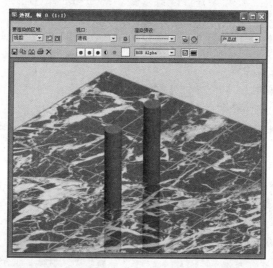

图6.119 渲染效果

6.3.2 磨砂玻璃材质的制作

本小节将介绍如何制作磨砂玻璃材质。首先，设置漫反射贴图的参数，将其赋予长方体四周的面。然后，添加光线跟踪材质，并在凹凸贴图通道上添加噪波贴图，将其赋予长方体的前后两个面。

最终效果

制作完成后的磨砂玻璃材质效果如图6.120所示。

图6.120 磨砂玻璃材质的最终效果

解题思路

🔍 创建长方体对象，模拟玻璃，并将其转换为可编辑多边形，然后选中四周的面。

🔍 打开【材质编辑器】对话框，设置漫反射贴图通道的参数，将其赋予选中的面。

🔍 选中长方体的前后两个面，选择一个新的材质球，为其添加光线跟踪材质，并修改其参数。

🔍 为凹凸贴图通道添加噪波贴图并修改其参数，然后将其赋予长方体的前后两个面。

🔍 用同样的方法设置另一个长方体，然后进行渲染。

操作提示

1 重置场景，将单位设置为毫米。

2 在【几何体】面板中单击【长方体】按钮，在顶视图中创建一个长方体对象，作为地面，再在前视图中创建两个长方体，作为玻璃造型，如图6.121所示。

3 选中地面，打开【材质编辑器】对话框，利用前一节中介绍的方法为地面赋予大理石材质，如图6.122所示。

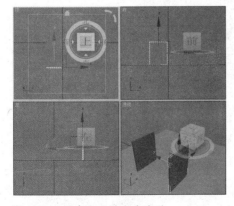

图6.121 创建地面和玻璃造型

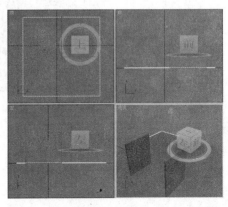

图6.122 为地面赋予材质

4 选中两个玻璃造型，单击鼠标右键，从弹出的快捷菜单中选择【转换为】→【转换为可编辑多边形】命令，将长方体转换成为可编辑多边形。

5 选中一个玻璃造型，打开【修改】命令面板，在修改器堆栈中选择【多边形】选项，选中长方体四周的面，如图6.123所示。

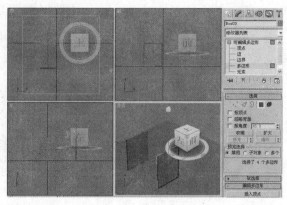

图6.123　选择需要的面

6 单击工具栏上的【材质编辑器】按钮，打开【材质编辑器】对话框，选择第二个样本球。

7 在【明暗器基本参数】展卷栏中选中【双面】复选框。设置漫反射颜色为青色（即"R=0，G=50，B=5"）、【高光级别】为"120"、【光泽度】为"60"、【不透明度】为"50"。单击垂直工具栏上的【背景】按钮，效果如图6.124所示。

8 在【材质编辑器】对话框中单击水平工具栏上的【将材质指定给选定对象】按钮，将材质赋予对象，如图6.125所示。

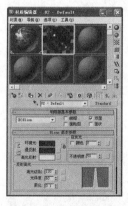

图6.124　编辑材质

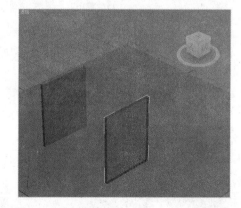

图6.125　赋予材质

9 按【Ctrl+I】组合键反选长方体前后两个大的面，在【材质编辑器】对话框中选择第三个样本球。

10 单击【Standard】按钮，在弹出的对话框中双击【光线跟踪】选项，将材质类型转换为光线跟踪材质，如图6.126所示。

11 在【光线跟踪基本参数】展卷栏中将漫反射颜色设置为纯白（即R，G和B值均为"255"），取消选中【反射】右侧的复选框，并设置反射值为"10"`，取消选中【透明度】右侧的复选框，并设置透明度为"80"。

12 在【光线跟踪基本参数】展卷栏中设置【高光级别】为"120"、【光泽度】为"60"，如图6.127所示。

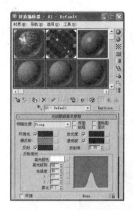

图6.126　光线跟踪材质编辑界面　　　　　图6.127　设置参数

13 展开【贴图】展卷栏，单击凹凸贴图通道按钮，在打开的对话框中双击【噪波】选项，设置噪波贴图。在【噪波参数】展卷栏中设置【大小】为"0.3"，如图6.128所示。

图6.128　设置噪波大小

14 单击【转到父对象】按钮，返回光线跟踪材质编辑界面，展开【扩展参数】展卷栏，将【附加光】、【半透明】和【荧光】的颜色均设置为绿色，即"R=50，G=250，B=120"，如图6.129所示。

15 在【材质编辑器】对话框中单击水平工具栏上的【将材质指定给选定对象】按钮，将材质赋予对象，如图6.130所示。

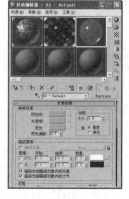

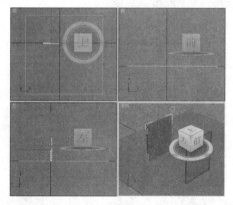

图6.129　设置材质　　　　　　　　　图6.130　赋予材质

16 选择另一个玻璃造型，打开【修改】命令面板，在修改器堆栈中选择【多边形】选项，在视图中选择长方体四周的面。

17 在【材质编辑器】对话框中选择第二个样本球，单击【将材质指定给选定对象】按钮，将材质赋予对象。

18 按【Ctrl+I】组合键反选长方体前后两个大的面，在【材质编辑器】对话框中选择第三个样本球，单击【将材质指定给选定对象】按钮，将材质赋予对象，如图6.131所示。

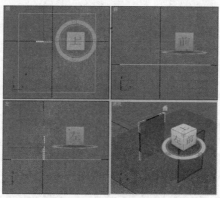

图6.131　赋予材质

19 按【Shift+Q】组合键，快速渲染图像。

6.3.3　折射材质的制作

本小节将介绍如何制作折射材质。首先，创建杯子、水和吸管这些基本模型，设置折射贴图的参数，添加光线跟踪材质，将其赋予水杯对象。然后，选择一个新的材质球，为折射贴图通道添加光线跟踪贴图，将材质赋予水对象，设置背景渐变效果。最后，进行渲染。

最终效果

制作完成后的折射玻璃杯效果如图6.132所示。

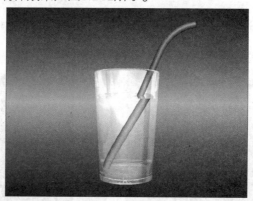

图6.132　折射玻璃杯的最终效果

解题思路

🔍 绘制线形，利用车削修改器制作水杯对象和水对象。

🔲 创建圆柱体对象，模拟吸管。

🔲 打开【材质编辑器】对话框，设置明暗器为Phong，并修改其参数。

🔲 为反射贴图通道添加反射/折射贴图，为折射贴图通道添加光线跟踪贴图，将材质赋予水杯对象。

🔲 选择一个新的材质球，设置Blinn基本参数。

🔲 为折射贴图通道添加光线跟踪贴图，将材质赋予水对象。

🔲 选择一个新的材质球，添加渐变材质，并修改其参数。

🔲 打开【环境和效果】对话框，将创建的渐变材质复制到环境贴图上，然后进行渲染。

操作提示

1 重置场景，将单位设置为毫米。

2 在【图形】面板中单击【线】按钮，在前视图中绘制一条如图6.133所示的封闭曲线，并将其命名为"水杯"。如果绘制的点的位置不合适，可以先绘制出大概的形状，然后在【修改】命令面板中对其进行详细的调整。

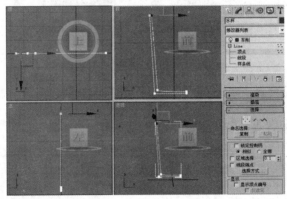

图6.133　绘制线条

3 单击【修改】命令面板，打开修改器下拉列表，在其中选择车削修改器。然后，在【参数】展卷栏的【对齐】区域中单击【最大】按钮，水杯模型就制作好了，效果如图6.134所示。

4 下面我们来制作杯中的水。单击【线】按钮，在前视图中创建如图6.135所示的曲线，并将其命名为"水"。

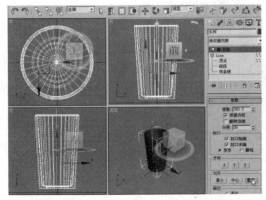

图6.134　制作的水杯

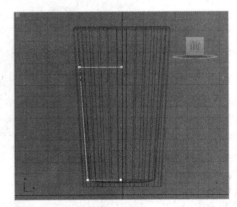

图6.135　绘制线条

5 单击【修改】命令面板，打开修改器下拉列表，在其中选择车削修改器。然后，在【参数】展卷栏的【对齐】区域中单击【最大】按钮，水模型就制作好了，效果如图6.136所示。

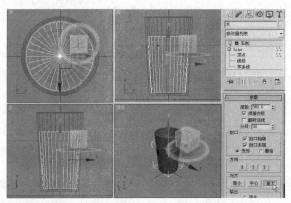

图6.136　制作的水模型

6 下面来制作吸管。利用【圆柱体】按钮在视图中创建一个圆柱体，并将其命名为"吸管"。具体参数设置如图6.137所示。

图6.137　创建圆柱体

7 单击【修改】命令面板，打开修改器下拉列表，在其中选择弯曲修改器。然后，在【弯曲】区域中将【角度】设置为"60"，并调整吸管的位置，效果如图6.138所示。

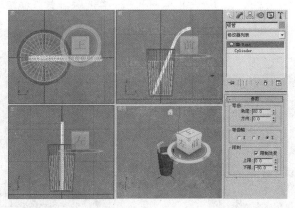

图6.138　制作好的吸管

8 下面我们来分别为水杯和水赋予材质。选中场景中的水杯对象，按【M】键打开【材质编辑器】对话框。

9 选择一个材质球，将其命名为"水杯"，打开【明暗器基本参数】展卷栏，单击渲染模式下拉按钮，从打开的下拉列表中选择【Phong】选项，并选中【双面】复选框，如图6.139所示。

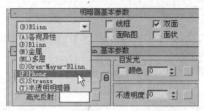

图6.139　设置参数

10 打开【Phong基本参数】展卷栏，将环境光和漫反射的RGB颜色设置为"191，191，191"，将高光反射的RGB颜色设置为"255，255，255"，并将【不透明度】设置为"0"，将【反射高光】区域中的【高光级别】设置为"35"，将【光泽度】设置为"50"，将【柔化】设置为"0.53"，如图6.140所示。

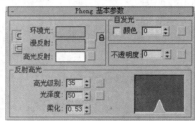

图6.140　设置参数

11 打开【贴图】展卷栏，将反射的【数量】值设置为"20"，然后单击【反射】右侧的【None】按钮，从打开的【材质/贴图浏览器】对话框中选择【反射/折射】选项，单击【确定】按钮。

12 在【贴图】展卷栏中单击【折射】右侧的【None】按钮，从打开的【材质/贴图浏览器】对话框中选择【光线跟踪】选项，然后单击【确定】按钮。此时的【贴图】展卷栏如图6.141所示。

13 单击【将材质指定给选定对象】按钮，将材质赋予水杯对象，效果如图6.142所示。

图6.141　【贴图】展卷栏

图6.142　赋予材质后的效果

14 在材质编辑器中选择一个新的材质球，将其重命名为"水"，然后打开【Blinn基本参数】展卷栏，设置环境光和漫反射的RGB颜色为"228，235，236"，并将【反射高光】区域中的【高光级别】设置为"48"，将【光泽度】设置为"24"，如图6.143所示。

15 打开【贴图】展卷栏，将折射的【数量】值设置为"90"，单击右侧的【None】按钮，从打开的【材质/贴图浏览器】对话框中选择【光线跟踪】选项，然后单击【确定】按钮。

16 单击材质编辑器中的【将材质指定给选定对象】按钮，将材质赋予给水对象。

17 按【Shift+Q】组合键渲染图像，效果如图6.144所示。此时的效果并不是很理想，我们接下来为其添加背景效果。

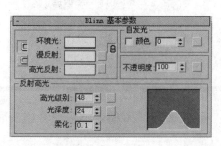

图6.143　设置参数

图6.144　赋予材质后的效果

18 在材质编辑器中选择一个新的材质球，然后单击【获取材质】按钮，从打开的【材质/贴图浏览器】对话框中选择【渐变】选项。

19 单击【确定】按钮，打开【渐变参数】展卷栏，如图6.145所示。

图6.145　【渐变参数】展卷栏

20 单击【颜色 #1】后面的颜色框，将RGB颜色设置为"0，13，183"。同理，设置【颜色 #2】的RGB颜色为"185，188，255"，设置【颜色 #3】的RGB颜色为"0，13，183"。

21 执行【渲染】→【环境】命令，打开【环境和效果】对话框，在材质编辑器中单击渐变材质球，然后按住鼠标不放将其拖动到【环境和效果】对话框中的【无】按钮上，如图6.146所示。

22 释放鼠标，弹出如图6.147所示的对话框，单击【确定】按钮。

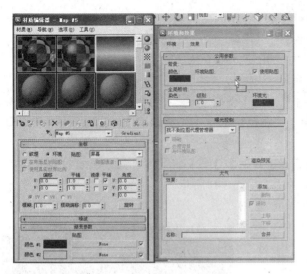

图6.146 拖动鼠标

图6.147 提示框

23 按【Shift+Q】组合键，快速渲染图像。

6.4 答疑与技巧

问：在编辑材质时，有时要查看材质的细节效果，结果发现样本槽太小了，看起来很不方便，可不可以把样本槽放大呢？

答：遇到这种情况可以将样本槽放大显示，有如下几种方法：

在【材质编辑器】对话框的菜单栏中选择【材质】下拉菜单中的【启动放大窗口】命令。

右键单击样本槽，在弹出的快捷菜单中选择【放大】命令。

双击样本槽。

放大后的样本槽如图6.148所示。

图6.148 放大的样本槽

问：如果不想要样本槽中的材质，怎样将它删除呢？

答：当用户不再需要样本槽中的某种材质时，可以将其删除，方法如下：

将其他样本槽中的材质用鼠标拖曳到该材质中，这样就可以覆盖原来的材质了。

激活要删除的材质，单击【重置贴图/材质为默认设置】按钮，这时会弹出一个提示框，如图6.149所示。单击【是】按钮，即可删除材质。

图6.149 【材质编辑器】提示框

当用此按钮删除已被应用于场景对象的材质时，会弹出一个提示框，如图6.150所示。

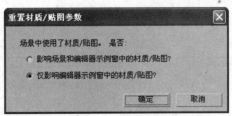

图6.150 【重置材质/贴图参数】提示框

在此对话框中有两个单选按钮，第一个单选按钮提示使用此单选按钮将会影响场景中的材质/贴图，第二个单选按钮提示使用此单选按钮将仅影响样本槽中的材质/贴图。

问：UVW贴图修改器和UVW展开修改器有什么区别和联系？

答：UVW贴图修改器用于为对象表面指定贴图坐标，以确定贴图材质如何投射到对象的表面；UVW展开修改器用于为次级结构对象指定平面贴图，还可以利用展开选定区域的方式编辑贴图的坐标，将贴图的形状适配于选定的对象或其次级结构对象。UVW展开修改器可以配合UVW贴图修改器一同使用，使贴图方式不仅仅局限于平面贴图，还可以使用柱状贴图或球面贴图。另外，UVW展开修改器的变换操作还可以被记录为动画。

结束语

本章介绍了材质和贴图的应用，熟练掌握材质的操作，能够使创建的模型更具有质感。在实际运用过程中，应注重遵循现实生活中的事物规律。

Chapter 7

第7章
灯光与摄影机

本章要点

入门——基本概念与基本操作

- 灯光的基础知识
- 常用的灯光类型
- 设置灯光参数
- 摄影机的类型
- 摄影机的参数
- 创建灯光
- 创建摄影机

进阶——典型实例

- 制作室内灯光
- 制作自由线光源效果
- 光域网的使用

提高——自己动手练

- 居室射灯的制作
- 室外效果的制作
- 阳光照射效果的制作

答疑与技巧

本章导读

灯光和摄影机是表现造型的有力工具，要制作出好的三维场景，除了场景模型要建得精细、材质要做得逼真之外，还必须合理地利用摄影机调整场景的观察角度和透视关系，而且还要利用灯光烘托气氛和表现效果图的层次感。

本章主要介绍在3ds Max 2009中使用灯光和摄影机来烘托场景的方法。如果没有好的光照效果和摄影机的配合，就好像绘制了一幅完美的画不将其放置在室内而将其摆在黑暗的柜子中一样，无论这幅画绘制得多漂亮，都不能让人得到美的感受。因此，掌握本章的内容是非常重要的。

7.1 入门——基本概念与基本操作

灯光与摄影机对最后的渲染效果起着很重要的作用。好的灯光设置可以充分烘托场景气氛、突出场景特色、增强场景的整体效果。正确放置摄影机可以突出场景中的主角。

7.1.1 灯光的基础知识

灯光是表现造型的又一个有力工具，要制作出好的三维场景，除了场景模型要建得精细、材质要做得逼真之外，还必须为场景制作出仿现实的光照效果。

在效果图的制作过程中，将材质和灯光两者恰当地结合起来，可以更加充分地表现造型、烘托场景气氛、体现造型的立体感和层次感。

在使用3ds Max 2009制作效果图的过程中，布光应遵循以下几点原则：

- 在3ds Max 2009场景中要注意"留黑"，这样会使灯光的设置有调节的余地，并产生微妙的光影变化。切勿将灯光设置得太多、太亮，使整个场景一览无余，亮得没有层次和变化，同时应谨慎使用黑色。

- 场景中的灯光数目尽可能少。过多的灯光会使场景中的对象看上去过于平板，减少了空间的层次，而且也不利于灯光的管理。另外，要注意灯光投影与阴影贴图及材质贴图的用处，能用贴图替代灯光的地方最好用贴图去做，以免影响渲染时的速度。

- 在场景中设置聚光灯的时候，应当注意聚光灯的位置与投射角度，不正确的投光角度往往会破坏场景中对象的个性特征。

- 灯光要体现场景的明暗分布，要有层次性。应该根据实际需要选用不同种类的灯光，决定灯光是否投影以及阴影的浓度，决定灯光的亮度与对比度，等等。要实现更真实的效果，一定要在灯光衰减方面下一番功夫。可以利用暂时关闭某些灯光的方法排除干扰，以便对其他灯光进行更好的设置。

- 要综合考虑灯光和对象投射的阴影。

在3ds Max 2009室内效果图设计中常用的布光方法有以下两种。

1. 三点布光法

三点布光法又称为三角形照明法，就是利用3个光源对场景进行照明，这3个光源分别称为主光源、辅助光源和背光源。

主光源

主光源是场景中强度最大的光源，一般位于物体前下方右侧，照亮大部分场景并投射阴影。

辅助光源

辅助光源位于主光源的两侧，用来照亮物体的侧面。辅助光源常用泛光灯来表现，其亮度应暗于主光源。

背光源

背光源通常位于物体背部上方，目的是使物体从背景中脱离出来，其亮度略弱于主光源和辅助光源，它可以使场景中的物体更具有立体感。

当场景很大，用简单的三角形照明不能对场景中所有对象进行全面而有效的照明时，可以将场景中的对象分成若干区域分别照明，对区域中的具体对象仍旧采用三点布光法照明。

2. 灯光阵列法

灯光阵列法是近年来效果图制作中很流行的一种布光法，其目的就是在3ds Max 2009中模拟仿现实的全局照明，当改变场景的观察角度时，场景中的灯光依然能够正确表现该角度上的场景效果。

灯光阵列法的原理就是根据场景空间范围大小使用不同数量的泛光灯来模拟环境光和物体反弹光，泛光灯之间一般保持等距且都会开启阴影设置。灯光阵列法在渲染时较三点布光法花费的时间更长，但渲染效果会大幅改善。

7.1.2 常用的灯光类型

使用灯光可以为场景产生真实世界的视觉感受，合适的灯光设置可以为场景增添重要信息和情感。3ds Max 2009中包括两大类灯光，它们分别是标准灯光和光度学灯光，如图7.1所示。

图7.1 灯光下拉列表

本节就来介绍这两种类型的灯光。每种类型的灯光还细分为其他多种灯光，用户可以根据不同需要选择不同类型的灯光。

1. 标准灯光

单击【创建】命令面板，然后单击【灯光】按钮，从灯光下拉列表中选择【标准】选项，打开标准灯光创建面板，如图7.2所示。

图7.2 标准灯光创建面板

下面简单介绍标准灯光中的几种常用灯光。

* 目标聚光灯：使用它可以在某方向上照射物体并产生投射阴影，照射范围之外的物体不受该聚光灯的影响。目标聚光灯产生的是锥形的照射区域，目标聚光灯有投射点和目标点两个图标可调。它的优点是方向性好，可以产生优秀的静态仿真效果；缺点是进行动画照射时不易控制方向，两个图标的调节常使发射范围改变，不易进

行跟踪照射。

提示 创建目标聚光灯时，此目标聚光灯的目标点同时被创建。一般情况下，目标点名为"聚光灯的名字.target"，选中目标点即可在【修改】命令面板的名称和颜色框中看到它的名称。默认情况下，创建的第一个目标点被命名为spot01.traget。如果不想显示目标点，还可以在参数展卷栏中将其取消显示。

自由聚光灯：默认情况下，自由聚光灯也产生锥形的照射区域，只是它是一种受限制的目标聚光灯，即没有投射目标的聚光灯。因此，自由聚光灯无法在视图中对发射点和目标点分别进行调整。使用它可以调整光束的大小、范围，还可以被对象遮断，但无法对目标点进行调节。在动画中，可以维持投射范围不变，特别适合一些特殊的动画，如摇晃的船桅灯、晃动的手电筒以及舞台上的投射灯等。

目标平行光：可以产生单方向的平行照射区域，与目标聚光灯类似，都属于目标型的光源，区别在于它发出的是圆柱形或矩形的平行光源，以平行方式投射光束，类似于太阳光。它经常用于模拟太阳光的照射，常被用于户外场景中。如果作为质量光源，它可以产生一个光柱，用来模拟探照灯、激光光束等特殊效果。

自由平行光：与目标平行光一样，也产生平行的照射区域。这是一种受限制的目标平行光，它们的关系与自由聚光灯和目标聚光灯的关系类似，自由平行光也没有目标点，不能在视图中调整目标点，只能进行投射点的移动或旋转操作，这样可以保证照射范围不发生变化。如果在制作动画时对灯光的范围有固定要求，则可以使用自由平行光。

注意 在放置平行光时，无论是目标平行光还是自由平行光，放置到物体的不同位置或角度会对最后的渲染效果产生不同的影响。此时的渲染效果是根据前视图中的灯光位置渲染出来的，用户在使用这些灯光时，可以尝试将其放置在不同的位置和角度来查看不同的渲染效果。

泛光灯：泛光灯的图标为正八面体，可以向四周发散光线，它提供均匀的照明，没有方向性。标准的泛光灯用来照亮场景，照射的区域大，但无法控制光束的大小。使用泛光灯可以模拟灯泡、吊灯等光源。

天光：能够模拟日照效果。在3ds Max 2009中，有好几种可以模拟日照效果的灯光，但如果配合光线跟踪渲染方式，天光照射的物体往往能产生最生动的效果。天光是一种圆顶的光源，可以作为场景中唯一的光源。

mr区域泛光灯：配合mental ray渲染器的灯光，可以从一个定义好的区域投射灯光，形成球形或圆柱形的照明区域。

mr区域聚光灯：配合mental ray渲染器的灯光，可以从一个定义好的区域投射灯光，形成矩形或圆盘形的照明区域。

2. 光度学灯光

单击【创建】命令面板，然后单击【灯光】按钮，从灯光下拉列表中选择【光度学】选项，打开光度学灯光创建面板，如图7.3所示。

图7.3　光度学灯光创建面板

下面简单介绍光度学灯光中的几种常用灯光。

 目标灯光：目标灯光具有可以用于指向灯光的目标子对象。单击【目标灯光】按钮，会自动弹出【创建光度学灯光】对话框，如图7.4所示。

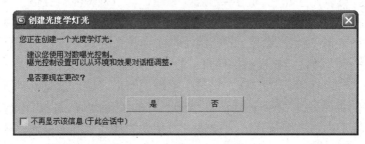

图7.4　【创建光度学灯光】对话框

 自由灯光：自由灯光不具备目标子对象，可以通过使用变换瞄准它。

注意 当添加目标灯光时，3ds Max 2009会自动为其指定注视控制器，且灯光目标对象指定为注视目标。可以使用【运动】面板上的控制器设置将场景中的任何其他对象指定为注视目标。

7.1.3　设置灯光参数

以目标聚光灯为例，在场景中创建了灯光后，在命令面板中会看到灯光的常用参数展卷栏，包括【常规参数】展卷栏、【强度/颜色/衰减】展卷栏、【聚光灯参数】展卷栏、【高级效果】展卷栏、【阴影参数】展卷栏和【阴影贴图参数】展卷栏等，如图7.5所示。

图7.5　目标聚光灯的常用参数展卷栏

下面我们将介绍在创建灯光以及设置参数过程中比较常用的选项的含义。

【常规参数】展卷栏

创建灯光之后，展开【常规参数】展卷栏，如图7.6所示。

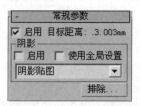

图7.6 【常规参数】展卷栏

该展卷栏中主要选项的功能如下所述。

- 【阴影】区域中的【启用】复选框：选中该复选框，会使当前的灯光物体产生阴影。
- 【阴影】区域中的下拉列表框：该下拉列表框用于选择阴影的类型，包括【mental ray 阴影贴图】、【高级光线跟踪】、【区域阴影】、【阴影贴图】和【光线跟踪阴影】等选项；如图7.7所示。
- 【排除】按钮：使用此按钮，可以指定哪些物体不受灯光的照射影响，包括照明影响和阴影影响。单击此按钮，会弹出如图7.8所示的【排除/包含】对话框。

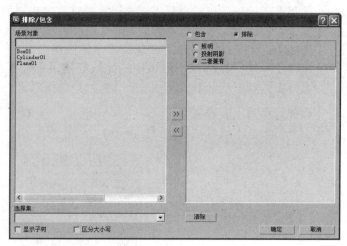

图7.7 阴影类型　　　　图7.8 【排除/包含】对话框

【强度/颜色/衰减】展卷栏

【强度/颜色/衰减】展卷栏如图7.9所示。

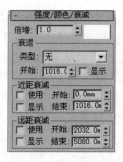

图7.9 【强度/颜色/衰减】展卷栏

该展卷栏中主要选项的功能如下所述。

 【倍增】：用于控制灯光的强度。例如，倍增值为"2"的灯光的亮度是倍增值为"1"的灯光的亮度的两倍。倍增值越大，灯光看起来就越亮，而与灯光的颜色无关。

 【倍增】右侧的色块：用于选择灯光的颜色。

 【衰退】：用于进行附加的光线衰减控制，可以提供强烈的衰减效果。在该区域中，可以从【类型】下拉列表框中选择衰减类型，有【无】、【倒数】和【平方反比】3个选项供选择。【开始】数值框用十设置衰减的起始位置。

> **提示** 在灯光衰减类型中，【无】表示不产生衰减，【倒数】表示按到灯光的距离线性衰减，【平方反比】表示按距离的指数衰减。【平方反比】最接近真实的灯光，但是对于计算机绘制的图像而言，它通常太暗了，可以通过增大倍增值来弥补这一点。

 【近距衰减】：用于设置光线开始减弱的距离，即灯光高度在光源到指定起点之间保持为0，在起点到指定终点之间不断增强，在终点以外保持为颜色和倍增控制所指定的值，或者改变【远距衰减】的控制。

 【远距衰减】：用于设置光线减弱为0的距离，即光源与起点之间保持颜色和倍增控制的灯光亮度，在起点到终点之间灯光亮度一直降为0。

 【使用】：用于开启或关闭近距或远距衰减开关。

 【显示】：选中此复选框，会使减弱距离和衰减值在视图中可见，并且显示范围线框。

 【开始】：用于设置灯光开始淡入/淡出的位置。

 【结束】：【近距衰减】区域中的此数值框用于设置灯光达到最大值的位置，而【远距衰减】区域中的此数值框用于设置灯光降为0的位置。

【聚光灯参数】展卷栏

【聚光灯参数】展卷栏如图7.10所示。

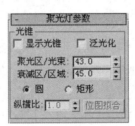

图7.10　【聚光灯参数】展卷栏

该展卷栏中主要选项的功能如下所述。

 【聚光区/光束】：调节灯光的锥形区，以角度进行衡量。标准聚光灯在聚光区内的强度保持不变。此数值框只有在取消选中【泛光化】复选框时才起作用，否则处于灰色不可用状态。调节此数值框的值可以改变聚光区的角度范围。

 【衰减区/光域】：调节灯光的衰减区域，也以角度进行衡量。在此范围外的对象将不受任何灯光的影响。此范围与聚光区之间光线由强到弱进行衰减变化。调节此数值框的值可以改变衰减区的角度范围。

【高级效果】展卷栏

【高级效果】展卷栏如图7.11所示。

图7.11 【高级效果】展卷栏

该展卷栏中主要选项的功能如下所述。

- 【对比度】：用于调整高光区与过渡区之间表面的对比度。默认情况下，此值为"0"，表示正常效果。取值范围在0~100之间，增大此值，会产生刺目的反光效果。
- 【柔化漫反射边】：柔化过渡区与阴影区表面之间的边缘，避免产生清晰的明暗分界。如果使用了柔化过渡边界，则会细微地降低灯光亮度，可以通过适当增大倍增值来弥补。
- 【漫反射】：默认情况下，是对整个物体表面产生照射作用，包括过渡区和高光区。取消选中此复选框，则只对高光区产生照射影响。
- 【高光反射】：它经常和【漫反射】复选框配合使用，以产生特殊效果。例如，用一个蓝色的灯光去照射一个对象的过渡区，使其表面受蓝光影响，而使用一个白色的灯光照射它的高光区，产生白色的反光。这样就可以对表面过渡区和高光区进行单独控制了。
- 【仅环境光】：选中此复选框时，灯光仅以环境照明的方式影响对象表面的颜色，类似给对象表面均匀地涂色。
- 【投影贴图】：选中此区域中的【贴图】复选框，单击【无】按钮，可以选择一张图像作为投影图像，使灯光投射出图像的效果来。

【阴影参数】展卷栏

【阴影参数】展卷栏如图7.12所示。

图7.12 【阴影参数】展卷栏

该展卷栏中主要选项的含义如下所述。

- 【颜色】：单击右侧的色块，可以设置对象阴影的颜色。默认为黑色。
- 【密度】：用于调节阴影的密度。默认值为1，增加此值会增加阴影的黑暗程度。此值也可以为负值，这样可以模拟反射效果。
- 【贴图】：此复选框用于为阴影指定贴图。贴图的颜色将与阴影颜色相混。单击【无】按钮，可以选择一个图像作为阴影贴图的图像。
- 【灯光影响阴影颜色】：选中此复选框时，阴影颜色显示为灯光颜色和阴影固有颜色（或阴影贴图颜色）的混合效果。默认情况下，此复选框处于未选中状态。
- 【大气阴影】区域：【启用】复选框用于控制大气是否对阴影产生影响。选中此复选框，当灯光穿过大气时，大气效果能够产生阴影。【不透明度】数值框用于调整阴影透明程度的百分比，【颜色量】数值框用于调节大气颜色和阴影颜色混合程度的百分比。

【阴影贴图参数】展卷栏

【阴影贴图参数】展卷栏如图7.13所示。

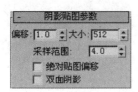

图7.13　【阴影贴图参数】展卷栏

该展卷栏中主要选项的含义如下所述。

- 【偏移】：通过贴图偏移指向或远离阴影投射物体。默认值为1.0。增大此值，阴影会远离物体；减小此值，阴影会靠近物体。
- 【大小】：设置阴影贴图的大小，用于指定贴图的分辨率。此值越大，贴图精度越高，阴影也越清晰，否则阴影越模糊。
- 【采样范围】：用于设置阴影中边缘区域的柔和程度。此值越大，边缘越柔和。此值较小时，配合较大的【大小】值，可以模拟光线跟踪阴影的效果，而渲染时间却很短。取值范围在0.01~50.0之间。
- 【绝对贴图偏移】：以绝对值方式计算贴图偏移的偏移值。默认情况下，此复选框处于取消选中状态，这时可以获得满意的效果。但是在动画中，如果物体运动产生场景范围发生重大变化时，就需要选中此复选框，根据场景情况指定适当的值。

7.1.4　摄影机的类型

在3ds Max 2009中，单击【创建】命令面板中的【摄影机】按钮，可以打开【摄影机】命令面板，在【对象类型】展卷栏中可以看到3ds Max 2009提供的两种类型的摄影机，即目标摄影机和自由摄影机，如图7.14所示。

图7.14　【摄影机】命令面板

目标摄影机用于观察目标点附近的场景对象，它包括摄影机和摄影机目标，因此更易于定位，只要直接将目标点移动到需要的位置上即可。摄影机表示观察点，摄影机目标表示观察到的视点。此种类型的摄影机适合漫游、跟踪，或者空中拍摄、跟踪拍摄或静物拍摄等。

自由摄影机用于观察所指方向的场景对象，多用于轨迹动画的制作。它的方向可以随路径的变化自由变化。如果要设置垂直向上或向下的摄影机动画，则应当选择自由摄影机，这是因为自由摄影机没有目标点，系统会自动约束摄影机自身坐标轴的Y轴正方向尽可能靠近世界坐标系Z轴正方向，即自由摄影机的初始方向是沿着当前视图栅格的Z轴负方向。

7.1.5　摄影机的参数

目标摄影机和自由摄影机的大部分参数是相同的，都包括【参数】展卷栏和【景深参数】展卷栏，下面来介绍这两个展卷栏。

1.【参数】展卷栏

当首次创建摄影机时，只要选定新创建的摄影机，便可以直接在【创建】命令面板的【参数】展卷栏中修改它的各项参数。一旦取消了对摄影机的选定或使用了工具栏中的其他选项，就需要在【修改】命令面板中修改其参数。摄影机的【参数】展卷栏如图7.15所示。

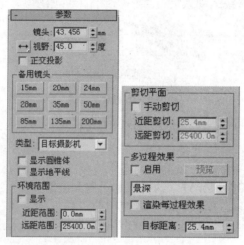

图7.15　【参数】展卷栏

该展卷栏中各个选项的含义如下所述。

- 【镜头】：用于设置摄影机的焦距长短，单位为毫米（mm）。当此值为"48mm"时，为标准人眼的焦距；短焦距将形成鱼眼镜头的效果；长焦距用来观测较远的景色，保证物体不变形。另外，读者还可以在【备用镜头】区域中选择一个预设的镜头类型。
- 【视野】：设置摄影机的视角，根据选择的视角方向调节该方向上的角度大小。摄影机的视角有三种，即水平方向↔、垂直方向↕和对角线方向↗。
- 【正交投影】：选中此复选框，摄影机视图类似于用户视图，这样将消除场景中更靠后的对象的任何透视变形并显示场景中所有边的真正尺寸。取消选中该复选框，摄影机视图如图透视图一样。
- 【备用镜头】：此区域中提供了9种标准的镜头供用户选择。单击其中一个按钮，即可在3ds Max中模拟这些镜头。单击相应的按钮后，上面的镜头值和视角值会根据选择的库存镜头自动更新数值。
- 【类型】：使用【类型】下拉列表框可以改变摄影机的类型，即在目标摄影机和自由摄影机之间切换。
- 【显示圆锥体】：用于在视图中显示表示摄影机范围的锥形框，锥形框只显示在其他类型的视图中，不显示在摄影机视图中。
- 【显示地平线】：用于设置是否在摄影机视图中显示水平线，这条线是深灰色显示的水平位置。

🔍 **【环境范围】**：用于设置环境大气的影响范围，其中的【显示】复选框用于指定是否显示由【近距范围】和【远距范围】数值框决定的黄色范围框。

🔍 **【剪切平面】**：平面是平行于摄影机镜头的平面，以红色带交叉的矩形表示。剪切平面用于排除场景中一些几何体的视图显示或控制只渲染场景中的某些部分。选中此区域中的【手动剪切】复选框，将通过下面的数值自己控制平面的剪切。如果取消选中此复选框，则接近摄影机3个单位以内的物体将不显示。可以使用下面的两个数值框来控制近距剪切和远距剪切平面的距离。

🔍 **【多过程效果】**：在该区域中可以为摄影机指定景深或运动模糊效果。选中【启用】复选框，则景深或运动模糊效果有效。启用此效果后，单击【预览】按钮，可以在激活的摄影机视图中预览景深或运动模糊效果。在该区域中单击下拉按钮，在弹出的下拉列表中可以看到景深或运动模糊的类型，如图7.16所示。

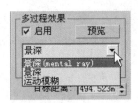

图7.16　类型下拉列表

🔍 **【渲染每过程效果】**：选中此复选框，多重过滤特效的每次渲染计算都进行渲染效果的处理，速度慢但效果真实。如果取消选中此复选框，则只对多重过滤特效重叠计算完成后的图像进行渲染效果处理，这样有利于提高渲染速度。

🔍 **【目标距离】**：对于自由摄影机，可以使用此选项为其设置一个不可见的目标点，使其围绕此目标点进行运动。对于目标摄影机，此选项则用于设置摄影机与目标点之间的距离。

2. 【景深参数】展卷栏

当在【多过程效果】区域的下拉列表框中选择【景深】选项时，可以看到【景深参数】展卷栏，如图7.17所示。

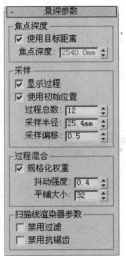

图7.17　【景深参数】展卷栏

该展卷栏中各个选项的含义如下所述。

- 【使用目标距离】：选中此复选框，使用摄影机到目标点之间的距离作为焦点深度；取消选中该复选框，使用下面的【焦点深度】参数确定焦点深度；默认情况下为选中状态。
- 【焦点深度】：如果取消选中【使用目标距离】复选框，则可以使用此参数来指定焦距深度。此位置是摄影机的聚焦点，所有近于或远于此位置的场景对象都在某种程度上有些模糊，模糊程度取决于距离焦点的远近。该参数的取值范围在0~100之间，值较小时会产生紊乱的模糊效果，值较大时会模糊较远的场景部分。
- 【显示过程】：选中此复选框，渲染时虚拟缓存器中显示多重过滤的每个单独的变化，否则只显示最终结果。默认情况下为选中状态。
- 【使用初始位置】：选中此复选框，使用摄影机的最初位置进行首次渲染变化。默认情况下，此复选框处于选中状态。
- 【过程总数】：用于设置渲染场景产生效果的周期总数。默认值为12，增大此值可以增强效果的精细程度，但要耗费更多的渲染时间。
- 【采样半径】：指定进行模糊采样的半径尺寸，增大此值会增强整体的模糊效果，减小此值会减弱模糊效果，默认值为1.0。
- 【采样偏移】：用于设置模糊远离或靠近采样半径的权重值。增大此值可以增加景深模糊的一般效果，减小此值可以增加景深模糊的随机效果。取值范围在0.0~1.0之间，默认情况下，此值为0.5。
- 【规格化权重】：选中该复选框后，权重被规格化，效果更为平滑；取消选中此复选框时，结果更为尖锐；默认情况下为选中状态。
- 【抖动强度】：用于设置作用于周期的抖动强度。增大此值会增加抖动的程度，产生更为颗粒化的效果，对物体的边缘影响更为明显。默认情况下，此值为0.4。
- 【平铺大小】：用于设置抖动图案的大小，取值范围在0~100之间，默认情况下为32。
- 【禁用过滤】：选中此复选框后，取消滤镜的作用效果，减少渲染时间，默认为取消选中状态。
- 【禁用抗锯齿】：选中该复选框后，取消抗锯齿的作用效果，默认为取消选中状态。

7.1.6　创建灯光

使用3ds Max能创建许多种不同类型的灯光，每种灯光都有不同的属性和参数设置。前面介绍了3ds Max中可以使用的灯光类型，但并没有介绍怎样创建灯光，下面就来介绍创建灯光的具体方法。

要创建灯光，只要单击【创建】菜单中的【灯光】命令，在其下拉菜单中选择相应的灯光类型即可，如图7.18所示。从中可以看到前面介绍的标准灯光、光度学灯光以及日光系统。

除了使用菜单来创建灯光外，更为常用的方法是在【创建】命令面板中单击【灯光】按钮，然后单击希望创建的某种灯光对应的按钮，在视图中进行创建即可。有的灯光需要单击并拖动才能创建，而有的灯光直接单击即可创建。单击就能创建的灯光有泛光灯、天光和自由灯光。目标类型的灯光都需要在视图中单击创建投射点，然后拖动确定目标点的位置。

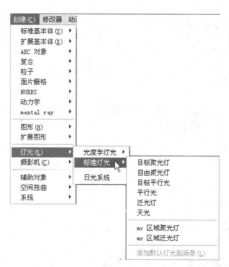

图7.18 【创建】菜单中的【灯光】命令

下面，我们就以为一个简单场景文件创建一盏目标聚光灯为例练习灯光的创建：

1 启动3ds Max 2009，打开第5章中创建完成的模型，如图7.19所示。

2 打开【创建】命令面板，单击【灯光】按钮，在对象类型下拉列表中选择【标准】选项，单击【目标聚光灯】按钮，在顶视图中创建一盏目标聚光灯，如图7.20所示。

图7.19 打开文件

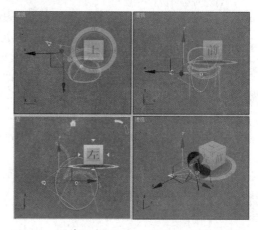

图7.20 创建灯光

提示 在创建目标聚光灯时，首先单击鼠标确定目标聚光灯的投射点，然后拖动鼠标到合适位置确定灯光的目标点。

3 如果灯光的位置不合适，那么可以使用移动工具进行移动。在灯光位置单击选中整个灯光，使用移动工具可以整体移动灯光，如图7.21所示。

4 如果想单独移动目标聚光灯的投射点，即发出灯光的位置，则可以单击将其选中，然后使用移动工具进行移动，如图7.22所示。

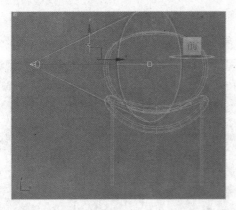
图7.21　整体移动灯光

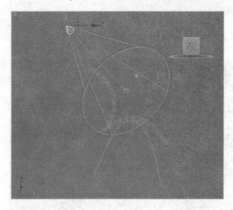
图7.22　移动投射点

5 如果想移动目标聚光灯的目标点，使用移动工具进行调整即可，如图7.23所示。

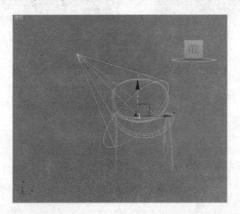
图7.23　移动目标点

提示　如果选不中目标点，那么可以单击【按名称选择】按钮，在打开的如图7.24所示的对话框中进行选择；也可以右击灯光，从弹出的快捷菜单中选择【选择灯光目标】命令，如图7.25所示。

图7.24　选择目标点

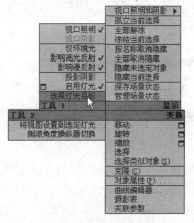
图7.25　快捷菜单

6 打开【创建】命令面板，单击【几何体】按钮，在【对象类型】展卷栏中单击【平面】

按钮，在顶视图中创建一个平面对象，并在前视图中调整好它的位置，如图7.26所示。

7 激活透视图，按【Shift+Q】组合键进行快速渲染，观察渲染的效果，如图7.27所示。

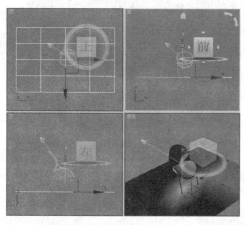

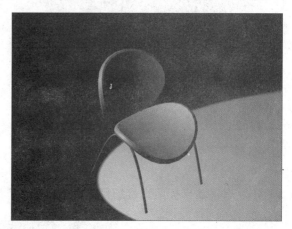

图7.26　添加平面　　　　　　　　　　　　图7.27　渲染效果

7.1.7　创建摄影机

创建摄影机的方法也很简单，既可以通过单击按钮并在视图中拖曳创建，也可以通过快捷方式创建。下面我们来练习创建目标摄影机，操作步骤如下：

1 利用前面介绍的知识创建如图7.28所示的茶几和沙发模型。

2 在【创建】命令面板中单击【摄影机】按钮，然后单击【目标】按钮，选择目标摄影机。

3 在左视图中要创建摄影机的位置单击，确定摄影机的位置，然后移动鼠标到合适的位置单击，确定摄影机目标，如图7.29所示。

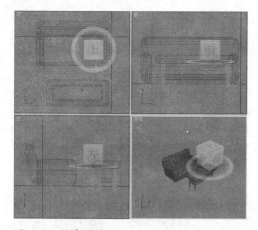

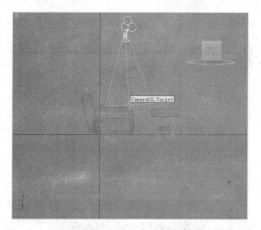

图7.28　创建的模型　　　　　　　　　　　图7.29　创建目标摄影机

4 选择移动工具，在某个视图中单击摄影机将其选中，然后拖动鼠标移动摄影机。选中摄影机目标点，也可以对其进行移动，图7.30所示的是分别移动摄影机及其目标点的效果。在移动过程中，选择摄影机和目标点之间的连线可以同时选中摄影机及目标点并进行移动。

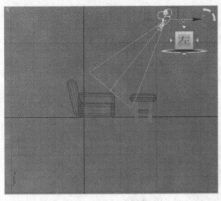
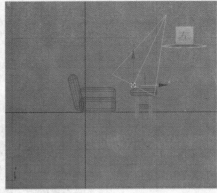

图7.30 移动摄影机及其目标点的位置

5 在视图名称位置右击，从弹出的快捷菜单中选择摄影机的名称可以切换到摄影机视图；也可以直接按【C】键，切换当前激活的视图为摄影机视图。使用右下角的摄影机视图控制按钮，可以查看不同视角的视图效果。

6 执行【工具】→【对齐】→【对齐摄影机】命令，可以对准摄影机。当选择此命令后，将鼠标光标放到视图区中，鼠标光标形状变成摄影机图标，单击对象表面并按住鼠标左键，当前处于鼠标光标下的对象表面的法线将显示为蓝色，如图7.31所示。

7 当已经位于想让摄影机指向的位置时，释放鼠标将重新旋转摄影机，以直接指向选定表面上沿法线方向的选定点，图7.32所示的是操作后的视图效果。

图7.31 对准摄影机时的效果

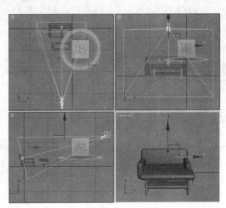

图7.32 对准摄影机后的效果

7.2 进阶——典型实例

本节主要介绍室内灯光的设置，通过创建灯光照亮室内的物体，然后创建摄影机，改变视图的观看效果，从而展现室内设计的视觉形式。

7.2.1 制作室内灯光

本例首先创建室内墙体、天花板和地板，然后创建灯光和摄影机，布置室内灯光，再将以前创建的文件合并进来并创建目标聚光灯，照亮合并后的对象。

最终效果

本例制作完成后的效果如图7.33所示。

图7.33　实例效果

解题思路

🔍 利用前面介绍的知识创建室内结构模型。

🔍 创建灯光，照亮室内模型。

🔍 创建摄影机，转换为摄影机视图。

🔍 为墙体和地板赋予材质。

🔍 创建泛光灯并修改参数，模拟顶灯光源。

🔍 合并文件，为室内添加模型。

🔍 添加目标聚光灯，照亮物体。

操作步骤

本例的具体操作步骤如下：

1　重置场景，将单位设置为毫米。

2　在【创建】命令面板中单击【图形】按钮，然后单击【对象类型】展卷栏中的【矩形】按钮，在顶视图中创建一个矩形对象，参数设置和创建效果分别如图7.34和图7.35所示。

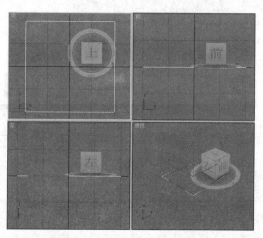

图7.34　参数设置　　　　图7.35　创建的矩形

3 选中刚创建的矩形，然后右击鼠标，从弹出的快捷菜单中选择【转换为】→【可编辑样条线】命令，将矩形转换为可编辑样条线。

4 打开【修改】命令面板，在修改器堆栈中选择【样条线】选项，如图7.36所示，然后在视图中选中所有的样条线。

5 打开【几何体】展卷栏，在【端点自动焊接】区域的【轮廓】数值框中输入"-240mm"，如图7.37所示。完成后的效果如图7.38所示。

图7.36　选择【样条线】选项

图7.37　输入轮廓值

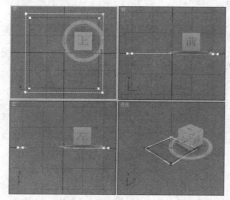

图7.38　增加轮廓后的效果

6 打开【修改】命令面板，单击【修改器列表】下拉列表框，在弹出的下拉列表中选择挤出修改器，在【参数】展卷栏中设置【数量】为"2900mm"，如图7.39所示。完成后的墙体效果如图7.40所示。

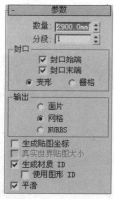

图7.39　设置参数

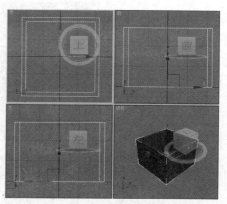

图7.40　挤出后的效果

7 右键单击主工具栏上的【捕捉开关】按钮，打开【栅格和捕捉设置】对话框，选中【顶点】复选框，如图7.41所示。

8 单击【捕捉开关】按钮，在顶视图中创建一个与墙体大小相符的矩形作为天花板截面，如图7.42所示。

图7.41 选中【顶点】复选框

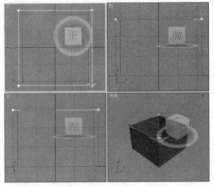

图7.42 绘制矩形

9 打开【修改】命令面板，单击【修改器列表】下拉列表框，在弹出的下拉列表中选择挤出修改器，在【参数】展卷栏中设置【数量】为"100mm"，天花板效果如图7.43所示。

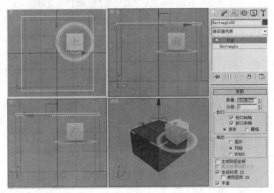

图7.43 挤出后的效果

10 选中天花板对象，在前视图将其沿Y轴进行复制，作为地板，并利用捕捉命令将其与墙体对齐，如图7.44所示。

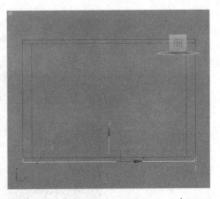

图7.44 复制并对齐

11 选中墙体对象，然后打开【修改】命令面板，单击【修改器列表】下拉列表框，在弹出的下拉列表中选择编辑网格修改器，在修改器堆栈中选择【多边形】选项，然后选择如图7.45所示的面，按【Delete】键将其删除。

12 删除左右两侧的面，如图7.46所示。

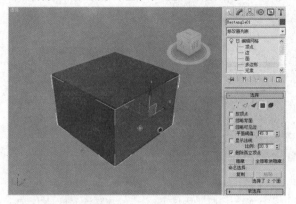

图7.45 选择面

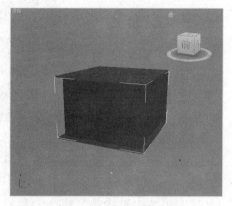

图7.46 删除面

13 选择墙体内侧的面，如图7.47所示，然后按【Delete】键将删除，如图7.48所示。

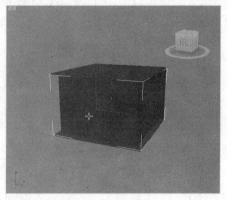

图7.47 选择内侧的面

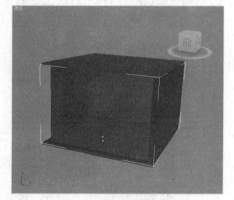

图7.48 删除面后的效果

14 打开【创建】命令面板，单击【灯光】按钮，在对象类型下拉列表中选择【标准】选项，单击【泛光灯】按钮，在前视图的中间位置创建一盏泛光灯，将房间照亮，如图7.49所示。

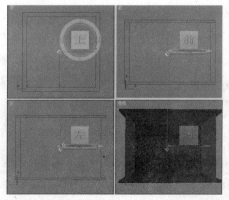

图7.49 创建泛光灯

15 将所有视图都缩小，打开【创建】命令面板，单击【摄影机】按钮，在【对象类型】展卷栏中单击【目标】按钮，在顶视图中从下向上创建一台摄影机，如图7.50所示。

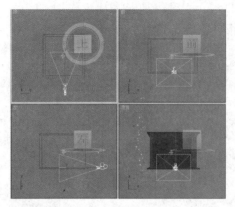

图7.50　创建摄影机

16 在左视图中选中摄影机，利用移动工具将其移动到中间位置，然后激活透视图，按【C】键转换为摄影机视图，效果如图7.51的所示。

17 按【M】键，打开【材质编辑器】对话框，单击【Standard】按钮，打开【材质/贴图浏览器】对话框，双击【建筑】选项，如图7.52所示。

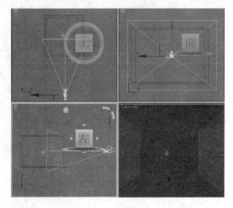

图7.51　摄影机视图

图7.52　双击【建筑】选项

18 返回【材质编辑器】对话框，单击【模板】展卷栏，在类型下拉列表中选择【理想的漫反射】选项，如图7.53所示。

19 在【物理性质】展卷栏中单击【漫反射颜色】后的色块，打开【颜色选择器：漫反射】对话框，将颜色设置为白色，如图7.54所示。

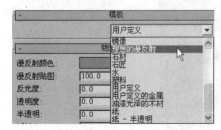

图7.53　选择【理想的漫反射】选项

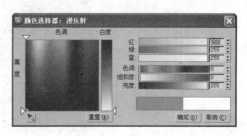

图7.54　设置颜色

20 单击【确定】按钮，返回【材质编辑器】对话框。在视图中选择墙体和天花板对象，然后单击水平工具栏中的【将材质指定给选定对象】按钮，将材质赋予墙体和天花板，效果如图7.55所示。

21 选择一个新的材质球，然后单击【Standard】按钮，打开【材质/贴图浏览器】对话框，双击【建筑】选项，返回【材质编辑器】对话框。单击【模板】展卷栏，在类型下拉列表中选择【油漆光泽的木材】选项。

22 在【物理性质】展卷栏中单击【漫反射贴图】后的【None】按钮，在打开的【选择位图图像文件】对话框中选择图像，如图7.56所示。

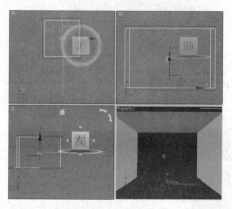

图7.55 赋予材质后的效果

图7.56 选择位图文件

23 单击【打开】按钮，在视图中选择地板对象，在【材质编辑器】对话框中单击【将材质指定给选定对象】按钮，将材质赋予地板对象，然后单击【在视图中显示标准贴图】按钮，效果如图7.57所示。

24 打开【创建】命令面板，单击【灯光】按钮，在对象类型下拉列表中选择【标准】选项，单击【泛光灯】按钮，在前视图的向上位置创建一盏泛光灯，模拟顶灯光源，如图7.58所示。

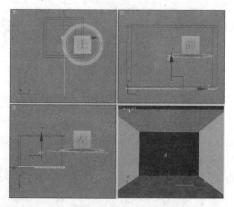

图7.57 赋予材质后的效果

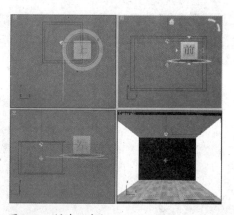

图7.58 创建泛光灯

25 单击展开【强度/颜色/衰减】展卷栏，单击【倍增】数值框后的色块，将颜色设置为红色，然后选中【远距衰减】区域中的【使用】复选框，设置【结束】为"4500mm"，如图7.59所示。

26 展开【阴影贴图参数】展卷栏，将【大小】设置为"128"，如图7.60所示。

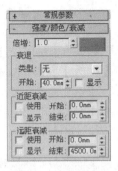

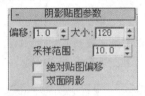

图7.59　设置参数　　　　　　　　图7.60　设置参数

27 激活摄影机视图，然后按【Shift+Q】组合键进行快速渲染，效果如图7.61所示。

图7.61　场景渲染效果

28 执行【文件】→【合并】命令，打开【合并文件】对话框，如图7.62所示。双击对话框中的"清玻璃茶几"文件，打开【合并–清玻璃茶几.max】对话框，然后选择所有的对象，如图7.63所示。

图7.62　【合并文件】对话框　　　　图7.63　选择要合并的对象

29 单击【确定】按钮，完成文件的合并操作，然后在视图中调整它的位置和大小，如图7.64所示。使用相同的方法将显示器模型也合并到场景中，如图7.65所示。

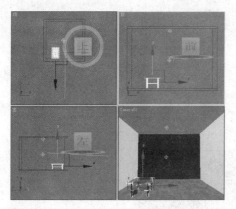

图7.64 合并茶几

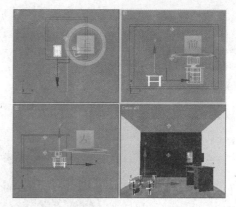

图7.65 合并电脑桌

30 这时，我们看到电脑桌太黑了，再添加一盏灯光。打开【创建】命令面板，单击【灯光】按钮，在对象类型下拉列表中选择【标准】选项，单击【目标聚光灯】按钮，在顶视图中从左向右创建一盏目标聚光灯，并在前视图中调整它的位置，效果如图7.66所示。

31 激活摄影机视图，按【Shift+Q】组合键，得到最后的渲染效果，如图7.67所示。

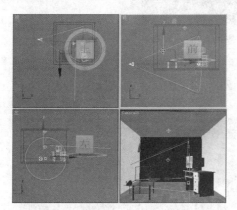

图7.66 创建聚光灯

图7.67 渲染效果

7.2.2 制作自由线光源效果

本例主要讲述线光源的使用，通过在天花板的灯槽中创建自由灯光，并修改相应的参数，达到照明的效果。

▌ 最终效果 ▌

本例制作完成后的效果如图7.68所示。

▌ 解题思路 ▌

🔍 执行【文件】→【打开】命令，打开已经创建好的模型。

🔍 创建一盏自由灯光，然后修改其

图7.68 自由线光源的实例效果

参数，并对其进行复制。

使用光能传递功能。

操作步骤

本例的具体操作步骤如下：

1 重置场景，执行【文件】→【打开】命令，打开本书光盘中的"\素材\第7章\自由线光源.max"文件，如图7.69所示。

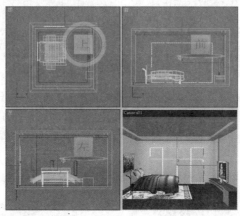

图7.69　打开已有的场景文件

2 打开【创建】命令面板，单击【灯光】按钮，在对象类型下拉列表中选择【光度学】选项，在打开的面板中单击【自由灯光】按钮，如图7.70所示。在顶视图中单击鼠标，创建一盏自由灯光，如图7.71所示。

图7.70　单击【自由灯光】按钮

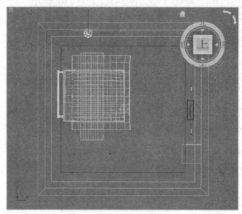

图7.71　创建自由灯光

3 在【强度/颜色/衰减】展卷栏的【强度】区域中选中【cd】单选按钮，并将数值设为"100"，如图7.72所示。在【图形/区域阴影】展卷栏中单击【点光源】下拉按钮，从打开的下拉列表中选择【线】选项，并将【长度】设置为"50mm"，如图7.73和图7.74所示。

提示 用线光源来模拟灯带的效果时，应该将创建的线光源放置在屋顶的灯槽之间，也就是按照实际施工中的位置进行灯光设置。

图7.72 设置参数

图7.73 选择【线】选项

图7.74 设置长度

4 在顶视图中将创建的灯光复制三盏，在【对象】区域中选择【实例】单选按钮，将【副本数】设置为"2"，如图7.75所示。同时选择三盏灯，再复制一组，并将其放置到如图7.76所示的位置。

图7.75 设置参数

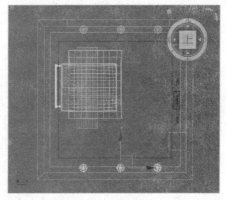

图7.76 复制的自由线光源

5 再旋转复制两组灯光，效果如图7.77所示。

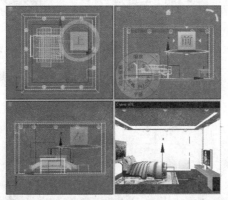

图7.77 复制灯光后的效果

提示 在复制灯光的时候，它的长度有时候与垂直的不一样，因为我们使用的是实例赋值类型，所以不能修改参数。这时，可以用主工具栏上的【选择并均匀缩放】按钮进行修改。

6 执行【渲染】→【渲染设置】命令，打开【渲染设置】对话框，单击【高级照明】选项卡，在【选择高级照明】展卷栏的下拉列表框中选择【光能传递】选项，如图7.78所示。

图7.78　选择【光能传递】选项

7 单击展开【光能传递处理参数】展卷栏，然后在【交互工具】区域中设置【间接灯光过滤】为"3"，如图7.79所示。

8 单击展开【光能传递网格参数】展卷栏，在【全局细分设置】区域中选中【启用】复选框，如图7.80所示。

图7.79　设置参数

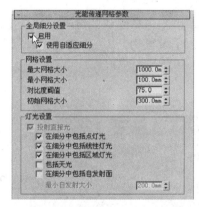

图7.80　选中【启用】复选框

9 在【光能传递处理参数】展卷栏中单击【开始】按钮，开始进行光能传递。当传递到80%左右时可以停下来，按键盘上的【Shift+Q】组合键，快速渲染摄影机视图观看效果，如图7.81所示。

图7.81　光能传递后的渲染效果

7.2.3　光域网的使用

本例主要讲述光域网的使用，通过在天花板的灯槽中创建目标灯光、设置参数及添加光域网文件来达到照明效果。

最终效果

本例制作完成后的效果如图7.82所示。

图7.82　光域网实例效果

解题思路

🔍 执行【文件】→【打开】命令，打开已经创建好的模型。

🔍 创建一盏目标灯光，然后修改其参数，并对其进行复制。

🔍 使用光能传递功能，并在【环境和效果】对话框中设置【曝光控制】参数。

操作步骤

本例的具体操作步骤如下：

▌ 重置场景，执行【文件】→【打开】命令，打开本书光盘中的"\素材\第7章\光域网.max"文件，如图7.83所示。

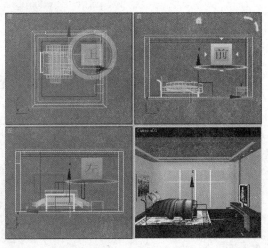

图7.83　打开已有的场景文件

2 打开【创建】命令面板，单击【灯光】按钮，在对象类型下拉列表中选择【光度学】选项，在打开的面板中单击【目标灯光】按钮，在前视图中单击并拖动鼠标创建一盏目标灯光，将它移动到筒灯的位置，如图7.84所示。

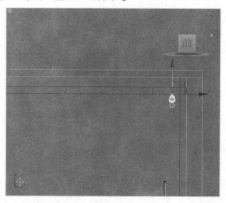

图7.84　创建的目标灯光

3 在【常规参数】展卷栏中选中【阴影】区域中的【启用】复选框，然后在【灯光分布】下拉列表框中选择【光度学Web】选项，如图7.85所示。在【分布（光度学Web）】展卷栏中单击【选择光度学文件】按钮，打开【打开光域Web文件】对话框，选中"多光.IES"文件（如图7.86所示），然后单击【打开】按钮。

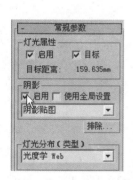

图7.85　设置参数

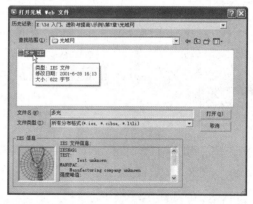

图7.86　选择文件

4 在【强度/颜色/衰减】展卷栏的【强度】区域中选中【cd】单选按钮，并将数值设为"1000"，如图7.87所示。在顶视图中用实例方式复制一盏目标灯光，并将其放在与另外一盏同等的位置，如图7.88所示。

5 执行【渲染】→【渲染设置】命令，打开【渲染设置】对话框，单击【高级照明】选项卡，在【选择高级照明】展卷栏中选择【光能传递】选项。

图7.87　设置参数

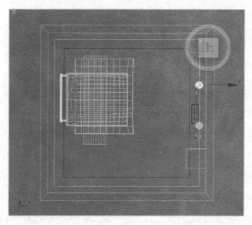

图7.88　复制目标灯光

6　展开【光能传递处理参数】展卷栏，然后在【处理】区域中将【优化迭代次数（所有对象）】设置为"4"，在【交互工具】区域中设置【间接灯光过滤】和【直接灯光过滤】均为"3"，如图7.89所示。

7　展开【光能传递网格参数】展卷栏，在【全局细分设置】区域中选中【启用】复选框，然后设置参数如图7.90所示。

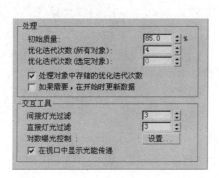

图7.89　设置参数

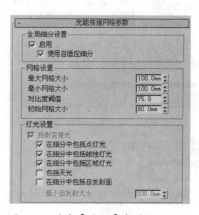

图7.90　选中【启用】复选框

8　执行【渲染】→【环境】命令，打开【环境和效果】对话框，在【曝光控制】展卷栏的下拉列表框中选择【对数曝光控制】选项，然后在【对数曝光控制参数】展卷栏中设置【亮度】为"75"、【对比度】为"50"、【物理比例】为"3000"，如图7.91所示。

9　关闭【环境和效果】对话框，在【光能传递网格参数】展卷栏中单击【开始】按钮，开始光能传递，计算到85%即可，然后按【Shift+Q】组合键，快速

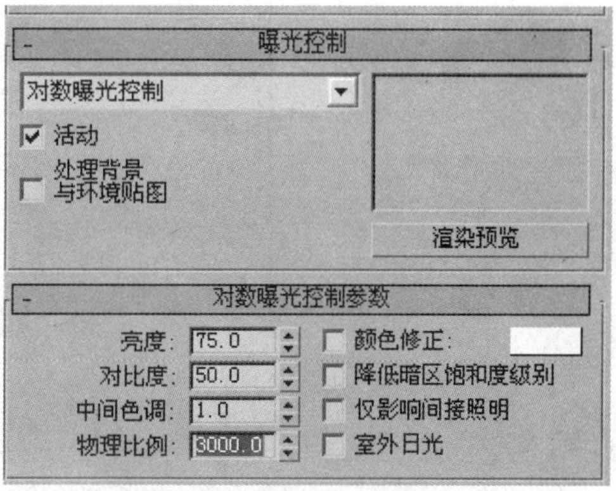

图7.91　设置参数

渲染摄影机视图，观看效果，如图7.92所示。

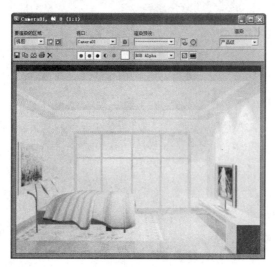

图7.92　渲染效果

7.3 提高——自己动手练

本节通过制作居室射灯、室外效果图以及阳光照射效果进一步讲解目标聚光灯、目标平行光以及灯光阵列等高级灯光的表现手法。

7.3.1　居室射灯的制作

本实例将介绍居室射灯的制作方法，通过创建目标聚光灯对象并修改其参数，来模拟居室顶空间的射灯效果。

最终效果

制作完成后的居室射灯效果如图7.93所示。

图7.93　居室射灯的最终效果

解题思路

🔍 执行【文件】→【打开】命令，打开已经创建好的模型。

🔍 创建一盏目标聚光灯，调整好它的位置，然后对齐进行复制。

🔍 修改聚光灯的相关参数，转换为摄影机视图并进行渲染。

操作提示

本例的具体操作步骤如下：

1. 重置场景，执行【文件】→【打开】命令，打开本书光盘中的"\第7章\居室射灯.max"文件，如图7.94所示。

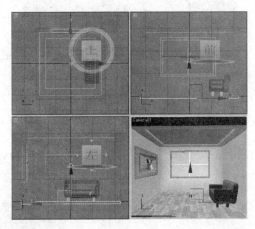

图7.94　打开已有的场景文件

2. 打开【创建】命令面板，单击【灯光】按钮，在对象类型下拉列表中选择【标准】选项，在打开的面板中单击【目标聚光灯】按钮，在顶视图中单击并拖动鼠标创建一盏目标聚光灯；并分别在前视图和左视图中对当前灯光进行调整，如图7.95所示。

3. 选中刚创建的灯光，然后在主工具栏中单击【选择并移动】按钮，沿X轴进行复制，在【克隆选项】对话框中选中【实例】单选按钮，将【副本数】设置为"3"，如图7.96所示。

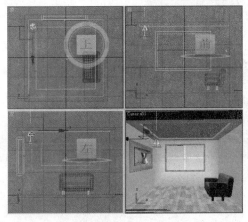

图7.95　创建目标聚光灯并调整其位置

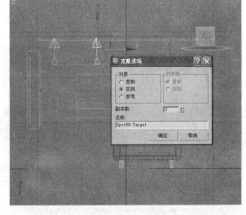

图7.96　设置复制参数

4. 激活顶视图，选择所有的聚光灯，然后沿X轴复制一组聚光灯，效果如图7.97所示。

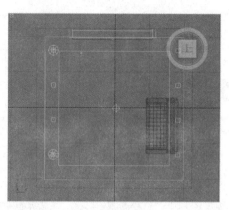

图7.97　复制灯光

5 选中一盏灯光，然后在【强度/颜色/衰减】展卷栏中设置【倍增】为"0.9"，并将后面的色块设置为白色，如图7.98所示。在【聚光灯参数】展卷栏中设置【聚光区/光束】为"0.5"、【衰减区/区域】为"60"，如图7.99所示。

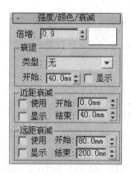

图7.98　设置参数

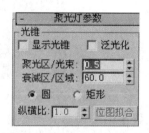

图7.99　设置参数

6 激活透视图，然后按【C】键转换为摄影机视图，效果如图7.100所示。

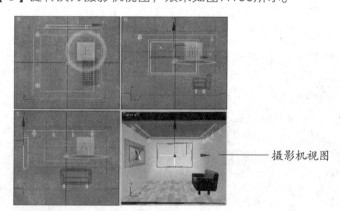

————摄影机视图

图7.100　摄影机视图

7 执行【渲染】→【渲染】命令，渲染摄影机视图。

7.3.2　室外效果图的制作

居民楼是一种最常见的室外建筑，本实例将讲解小型住宅建筑室外灯光的布置，主要通过设置摄影机，然后创建目标聚光灯模拟天光，并创建目标平行光进行补充。

最终效果

制作完成后的室外效果图如图7.101所示。

图7.101 室外效果图的最终效果

解题思路

🔍 执行【文件】→【打开】命令，打开已经创建好的模型。
🔍 创建目标摄影机，并调整其位置和参数。
🔍 创建目标聚光灯，并调整其位置和参数，然后对其进行阵列复制。
🔍 创建目标平行光，并调整其位置和参数。
🔍 为视图添加环境贴图。
🔍 进行渲染设置，将其保存为图片。

操作提示

本例的具体操作步骤如下:

▌ 重置场景，执行【文件】→【打开】命令，打开本书光盘中的"\素材\第7章\室外效果图.max"文件，如图7.102所示。

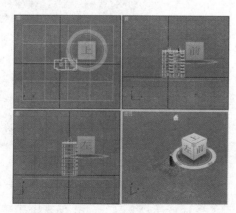

图7.102 打开已有的场景文件

2 打开【创建】命令面板，单击【摄影机】按钮，在打开的面板中单击【目标】按钮，在顶视图中单击并拖动鼠标创建一盏目标摄影机，并分别在前视图和左视图中对其进行调整，如图7.103所示。

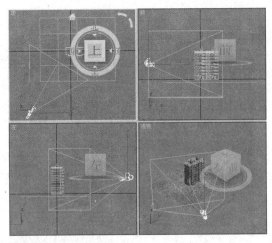

图7.103　创建摄影机

3 选中新创建的摄影机对象，打开【显示】命令面板，单击【隐藏选中对象】按钮，将摄影机隐藏起来。

 提示 也可以按【Shift+C】组合键将摄影机对象隐藏。

4 在透视图图标上单击鼠标右键，从弹出的快捷菜单中选择【视图】→【Camera01】（摄影机01）命令，如图7.104所示。

5 将透视图转换为摄影机视图，效果如图7.105所示。

图7.104　快捷菜单

图7.105　摄影机视图

6 打开【创建】命令面板，单击【灯光】按钮，在对象类型下拉列表中选择【标准】选项，在打开的面板中单击【目标聚光灯】按钮，在顶视图中单击并拖动鼠标创建一盏目标聚光灯，并分别在前视图和左视图中对当前灯光位置进行调整，如图7.106所示。

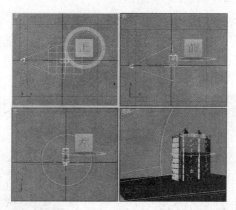

图7.106　创建目标聚光灯

7 打开【修改】命令面板，在【强度/颜色/衰减】展卷栏中设置【倍增】为"0.18"，并将后面的色块设置为淡黄色，即"R=235，G=250，B=200"，如图7.107所示。在【阴影贴图参数】展卷栏中设置【大小】为"1000"、【采样范围】为"9"，如图7.108所示。

图7.107　设置灯光参数

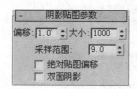

图7.108　设置灯光参数

8 选择目标聚光灯的发射点，在顶视图中使用移动复制的方法沿X轴复制一个聚光灯，如图7.109所示。

9 在顶视图中选中两盏聚光灯，执行【工具】→【阵列】命令，打开【阵列】对话框，设置参数如图7.110所示。

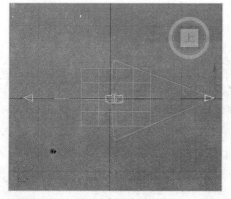

图7.109　复制聚光灯

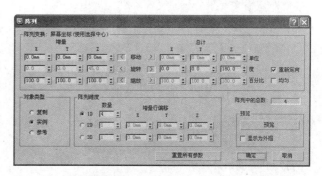

图7.110　设置阵列参数

10 单击【确定】按钮，对灯光进行阵列后的效果如图7.111所示。

11 打开【创建】命令面板，单击【灯光】按钮，在对象类型下拉列表中选择【标准】选项，在打开的面板中单击【目标聚光灯】按钮，在顶视图中单击并拖动鼠标创建一盏目标聚光灯，并分别在前视图和左视图中对当前灯光位置进行调整，如图7.112所示。

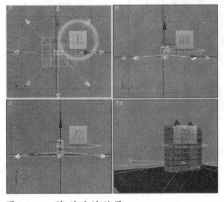
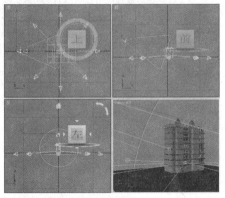

图7.111　阵列后的效果　　　　　　　　　　图7.112　创建聚光灯

12 打开【修改】命令面板，在【强度/颜色/衰减】展卷栏中设置【倍增】为"0.15"，并将后面的色块设置为淡蓝色，即"R=220，G=235，B=245"，如图7.113所示。在【阴影贴图参数】展卷栏中设置【大小】为"1000"、【采样范围】为"9"，如图7.114所示。

图7.113　设置灯光参数　　　　　　　　　　图7.114　设置灯光参数

13 按照步骤8~9的方法对新创建的聚光灯进行阵列复制，效果如图7.115所示。

14 采用前面的方法再创建一盏聚光灯，其位置如图7.116所示。

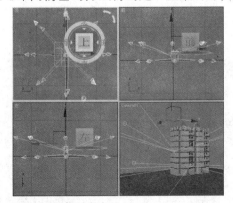
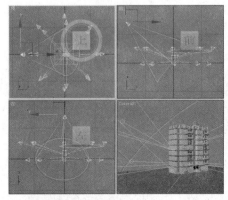

图7.115　复制聚光灯　　　　　　　　　　　图7.116　创建聚光灯

15 打开【修改】命令面板，在【强度/颜色/衰减】展卷栏中设置【倍增】为"0.1"，将

后面的色块仍然设置为淡蓝色，即"R=220，G=235，B=245"，如图7.117所示。在
【阴影贴图参数】展卷栏中设置【大小】为"1000"、【采样范围】为"10"，如图
7.118所示。

图7.117　设置灯光参数

图7.118　设置灯光参数

16 按照步骤8和步骤9的方法对新创建的聚光灯进行阵列复制，效果如图7.119所示。

17 打开【创建】命令面板，单击【灯光】按钮，在对象类型下拉列表中选择【标准】选
项，在打开的面板中单击【目标平行灯】按钮，在顶视图中单击并拖动鼠标创建一盏目
标平行光，模拟太阳光，并分别在前视图和左视图中对当前灯光位置进行调整，如图
7.120所示。

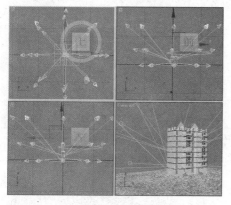

图7.119　旋转复制聚光灯

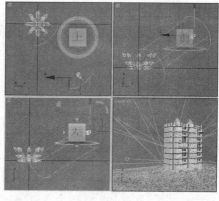

图7.120　创建目标平行光

18 打开【修改】命令面板，在【平行光参数】展卷栏中设置【聚光区/光束】为
"200000"，如图7.121所示。在【阴影参数】展卷栏和【高级效果】展卷栏中设置参
数如图7.122所示。

图7.121　设置参数

图7.122　设置参数

19 激活摄影机视图，执行【渲染】→【渲染】命令，观察渲染的效果，如图7.123所示。

20 在菜单栏中执行【渲染】→【环境】命令，打开【环境和效果】对话框，如图7.124所示。

图7.123　渲染效果

图7.124　【环境和效果】对话框

21 单击【环境贴图】下面的【无】按钮，在打开的对话框中双击【位图】选项，在打开的对话框中选择合适的背景图片，如图7.125所示。

22 单击【打开】按钮，关闭对话框。激活摄影机视图，执行【渲染】→【渲染】命令，观察渲染的效果，如图7.126所示。

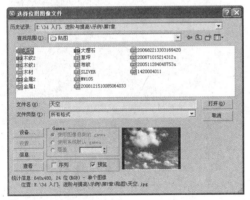

图7.125　选择图片

图7.126　渲染效果

23 在摄影机视图图标上单击鼠标右键，从弹出的快捷菜单中选择【显示安全框】选项，如图7.127所示。完成操作后，摄影机视图如图7.128所示。

图7.127　快捷菜单

图7.128　显示安全框

24 在菜单栏中执行【渲染】→【渲染设置】命令，在打开的对话框中设置渲染方式为【裁剪】，如图7.129所示。

25 完成操作后，在摄影机视图中调整白色线框的大小，即设置渲染范围，效果如图7.130所示。

图7.129　设置渲染方式

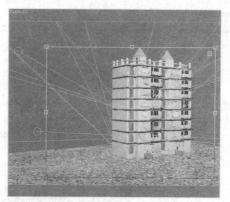

图7.130　设置渲染范围

26 激活摄影机视图，执行【渲染】→【渲染】命令，观察渲染的效果，如图7.131所示。

27 单击渲染窗口中的【保存图像】按钮，在打开的对话框中设置图片的保存名称、文件类型及保存路径等，如图7.132所示。

图7.131　渲染效果

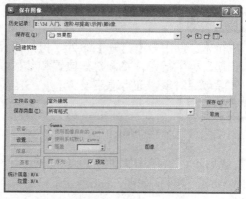

图7.132　保存图片

28 单击【保存】按钮，在弹出的如图7.133所示的提示框中单击【确定】按钮。通过操作系统进行访问，可以查看保存的图片，如图7.134所示。

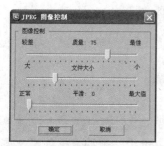

图7.133　提示框

图7.134　查看保存的效果图

7.3.3　阳光照射效果的制作

本实例主要讲述目标平行光的使用，通过在室内创建目标平行光，模拟阳光照射到玻璃上的效果。

▌最终效果▐

制作完成后的阳光照射效果如图7.135所示。

图7.135　阳光照射效果图的最终效果

▌解题思路▐

🔍 执行【文件】→【打开】命令，打开已经创建好的模型。
🔍 创建目标平行光，并调整其位置和参数。
🔍 删除玻璃对象，进行渲染设置。

▌操作步骤▐

本例的具体操作步骤如下：

1 重置场景，执行【文件】→【打开】命令，打开本书光盘中的"\素材\第7章\阳光照射.max"文件，如图7.136所示。

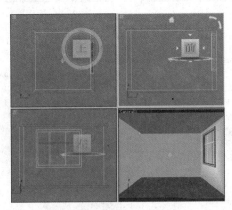

图7.136　打开已有的场景文件

2 打开【创建】命令面板，单击【灯光】按钮，在对象类型下拉列表中选择【标准】选项，在打开的面板中单击【目标平行光】按钮，在顶视图中单击并拖动鼠标创建一盏目标平行光，并分别在前视图和左视图中对当前灯光位置进行调整，如图7.137所示。

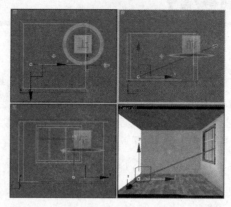

图7.137　创建的目标平行光

3 在【常规参数】展卷栏中选中【阴影】区域中的【启用】复选框，然后在【强度/颜色/衰减】展卷栏的【远距衰减】区域中选中【使用】复选框，设置参数如图7.138所示。在【平行光参数】展卷栏中设置【聚光区/光束】为"198"、【衰减区/区域】为"2017"，如图7.139所示。

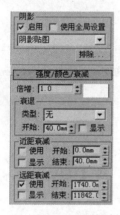

图7.138　设置灯光参数

图7.139　设置灯光参数

4 选中玻璃对象，然后将其隐藏。激活摄影机视图，执行【渲染】→【渲染】命令，观察渲染的效果，如图7.140所示。

图7.140　渲染效果

7.4　答疑与技巧

问：目标摄影机和自由摄影机的区别是什么？

答：目标摄影机和自由摄影机的区别在于是否有目标聚点。

问：在效果图的制作过程中可以使用几个摄影机呢？

答：这就不一定了，可以根据室内外场景的大小来确定摄影机的个数，一般的室内效果图中至少有两个摄影机，这样可以从不同的角度来观察室内的效果。

问：在室内外效果图的制作过程中可以使用哪些灯光来模拟阳光照进窗户的效果？

答：在效果图的制作过程中，可以用泛光灯、目标聚光灯、目标平行光等灯光模拟阳光照进窗户的特殊效果。

问：为什么在场景中打灯光时本来挺明亮的场景在有了一盏灯光后反而变得更暗了呢？

答：这是因为在默认状态下3ds Max 2009系统中设定了一盏灯作为系统默认的灯光效果，当用户在场景中建立一盏新的灯光时，默认的灯光就自动关闭了。

结束语

本章介绍了灯光与摄影机的操作和应用，分别在室内和室外两种环境中讲解了灯光和摄影机的使用方法和相关技巧。在3ds Max 2009中，场景布光对于展现真实环境非常重要，熟练掌握本章内容，可以在场景中营造各种不同的氛围。

Chapter 8

第8章
动画制作

本章要点

入门——基本概念与基本操作

- 基础动画的设置
- 动画控制器
- 使用约束限制运动
- 轨迹视图
- 粒子系统
- 空间扭曲
- 制作反应器动画

进阶——典型实例

- 制作地球公转效果
- 制作雪景
- 制作镜片撞碎效果
- 制作钻石落盘效果

提高——自己动手练

- 制作摄影机动画
- 制作文字标版动画

答疑与技巧

本章导读

　　使用3ds Max 2009不仅能制作出三维效果，还能进行动画的制作，可以说动画是它的精髓部分。3ds Max 2009软件在动画制作和处理方面的操作非常便捷，只要设置了关键帧，系统就会自动生成动画。

8.1　入门——基本概念与基本操作

动画制作是3ds Max 2009的一项重要功能，在3ds Max 2009中，制作动画需要创建记录每个动画序列的起始、结束和关键帧。可以对场景中对象的任意参数进行动画记录，当对象的参数确定后，就可以通过3ds Max 2009的渲染器完成每一帧的渲染工作。

8.1.1　基础动画的设置

3ds Max 2009包括多种用于创建动画的不同工具，通过这些工具对图像进行设置就可以制作出很多形式的动画，在本节中将介绍两种创建动画的方式：关键帧动画和自动关键帧动画。

1. 关键帧动画

关键帧动画就是在不同的时间点手动创建对象的关键动画状态，再由3ds Max 2009依据指定的运算方式自动插补出中间的过渡帧。在3ds Max 2009中可以改变对象的任何参数，包括位置、旋转、比例、参数变化和材质特征等，可以说3ds Max 2009中的关键帧只是在时间的某个特定位置指定了一个特定数值的标记。

组成动画的每一幅完整的图像称为一帧。把大量连续的帧图像快速地播放下去，就形成了动画。动画的播放速度在15帧/秒以上一般就可以让人感觉到连续了，播放速度在24帧/秒以上就会产生连续不断的运动效果了。

动画播放速度的设置与记录动画的媒介有关，一般卡通片的播放速度为15帧/秒，电影的标准播放速度为24帧/秒，PAL制式电视的标准视频播放速度为25帧/秒，NTSC制式电视的标准视频播放速度为30帧/秒。

在3ds Max 2009的动画制作过程中，关键帧的设置是一个非常重要的步骤，只有将关键帧制作好了，才能进一步完成动画的后期工作。

虽然关键帧很重要，但并不是每个动画场景中的所有动画帧都是关键帧。在整个动画的所有帧中，利用几个有限的动画帧来进行动画的控制，设置的这几个有限的帧就是关键帧，除关键帧之外的所有帧都被称为中间帧。

2. 使用时间控制项

时间控制项显示在关键点控制项和视图导航控制区之间的底部界面栏中，也包括视图下方显示的时间滑块，如图8.1所示。

图8.1　时间控制项

时间滑块提供了一种在动画各帧之间切换的简便方法，用鼠标向两边拖动时间滑块，可以在动画的各帧之间进行切换，在时间滑块按钮上显示了当前帧号和总帧数。按钮两侧的箭头和【上一帧】按钮◀Ⅱ、【下一帧】按钮Ⅱ▶的功能是相同的。

时间控制按钮包括【转至开头】按钮◀◀和【转至结尾】按钮▶▶，单击这两个按钮，可以将播放跳到开始帧或结束帧。

时间控制项中各按钮的含义如下。

🔍 【转至开头】◄◄：单击该按钮，将把时间跳转到第1帧。

🔍 【上一帧】◄▮▮：单击该按钮，将把时间向前跳转1帧。

🔍 【播放动画】▶：单击此按钮，将播放动画。此按钮为下拉按钮，按住不放会出现
【播放选定对象】按钮▶，单击该按钮将只对选择的对象进行播放。

🔍 【下一帧】▮▮►：单击该按钮，将把时间向后跳转1帧。

🔍 【转至结尾】►►▮：单击该按钮，将把时间跳转到最后1帧。

🔍 【关键点模式切换】◄►：单击此按钮，将在关键点和帧模式间切换。按下此按钮，图
标变成亮蓝色，【上一帧】和【下一帧】按钮变为【上一关键点】和【下一关键点】
按钮。

🔍 当前帧域⌷：显示当前帧，在该域中输入帧号，即可跳转到指定的帧。

🔍 【时间配置】🕮：单击此按钮，会打开【时间配置】对话框，如图8.2所示。在该对话
框中可以设置帧速度、时间显示和动画长度等相关参数。

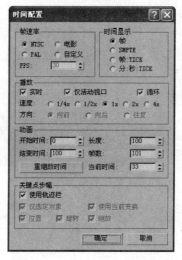

图8.2 【时间配置】对话框

3. 设置关键帧模式

通过单击【设置关键点】按钮，用户可以手动设置关键帧，以便快捷地创建或删除自
己的想法，而不必撤销整个工作过程。

具体参数介绍如下。

🔍 【设置关键点】 设置关键点 ：单击此按钮，将打开设置关键帧动画模式。

🔍 【设置关键点】 ⚬┱ ：单击此按钮，将在选择的轨迹上创建关键帧。

🔍 选择列表 选定对象 ▼ ：提供选择集的名称列表，通过该列表可以从一个选择集快速
切换到另一个选择集。

🔍 关键点过滤器... ：用于设置当前允许记录关键帧的轨迹类型。单击此按钮会打开如图8.3所
示的对话框，在其中可以设置创建的关键帧的类型。

图8.3　【设置关键点】对话框

4. 添加时间标记

在【设置关键点】按钮的左侧有一个 添加时间标记 ，通过文字符号指定特定的帧标记，使跳转帧更加迅速。

当使用鼠标左键或右键单击此处时，会弹出一个菜单，如图8.4所示。

图8.4　【添加时间标记】菜单

选择【添加标记】选项，将会弹出如图8.5所示的对话框，可以设置标记的名称、锁定时间等。

选择【编辑标记】选项，将会弹出如图8.6所示的对话框，可以对标记进行修改编辑等。

图8.5　【添加时间标记】对话框　　　　　图8.6　【编辑时间标记】对话框

5. 使用时间滑块创建关键帧

在视图中选择要创建动画的物体，然后用右键单击时间滑块，会弹出一个【创建关键点】对话框，在该对话框中也可以创建关键帧，如图8.7所示。

图8.7　【创建关键点】对话框

具体参数介绍如下。

🔍 【源时间】：该数值框用于设置要进行复制的原位置的帧号。

🔍 【目标位置】：该数值框用于设置要创建关键帧的帧号，默认为当前帧。

🔍 【位置】/【旋转】/【缩放】：在这三个复选框中，选中任何一个复选框即可创建一个关键帧，这个新的关键帧不会带来任何变换和改变，只是表示在此处有一个关键帧设置。

6. 轨迹栏

在时间滑块的正下方显示的是轨迹栏，它直观地显示了动画范围及关键帧的信息，如图8.8所示。

图8.8　轨迹栏

在关键帧上单击鼠标右键，会弹出一个轨迹菜单，在该菜单中可以看到对象当前帧上的所有关键帧的列表，如图8.9所示。

图8.9　轨迹菜单

 提示　在轨迹栏的空白处可以框选多个关键帧，按住【Shift】键拖曳关键帧可以对其进行复制，按键盘上的【Delete】键可以删除选中的关键帧。

7. 自动关键帧动画

单击【自动关键点】按钮 [自动关键点]，设置一个时间段，在视图中可以对对象进行移动、旋转、缩放等变换操作，还可以调节对象的几乎所有参数设置，系统将自动将场景的变化记录成动画。

单击【自动关键点】按钮后，时间滑块和当前视图边框将显示为红色，这表明处于动画模式下，这时调节视图中的对象或参数将会产生动画，并记录关键帧。

8.1.2　动画控制器

动画控制器可用于约束或控制对象在场景中的动画过程，其主要作用为存储动画关键帧的数值、存储动画设置、指定动画关键帧之间的插值计算方式。

应用控制器可以设置动画顺序关键点，以动画形式显示的每个对象及其参数都被分配了相应的控制器，几乎每个控制器都有相应的参数可以设置，但这些参数的改变会随之改变其功能。

只有对象或对象参数进行了动画指定之后，才能为动画过程指定动画控制器，3ds Max 2009会自动依据对象或对象参数的动画类型指定默认的动画控制器。也可以用其他类型的动画控制器替代默认的动画控制器。

在没有为对象指定控制器时，系统会为其分配默认的控制器。在【首选项】对话框的【动画】面板中列出了默认控制器，使用轨迹视图窗口或【运动】面板中的变换轨迹可以更改这个默认的控制器。

用户可以通过【动画】菜单给对象分配控制器，这是最容易的方式。在【动画】主菜单下有4个控制器，它们分别是变换控制器、位置控制器、旋转控制器和缩放控制器。

在【运动】命令面板的顶部有两个按钮：【参数】和【轨迹】。可以通过单击【指定控制器】展卷栏中的【指定控制器】按钮 ，打开如图8.10所示的指定控制器对话框，在其中为对象指定控制器。

图8.10　指定控制器对话框

8.1.3　使用约束限制运动

使用约束就可以强制对象保持与另一个对象的链接或保持沿着一条路径运动。当目标对象进行运动变换时，被约束对象会依据指定的链接方式随同运动。

选择【动画】菜单中的【约束】菜单命令，可以给选定的对象应用约束。【约束】菜单命令包括7个子菜单命令，分别是【附着约束】、【曲面约束】、【路径约束】、【位置约束】、【链接约束】、【注视约束】和【方向约束】，用于为动画过程指定7种不同的运动约束控制。

单击【运动】命令面板的【指定控制器】展卷栏中的【指定控制器】按钮 ，在打开的对话框中也可以应用约束。

　附着约束：是一种位置约束，用于将一个对象的位置结合到其他对象的表面，目标对象不必一定是网格对象，但必须是可以转变为网格类型的对象。通过在不同的关键帧指定不同的附着约束控制器，可以创建一个对象沿另一个对象不规则表面运动的动画；如果目标对象的表面是变化的，则当前对象的动画过程会随同变化。应用了约束的对象的基准点会被链接到目标对象上。

曲面约束： 可以约束一个对象沿着另一个对象的表面进行变换。目标表面对象必须具有参数化的表面，包括球体、圆锥体、圆柱体、圆环、方形面片、放样对象和NURBS对象。这些对象的表面是参数化的虚拟参数表面，不是实际的网格表面。具有较少表面数量的网格对象与参数化表面在视觉上是相同的，但实际上它们的三维构建原理完全不同。

路经约束： 可以使对象沿一条样条曲线或多条样条曲线之间的平均距离运动。路径可以是各种类型的样条曲线，即使样条曲线发生了变化，对象也会随着变化的样条曲线运动。通过该约束，可以用样条曲线精确地控制对象的运动。在约束对象进行运动的同时，路径曲线也可以被指定旋转、位置、缩放变换动画。还可以为路径样条曲线的次级结构对象（如节点、线段等）指定变换动画。选择【动画】→【约束】→【路径约束】命令，可以为要进行约束的对象选定单一的路径，这条路径会添加到【路径参数】展卷栏的路径列表中。

位置约束： 可以将一个对象的空间位置约束到另一个对象上，也可以约束到由几个对象权重控制的空间位置上。主动对象成为目标对象，被动对象成为约束对象。在指定了目标对象后，约束对象不能单独进行运动，只有在目标对象移动时才会跟随运动。

链接约束： 可以将当前对象的动画过程从一个目标对象链接到其他目标对象之上，当前对象继承目标对象的位置、旋转和缩放属性。

注视约束： 可以用于约束一个对象的旋转，使该对象一直注视另一个对象，被约束对象的指定旋转轴向朝向目标对象。约束控制可以同时受多个目标对象的影响，通过调节每个目标对象的权重值，决定它对被约束对象的影响情况。

方向约束： 会使某个对象的方向沿着另一个对象的方向或若干对象的平均方向。方向受约束的对象可以是任何可旋转对象。受约束的对象将从目标对象继承其旋转。一旦约束后，便不能手动旋转该对象。只要约束对象的方式不影响对象的位置或缩放控制器，便可以移动或缩放该对象。目标对象可以是任意类型的对象。目标对象的旋转会驱动受约束的对象。可以使用任何标准平移、旋转和缩放工具来设置目标的动画。

8.1.4　轨迹视图

轨迹视图是3ds Max 2009的总体控制窗口和动画编辑中心，大部分的动画调节都是在这里完成的。3ds Max中几乎所有可以调节的参数都可以记录为动画，在其动画项目列表中结构清晰地列出了场景中全部对象的层级结构以及场景中所有可以进行动画设置的参数项目。轨迹视图相对有些复杂，在这里用分支树的形式将可进行动画调节的项目显示在左侧的项目列表中。

在轨迹视图中，可以如同在【运动】命令面板中一样为每个可动画项目指定动画控制器；还可以精确编辑动画的时间范围、关键点与动画曲线，为动画增加配音，并使声音节拍与动作同步对齐。

提示 轨迹视图的编辑结果随同Max场景文件一同被保存，在3ds Max 2009中可以同时打开多个轨迹视图进行协同调整。打开的轨迹视图既可以与场景视图并置在一起，又可以作为浮动的非模态窗口。

轨迹视图可以提供两种分离的编辑工具：曲线编辑器和摄影表。使用【图形编辑器】主菜单命令可以打开曲线编辑器和摄影表模式，如图8.11和图8.12所示。

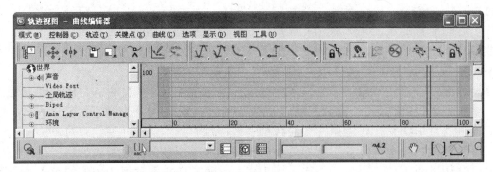

图8.11　【轨迹视图-曲线编辑器】窗口

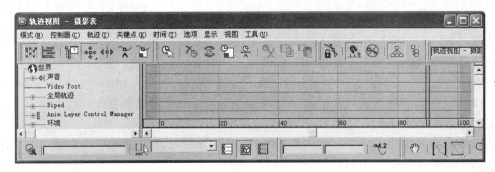

图8.12　【轨迹视图-摄影表】窗口

在动画曲线编辑器中以函数曲线的方式显示和编辑动画，在摄影表中以动画关键点和时间范围方式显示和编辑动画。

轨迹视图界面中包括菜单栏、工具栏、控制器窗口、编辑窗口和底部界面工具栏。

8.1.5　粒子系统

3ds Max 2009通过专门的空间变形来控制一个粒子系统和场景之间的交互作用，还可以控制粒子本身的可繁殖特性，这些特性允许粒子在碰撞时发生变异、繁殖或者死亡。简单地说，粒子系统是一些粒子的集合，通过指定发射源在发射粒子流的同时创建各种动画效果。在3ds Max 2009中，粒子系统是一个对象，而发射的粒子是子对象。如果将粒子系统作为一个整体来设置动画，则可以随时调整粒子系统的属性，以控制每一个粒子的行为。

在【创建】命令面板中单击【几何体】按钮，打开对象类型下拉列表，从中选择【粒子系统】选项，出现粒子系统创建命令面板，如图8.13所示，命令面板会根据当前选择的粒子系统对象的不同类型呈现不同的结构。

在【对象类型】展卷栏中列出了7种不同类型的粒子系统，即PF Source（粒子流源）、喷射、雪、暴

图8.13　粒子系统创建命令面板

风雪、粒子云、粒子阵列和超级喷射。可以将它们分为基本粒子系统和高级粒子系统两种类型，喷射和雪属于基本粒子系统，其余的属于高级粒子系统。

下面简要介绍一下这7种粒子系统。

🔍 **PF Source（粒子流源）**：PF（Particle Flow）Source是一种通用的、功能强大的粒子系统，使用一种事件驱动模式，并使用一个特殊的【粒子视图】对话框。在【粒子视图】对话框中，可以将一个粒子系统的操作器，即粒子的单独属性，如【shape】、【speed】、【direction】和【rotation】等，在一段时间内连接到事件组。每个操作器提供一组参数，都可以受事件驱动控制粒子系统的动画属性。当事件发生后，粒子流持续监测列表中的所有操作器，并更新粒子系统的动画状态。

🔍 **喷射**：创建喷射粒子后，粒子会从发射器的表面沿指定的方向进行直线运动。可以用来创建下雨或喷泉效果，与路径跟随空间扭曲配合使用可以创建粒子系统跟随路径运动的动画。

🔍 **雪**：与喷射粒子系统类似，只是粒子的形态可以是像雪花一样的六角形面片，并且在喷射基础上应用了一些附加设置使粒子下落时可以翻转，使每片雪花在落下的同时可以进行翻滚运动。使用雪粒子系统不仅可以模拟下雪，还可以将多维材质指定给它，产生五彩缤纷的碎片下落效果，用来表现节日的喜庆气氛。如果雪花向上发射，还可以表现火中升起的火星效果。

🔍 **暴风雪**：暴风雪粒子系统类似于雪粒子系统，但附加了更多的参数控制项目，可以创建更为复杂的粒子系统效果，不仅可以制作普通雪景，还可以制作火花迸射、气泡上升、开水沸腾、满天飞花等特殊效果。

🔍 **粒子阵列**：可以使用一个三维对象作为阵列分布依据，从它的表面向外发散出粒子阵列。在这个系统中，可以把粒子类型设置为"对象碎片"，并把它绑定到粒子爆炸空间扭曲上来创建爆炸效果。粒子阵列粒子系统拥有大量的控制参数，根据粒子类型的不同，可以制作喷发、爆裂等效果，还可以将一个对象爆炸成有厚度的碎片。

🔍 **粒子云**：粒子云粒子系统可以在一个指定的三维空间中分布粒子对象，用于创建鸟群、羊群、人群的效果。可以指定标准的长方体空间、球体空间、圆柱体空间，还可以选定任意一个可渲染的三维对象作为对象基础发射器（二维平面对象不能作为粒子云发射器）。

🔍 **超级喷射**：超级喷射粒子系统类似于喷射粒子系统，但附加了更多的参数控制项目，可以创建更为复杂的粒子喷射效果，例如生成雨和喷泉，把它绑定到路径跟随空间扭曲上可以生成瀑布。

8.1.6　空间扭曲

空间扭曲是给场景添加外力的一种方法，必须绑定到一个对象上才能奏效。单个空间扭曲可以绑定到一个对象上，也可以绑定到几个对象上。在很多方面，空间扭曲与修改器类似，但是典型的修改器都是只作用于单独的对象，空间扭曲则可以同时应用于多个对象，并可以用于世界坐标系。

根据空间扭曲种类的不同，作用到对象上的力场也不同，对象的效果也就不同，例如重力、风和波浪。推力和马达等几种空间扭曲可以处理动力学模拟并定义真实世界中个体的力量。一些空间扭曲可以将对象的表面变形。

1. 创建空间扭曲

要创建空间扭曲，可以应用如下两种方法：

🔍 在【创建】菜单的【空间扭曲】子菜单中直接选择空间扭曲的类型，如图8.14所示。

🔍 在【创建】命令面板中单击【空间扭曲】按钮，在类型下拉列表中选择要创建的扭曲类型，然后在下面的【对象类型】展卷栏中单击相应的按钮，如图8.15所示。

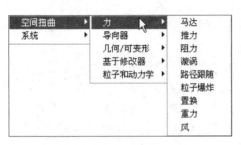

图8.14　使用菜单命令创建空间扭曲　　　　　　图8.15　使用命令面板创建空间扭曲

选择了要创建的空间扭曲类型命令或按钮后，在视图中单击并拖动即可创建。

创建完成的空间扭曲在场景中是以线框方式显示的，可以使用工具栏中的标准变换按钮对其进行变换。空间扭曲线框的大小和位置通常也会影响它的结果。

2. 空间扭曲的类型

空间扭曲有多种不同的类型，根据它们的功能不同分别出现在6个不同的子类别中，分别为【力】、【导向器】、【几何/可变形】、【基于修改器】、【reactor】（反应器）和【粒子和动力学】，如图8.16所示。

图8.16　粒子的类别

下面分别介绍其中4种类型的具体参数。

🔍 【力】：可以作用于粒子系统和动力学系统，在力空间扭曲创建命令面板中可以创建9种不同类型的力空间扭曲，包括推力、马达、旋涡、阻力、粒子爆炸、路径跟随、重力、风和置换空间扭曲，如图8.15所示。

🔍 **【导向器】**：主要用于使粒子系统或动力学系统发生偏移，包含9种不同的空间扭曲——全动力学导向、全泛方向导向、动力学导向板、动力学导向球、泛方向导向板、泛方向导向球、全导向器、导向球和导向板，如图8.17所示。

🔍 **【几何/可变形】**：用于编辑三维对象的形态，提供了7种几何变形空间扭曲。使用这些空间扭曲类型，当被绑定的对象与空间扭曲对象的相对位置发生改变时，会在对象上产生动态的变形效果，常用于表现动画。这个子类别中的空间扭曲包括FFD（长方体）、FFD（圆柱体）、波浪、涟漪、置换、适配变形和爆炸，这些空间扭曲可以应用于任何可变形对象，如图8.18所示。

图8.17　【导向器】命令面板

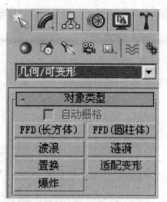

图8.18　【几何/可变形】命令面板

🔍 **【基于修改器】**：作用效果类似于修改器，但它可以作用于整个场景的空间范围，而且与其他空间扭曲一样，也要绑定到对象之上，包括弯曲、扭曲、锥化、倾斜、噪波和拉伸6种空间扭曲，如图8.19所示。所有的基于修改器空间扭曲线框都是简单的盒体形状。基于修改器空间扭曲与相同名称的修改器的所有参数都是相同的。

图8.19　【基于修改器】命令面板

8.1.7　制作反应器动画

反应器（reactor）支持刚体和软体动力学，能够使用OpenGL特性实时进行刚体、软体的碰撞计算，还可以模拟绳索、布料和液体（如水）等动画效果，也可以模拟关节物体的约束和关节活动，并且支持风力、马达驱动等物理行为。

一旦在3ds Max 2009中创建了对象，就可以利用反应器为它们指定真实的物理属性，这些物理属性包括质量、摩擦力和弹力。对象既可以是固定不动的，也可以是自由运动的，还可以通过多种约束结合到一起。为对象指定这些真实的物理属性，可以快速且方便地模拟真实世界的动力学效果，还可以创建精确的动力学关键帧动画。

1. 应用反应器

要使用反应器，首先要找到系统提供的各种反应器工具，可以通过以下三种方法来实现。

🔍 使用工具栏

启动3ds Max 2009后，在主工具栏的空白位置右击，从弹出的快捷菜单中选择【reactor】命令，将【reactor】工具栏显示出来，如图8.20所示。

图8.20 【reactor】工具栏

🔍 通过【动画】菜单

【动画】菜单中的【reactor】子菜单提供了访问反应器物理仿真引擎所需的全部内容，如图8.21所示。

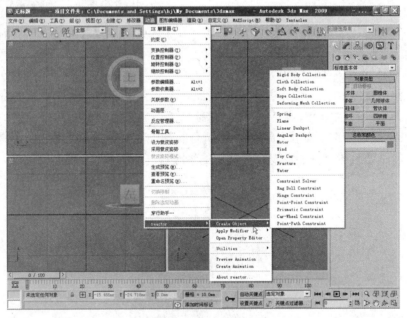

图8.21 【动画】菜单

在使用【reactor】菜单时，通过【Create Object】子菜单中的相关命令可以创建各种类型的反应器，它们与【reactor】工具栏中的按钮是一一对应的。

🔍 使用命令面板

除了通过【reactor】工具栏和【动画】菜单访问反应器元素外，还可以在【创建】命令面板中单击【辅助对象】按钮，然后在类型下拉列表中选择【reactor】子类别，如图8.22所示。【动画】→【reactor】→【Create Object】子菜单和【reactor】工具栏提供了访问各种反应器元素的迅速而简单的方式。例如，单击【reactor】工具栏中的【Create Rigid Body Collection】（创建刚体集合）按钮🔧，可以打开【创建】面板中的【辅助对象】类别，选择【reactor】子类别并选定【RB Collection】按钮。

创建了反应器后，可以在【工具】命令面板中设置它的各项物理属性以及显示等，这是一个默认的实用程序，打开【工具】命令面板后，单击最下面的【reactor】按钮，即可看到它的各个展卷栏，如图8.23所示。

图8.22 【reactor】命令面板

图8.23 反应器的参数展卷栏

2. 使用反应器的一般流程

在 3ds Max 2009中，可以把对象定义为类似椅子或弹球的刚体，也可以把对象定义为织物和绳索等。定义了物理属性之后，可以定义施加在这些对象上的物理力，并模拟最后的动画。反应器不仅能够使困难的物理运动看起来更真实，实现起来也非常有趣。下面来简单介绍一下使用反应器的一般流程和具体使用实例。

通常情况下，在使用反应器的过程中一般需要执行以下步骤：

1 在3ds Max 2009中创建一个场景。

2 在【reactor】命令面板的【Properties】展卷栏中设置3ds Max 2009场景中对象的物理属性。

3 创建刚体集合或软体集合，并将3ds Max 2009中的对象添加到相应的集合中，使之具有相应的属性，并且一些集合要求先为对象指定特定的修改器，如加入织物集合之前，需要为对象指定织物修改器，这些内容将在后面介绍。

4 在场景中创建、添加需要的其他系统。

5 在场景中创建摄影机和灯光，如果不创建，则使用系统提供的默认摄影机和灯光。

6 预览模拟效果，在预览窗口中可以直接输出静帧场景。

7 预览完成后，执行模拟计算，输出最后的动画结果，还可以对动画进行精简。

提示 在实际使用过程中，并不一定要完全按照上面的步骤进行，应该根据用户的实际需要来灵活运用。

在深入研究各个反应器的细节之前，首先了解一下使用反应器时涉及的处理过程。反应器使用的是定义了某些物理属性的几何体。定义了这些属性之后，反应器引擎将其接管过来并定义各种不同对象之间如何相互作用。

有几种不同的方式来定义具有物理属性的几何体。对象可以被添加到一个集合中。集合是反应器对象类型的一种，带有几个继承得到的物理属性，这样的集合有刚体集合等。对象也可以与诸如Spring或Motor的反应器对象链接在一起，这些对象受预先为不同反应器对象设定的外力的影响。可以使用【Object Property】展卷栏设置属性。在这个展卷栏中，可以设置质量、摩擦力和弹性之类的属性。定义了所有对象并将其链接到正确的反应集合或对象之后，可以打开一个预览窗口，从中可以看到对象在当前外力下如何反应。也可以与【Preview】窗口中的各种对象进行交互式操作。

当对动画满意之后，执行【动画】→【reactor】→【Create Animation】命令可以创建动画序列的所有关键点。

在大多数场景中，最基本的物体都属于刚体。刚体是指形状不会发生改变的一类物体，如桌子、茶杯等。刚体也可以作为其他类型物体的初始状态，如将一个刚体转变为软体。一个物体只有添加到刚体集合之中，才能具备刚体属性。

8.2 进阶——典型实例

本节通过具体实例讲解如何在3ds Max 2009中创建动画效果，包括制作地球公转动画、雪花飞舞动画、镜片被球体撞碎动画和钻石落入托盘动画等。通过学习本节知识，读者会对动画创建有一个简单的了解，并能制作出简单的动画实例。

8.2.1 制作地球公转效果

本例将制作一个地球围绕太阳公转的动画实例。通过使用【路径约束】和【方向约束】命令创建动画效果，再设置渲染输出环境，以增强真实感。

最终效果

本例制作完成后的效果如图8.24所示。

图8.24　地球公转实例效果

解题思路

- 创建椭圆对象和球体对象，模拟轨道、太阳和地球。
- 为球体对象赋予材质。
- 为太阳对象创建自动关键帧动画。
- 利用【路径约束】命令将地球对象约束到椭圆对象上。
- 利用【方向约束】命令将地球对象约束到太阳对象上。
- 设置渲染输出。

操作步骤

本例的具体操作步骤如下：

1　重置场景，打开【创建】命令面板，单击【图形】按钮下的【椭圆】按钮，在顶视图中单击并拖动鼠标创建一个椭圆对象，模拟运行轨道，参数设置如图8.25所示。

2　打开【修改】命令面板，在【渲染】展卷栏中选中【在渲染中启用】和【在视口中启用】复选框，然后在【径向】区域中设置【厚度】为"2mm"，如图8.26所示，此时的创建效果如图8.27所示。

图8.25　参数设置

图8.26　设置参数

3　单击【几何体】按钮，在打开的面板中单击【球体】按钮，在顶视图中创建两个球体对象，分别模拟太阳和地球，如图8.28所示。

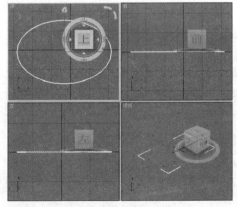

图8.27　创建的椭圆轨道

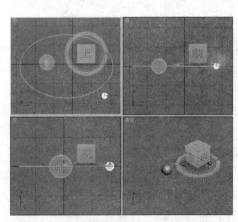

图8.28　创建的球体

4 单击主工具栏上的【材质编辑器】按钮，弹出【材质编辑器】对话框。选择一个材质球，单击展开【贴图】展卷栏。单击【漫反射颜色】后面的【None】按钮，在打开的对话框中双击【位图】选项。

5 在打开的【选择位图图像文件】对话框中选择"太阳"文件，如图8.29所示。

6 单击【打开】按钮，返回【材质编辑器】对话框。在【坐标】展卷栏中选中【环境】单选按钮，然后在【贴图】下拉列表框中选择【球形环境】选项，如图8.30所示。

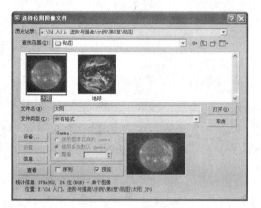

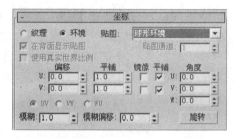

图8.29　选择图像文件　　　　　　　　　　图8.30　设置参数

7 单击【转到父对象】按钮，在视图中选择直径大一点的球体，在【材质编辑器】对话框的水平工具栏中单击【将材质指定给选定对象】按钮，将材质赋予对象。然后，单击【在视口中显示标准贴图】按钮，此时在视图中显示贴图效果，如图8.31所示。

8 按照步骤4和步骤5的操作方法，在【选择位图图像文件】对话框中选择"地球"文件（如图8.32所示），并单击【打开】按钮。

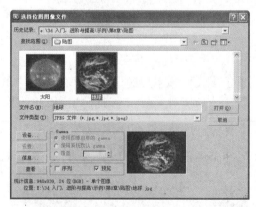

图8.31　赋予材质后的效果　　　　　　　　图8.32　选择图像文件

9 在视图中选择直径小一点的球体，在【材质编辑器】对话框的水平工具栏中单击【将材质指定给选定对象】按钮，将材质赋予对象。然后，单击【在视口中显示标准贴图】按钮，此时在视图中显示贴图效果，如图8.33所示。

10 确保直径大一点的球体处于选定状态，单击【自动关键点】按钮，将自动关键帧模式打开，将时间滑块调到第100帧的位置。

11 在主工具栏上右键单击【选择并旋转】按钮，打开【旋转变换输入】对话框，在【偏移：屏幕】区域中将【Z】设置为"360"，如图8.34所示。

图8.33 赋予材质后的效果

图8.34 设置参数

12 单击【自动关键点】按钮，将自动关键帧模式关闭。

下面继续制作地球绕太阳公转并自转的动画。

13 确保直径小一点的球体处于选定状态，选择【动画】→【约束】→【路径约束】命令，单击视图中的椭圆对象（如图8.35所示），为球体制作一段路经约束动画，如图8.36所示。

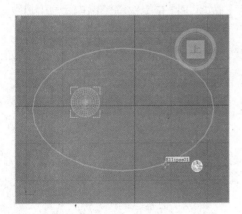

图8.35 单击椭圆对象

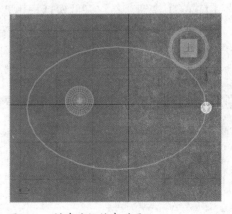

图8.36 创建路经约束动画

14 确保地球对象处于选中状态，打开【动画】命令面板，在【指定控制器】展卷栏中选择【Rotation】（旋转）项，如图8.37所示。

15 单击【指定控制器】按钮 **[?]**，弹出【指定 旋转 控制器】对话框，选择【方向约束】选项，如图8.38所示。

图8.37 选择【Rotation】（旋转）项

16 单击【确定】按钮。展开【方向约束】展卷栏，单击【添加方向约束】按钮，在视图中单击太阳对象，使地球随着太阳的旋转而旋转。此时的【方向约束】展卷栏如图8.39所示。

图8.38 【指定 旋转 控制器】对话框

图8.39 【方向约束】展卷栏

17 单击【播放动画】按钮播放动画，会发现地球在绕椭圆路经运动的同时还会随太阳一起转动。

18 执行【渲染】→【环境】命令，打开【环境和大气】对话框，单击【环境贴图】下的【None】按钮，在打开的对话框中双击【位图】选项，打开【选择位图图像文件】对话框，选择"宇宙"文件，如图8.40所示。

19 单击【打开】按钮，调整一下各个对象的位置，按【F9】键快速渲染图像，效果如图8.41所示。

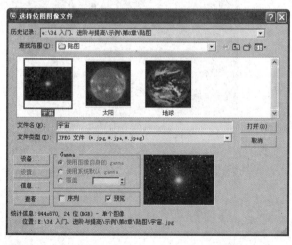

图8.40 选择图像文件

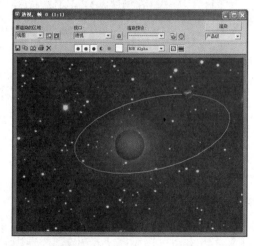

图8.41 渲染效果

20 执行【渲染】→【渲染设置】命令，打开【渲染设置】对话框，设置渲染时间为0~100帧、动画大小为640×480、渲染的视图为透视图，如图8.42所示。

21 单击【渲染输出】区域中的【文件】按钮，在弹出的【渲染输出文件】对话框中为将要输出的动画文件设置名称、格式和存放路径，如图8.43所示。

图8.42　【渲染设置】对话框

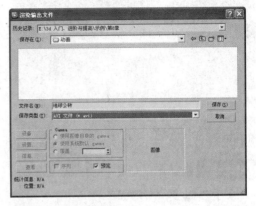

图8.43　设置渲染输出的路径

22 单击【保存】按钮，打开如图8.44所示的提示框，单击【确定】按钮，完成设置。然后，单击【渲染设置】对话框下面的【渲染】按钮，开始渲染动画。

图8.44　提示框

8.2.2　制作雪景

本例将制作一个雪花飞舞的动画实例。通过使用雪和暴风雪粒子系统创建雪花效果，然后添加环境贴图、目标摄影机和泛光灯，以便增加真实环境的感觉。

最终效果

本例制作完成后的效果如图8.45所示。

解题思路

- 创建雪粒子系统并设置其参数，模拟雪花的效果。
- 创建暴风雪粒子系统并设置其参数，增强真实效果。
- 创建目标摄影机并设置其参数，将视图转换为摄影机视图。
- 为雪粒子系统和暴风雪粒子系统赋予材质。
- 创建泛光灯，为场景增加照明效果。
- 设置渲染输出。

图8.45　雪花飞舞实例效果

操作步骤

本例的具体操作步骤如下：

1 重置场景，在【创建】命令面板中单击【几何体】按钮，在【标准基本体】下拉列表中选择【粒子系统】选项，如图8.46所示。

选择该选项

图8.46　选择【粒子系统】选项

2 在【对象类型】展卷栏中单击【雪】按钮，如图8.47所示。在顶视图中单击并拖动鼠标，创建粒子系统，如图8.48所示。

图8.47　单击【雪】按钮

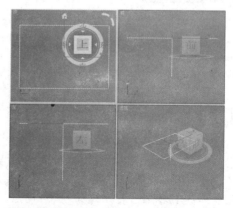

图8.48　创建粒子系统

3 打开【修改】命令面板，在【参数】展卷栏中设置雪粒子系统的参数，如图8.49和图

8.50所示。设置参数后的视图效果如图8.51所示。

图8.49 设置参数 　　　　　　　　　图8.50 设置参数

为了模拟真实世界雪花下落时的不规则状态，表现部分雪花下落时不断旋转的效果，下面用暴风雪粒子系统来创建一部分雪花。

4 单击【创建】命令面板，在【标准几何体】下拉列表中选择【粒子系统】选项，单击【暴风雪】按钮，在顶视图中创建一个与雪粒子系统大小相同的暴风雪粒子系统，如图8.52所示。

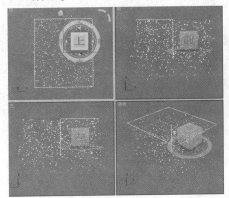

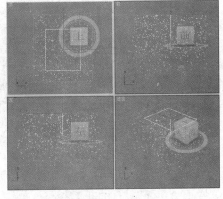

图8.51 修改雪粒子系统参数后的效果 　　　图8.52 创建暴风雪粒子系统

5 打开【修改】命令面板，在暴风雪粒子系统的【基本参数】和【粒子生成】展卷栏中设置参数，如图8.53、图8.54和图8.55所示。

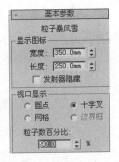

图8.53 设置参数 　　　　图8.54 设置参数 　　　　图8.55 设置参数

6 单击展开【粒子类型】展卷栏，在【粒子类型】区域中选择【标准粒子】单选按钮，在【标准粒子】区域中选择【球体】单选按钮，如图8.56所示。

7 单击展开【旋转和碰撞】展卷栏，设置【自旋时间】为"30"，如图8.57所示。这样就完成了暴风雪粒子系统的参数设置，此时的视图效果如图8.58所示。

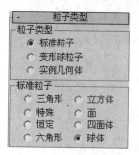

图8.56 设置参数

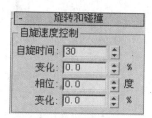

图8.57 设置参数

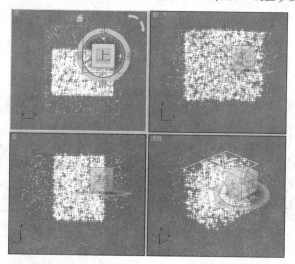

图8.58 设置完成后的效果

8 执行【渲染】→【环境】命令，打开【环境和大气】对话框，单击【环境贴图】下的【None】按钮，在打开的对话框中双击【位图】选项，打开【选择位图图像文件】对话框，选择需要的"背景"文件，如图8.59所示。

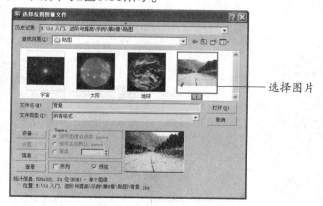

图8.59 选择背景图片

9 单击【打开】按钮,关闭对话框。激活透视图,执行【视图】→【视口背景】→【视口背景】命令,打开【视口背景】对话框。

10 选中【使用环境背景】和【显示背景】复选框,如图8.60所示。此时的透视图效果如图8.61所示。

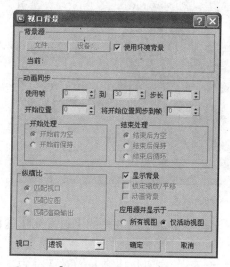

图8.60 【视口背景】对话框

图8.61 显示背景

11 在【创建】命令面板中单击【摄影机】按钮,然后在打开的面板中单击【目标】按钮,如图8.62所示。将所有的视图都缩小,然后在顶视图中单击并拖动鼠标创建一个目标摄影机,如图8.63所示。

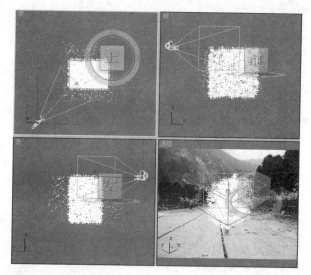

图8.62 选择目标摄影机

图8.63 创建摄影机

12 选中新创建的摄影机,打开【修改】命令面板,在【参数】展卷栏中设置【镜头】为"50"、【视野】为"39.598",如图8.64所示。

13 激活透视图,按【C】键转换为摄影机视图,在前视图中调整摄影机的位置,并通过摄影机视图观察调整效果,如图8.65所示。

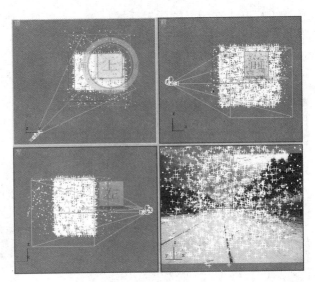

图8.64　设置参数　　　　图8.65　调整摄影机的位置

14 按【M】键打开【材质编辑器】对话框，在【Blinn基本参数】展卷栏的【自发光】区域中选中【颜色】复选框，并设置它的RGB颜色为"196，196，196"。

15 打开【贴图】展卷栏，单击【不透明度】后的【None】按钮，在打开的对话框中选择【渐变坡度】选项，如图8.66所示。

16 单击【确定】按钮，返回【材质编辑器】对话框。在【渐变坡度参数】展卷栏中将【渐变类型】设置为"径向"，再在【输出】展卷栏中选中【反转】复选框，如图8.67所示。

图8.66　选择【渐变坡度】选项

图8.67　设置渐变参数

17 选中场景中的所有粒子系统，在【材质编辑器】对话框的水平工具栏中单击【将材质指定给选定对象】按钮，将材质赋予对象。按【F9】键快速渲染图像，效果如图8.68所示。

18 在【创建】命令面板中单击【灯光】按钮，从类型下拉列表中选择【标准】选项，然后在打开的面板单击【泛光灯】按钮，在顶视图中创建一盏泛光灯，如图8.69所示。

图8.68 渲染效果

图8.69 创建灯光

19 在【常规参数】展卷栏的【阴影】区域中选中【启用】复选框，在【强度/颜色/衰减】展卷栏中将【倍增】设置为"1.0"，并将RGB颜色设置为"196，196，196"，如图8.70所示。

20 制作完成后，激活透视图，执行【渲染】→【渲染】命令，渲染场景，效果如图8.71所示。

图8.70 设置参数

图8.71 最终渲染效果

21 单击视图右下角的【时间配置】按钮，打开【时间配置】对话框，在【动画】区域中设置【结束时间】为"200"，如图8.72所示。

22 单击【确定】按钮，关闭对话框。执行【渲染】→【渲染设置】命令，打开【渲染设置】对话框，设置渲染时间为0~200帧、动画大小为640×480、渲染的视图为摄影机视图，如图8.73所示。

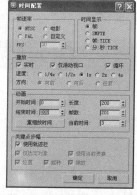

图8.72 设置输出时间

图8.73 【渲染设置】对话框

23 单击【渲染输出】区域中的【文件】按钮，在弹出的【渲染输出文件】对话框中为将要输出的动画文件设置名称、格式和存放路径，如图8.74所示。

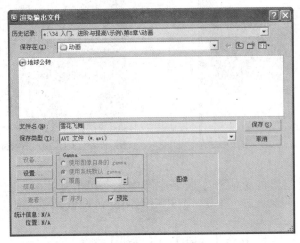

图8.74　设置渲染输出的路径

24 单击【保存】按钮，打开【AVI文件压缩设置】对话框，单击【确定】按钮，设置完成。然后，在【渲染设置】对话框中单击下面的【渲染】按钮，开始渲染动画。

8.2.3　制作镜片撞碎效果

　　本例将制作一个小球撞碎镜片的动画，通过使用粒子爆炸和动力学导向板空间扭曲实现镜片被撞碎的动画效果。

最终效果

　　本例制作完成后的效果如图8.75所示。

图8.75　镜片撞碎实例效果

解题思路

- 创建球体对象和平面对象，分别模拟小球和镜面。
- 创建粒子阵列粒子系统，拾取镜面对象。
- 创建目标摄影机并设置其参数，将视图转换为摄影机视图。
- 创建粒子爆炸空间扭曲，并将其绑定到粒子阵列粒子系统上。

📷 创建重力空间扭曲，并将其绑定到粒子阵列粒子系统上。
📷 设置关键帧动画。
📷 创建动力学导向板空间扭曲，并将其绑定到粒子阵列粒子系统上。
📷 设置渲染输出。

操作步骤

本例的具体操作步骤如下：

1 重置场景，在【创建】命令面板中单击【几何体】按钮，单击【球体】按钮，在顶视图中创建一个球体对象，然后单击【平面】按钮，在左视图中创建一个平面对象模拟镜面，并调整好它们的位置，效果如图8.76所示。

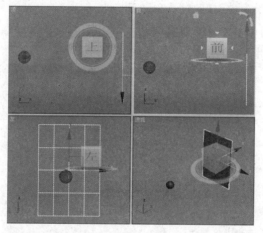

图8.76　创建对象

2 在【创建】命令面板中单击【几何体】按钮，在【标准基本体】下拉列表中选择【粒子系统】选项，然后单击【粒子阵列】按钮，如图8.77所示，在前视图中拖动鼠标创建一个粒子阵列对象，如图8.78所示。

图8.77　单击【粒子阵列】按钮

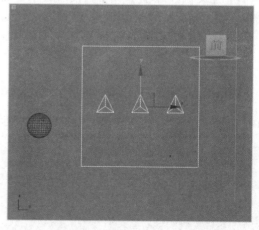

图8.78　创建的粒子阵列

3 在【基本参数】展卷栏中单击【拾取对象】按钮，如图8.79所示。此时的鼠标光标变为十字形状 ✛，在左视图中单击平面对象拾取平面，如图8.80所示。

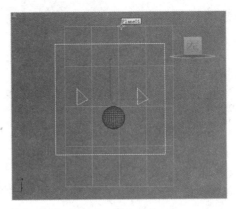

图8.79　单击【拾取对象】按钮　　　图8.80　拾取平面

4 在【视口显示】区域中选择【网格】单选按钮，如图8.81所示。单击展开【粒子生成】
展卷栏，设置参数如图8.82所示。

图8.81　选择【网格】单选按钮

图8.82　设置参数

5 单击展开【粒子类型】展卷栏，在【粒子类型】区域中选中【对象碎片】单选按钮，在
【对象碎片控制】区域中选中【碎片数目】单选按钮，并设置【最小值】为"40"，如
图8.83所示。

6 单击展开【旋转和碰撞】展卷栏，设置【自旋时间】为"100"、【变化】为"50"，
如图8.84所示。

图8.83　设置参数

图8.84　设置参数

7 在【创建】命令面板中单击【空间扭曲】按钮，在类型下拉列表中选择【力】选项，单击【粒子爆炸】按钮，如图8.85所示。.

8 在顶视图中单击并拖动鼠标创建粒子爆炸空间扭曲，然后把它放在平面对象的正前方，如图8.86所示。

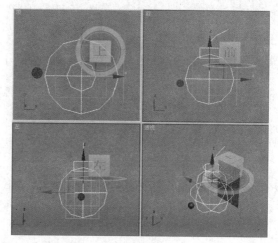

图8.85　单击【粒子爆炸】按钮　　　　图8.86　创建粒子爆炸空间扭曲

9 打开【修改】命令面板，在【基本参数】展卷栏中将【混乱度】设置为"50"，将【强度】设置为"0.2"，如图8.87所示。

10 确保新创建的粒子爆炸空间扭曲处于选定状态，在主工具栏上单击【绑定到空间扭曲】按钮，然后用鼠标拖曳粒子爆炸空间扭曲到粒子阵列对象上，绑定空间扭曲，如图8.88所示。

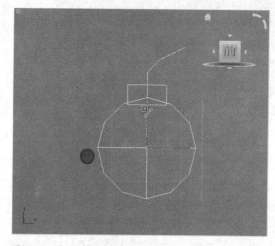

图8.87　修改参数　　　　　　　图8.88　绑定空间扭曲

11 在【创建】命令面板中单击【空间扭曲】按钮，在类型下拉列表中选择【力】选项，单击【重力】按钮，在顶视图中单击并拖动鼠标创建重力空间扭曲，如图8.89所示。

12 打开【修改】命令面板，在【参数】展卷栏的【力】区域中将【强度】设置为"0.1"，如图8.90所示。

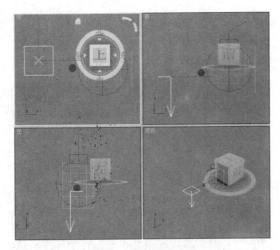

图8.89 创建重力空间扭曲

图8.90 设置参数

13 按照步骤10的操作方法把重力空间扭曲绑定到粒子阵列对象上。

14 单击界面右下方的【自动关键点】按钮，将时间滑块拖动到第40帧的位置，单击主工具栏上的【选择并移动】按钮，移动球体对象到平面对象面前，如图8.91所示。

15 单击界面下方的【设置关键点】按钮，设置关键帧，单击【播放动画】按钮，开始播放动画。当小球移动到第40帧时玻璃被撞碎，动画过程中的画面如图8.92所示。

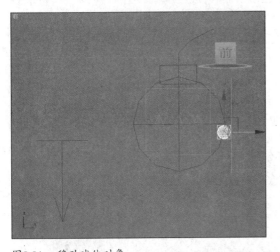

图8.91 移动球体对象

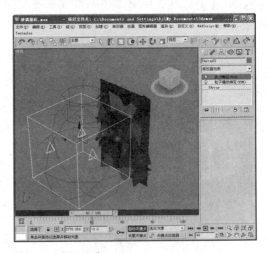

图8.92 动画效果

　　当动画运行到第100帧时，镜片会落下去（如图8.93所示），这跟真实世界的效果是不符的。下面我们来创建导向器空间扭曲，让镜子的碎片直接落到地面上。

16 在【创建】命令面板中单击【几何体】按钮，然后单击【平面】按钮，在顶视图中创建一个平面对象，并在前视图中调整它的位置，使其位于镜面对象的下方，如图8.94所示。

17 单击【空间扭曲】按钮，在类型下拉列表中选择【导向器】选项，在打开的面板中单击【动力学导向板】按钮，如图8.95所示。

18 在顶视图中单击并拖动鼠标，创建动力学导向板空间扭曲，如图8.96所示。

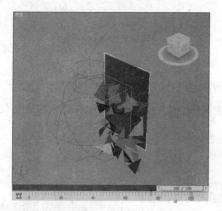

图8.93 动画效果

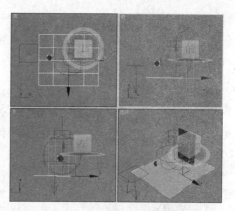

图8.94 创建平面对象

图8.95 单击【动力学导向板】按钮

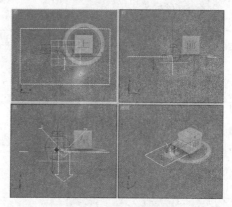

图8.96 创建的动力学导向板空间扭曲

提示 应使创建的空间扭曲足够宽，以便完全位于镜面对象的下面。

19 确保动力学导向板空间扭曲处于选中状态，在主工具栏上右击【选择并旋转】按钮，打开【旋转变换输入】对话框，在【偏移：屏幕】区域中设置【X】为"180"，如图8.97所示。

20 关闭对话框，此时单一的大箭头向上指向镜面，将它放置到组成地面的平面对象的下面，如图8.98所示。

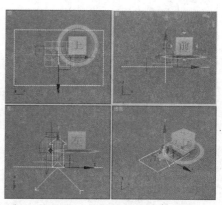

图8.97 设置参数

图8.98 旋转空间扭曲

21 打开【修改】命令面板，在【参数】展卷栏中将【反射】设置为"100%"，将【反弹】设置为"0"，如图8.99所示。然后，把这个空间扭曲绑定到粒子爆炸对象上，这样碎片就可以直接落到地面上了，如图8.100所示。

图8.99　设置参数　　　　　　　　　图8.100　镜片落到地面上了

22 执行【渲染】→【渲染设置】命令，打开【渲染设置】对话框，设置渲染时间为0~100帧、动画大小为640×480、渲染的视图为透视图，如图8.101所示。

23 单击【渲染输出】区域中的【文件】按钮，在弹出的【渲染输出文件】对话框中为将要输出的动画文件设置名称、格式和存放路径，如图8.102所示。

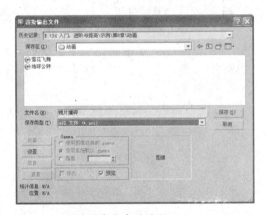

图8.101　【渲染设置】对话框　　　　　图8.102　设置渲染输出的路径

24 单击【保存】按钮，打开【AVI文件压缩设置】对话框，单击【确定】按钮，设置完成。然后，在【渲染设置】对话框中单击下面的【渲染】按钮，开始渲染动画。

8.2.4　制作钻石落盘效果

本例将制作一个钻石落盘的动画实例。首先创建模型，然后使用【reactor】中的刚体命令创建刚体集合，并添加对象和修改参数，创建动画效果。

本例制作完成后的效果如图8.103所示。

图8.103　钻石落盘的实例效果

解题思路

- 创建平面对象，模拟地板。
- 绘制曲线，应用车削修改器将其旋转为三维对象。
- 为创建的对象赋予材质。
- 创建异面体对象，模拟钻石。
- 创建刚体集合，将所有的对象添加进来。
- 打开刚体属性编辑器对话框，设置刚体的属性。
- 设置渲染输出。

操作步骤

本例的具体操作步骤如下：

1　重置场景，在【创建】命令面板中单击【几何体】按钮，在打开的面板中单击【平面】按钮，在顶视图中创建一个平面对象，模拟地板。

2　在【创建】命令面板中单击【图形】按钮，然后单击【线】按钮，在前视图中绘制如图8.104所示的曲线，用于制作托盘。

3　打开【修改】命令面板，在修改器下拉列表中选择【车削】选项，将曲线旋转为托盘，如图8.105所示。

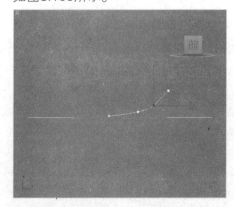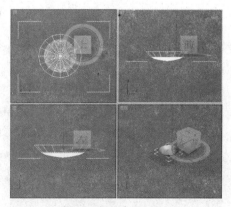

图8.104　绘制曲线　　　　　　　　　图8.105　应用车削修改器后的效果

4 单击主工具栏上的【材质编辑器】按钮,弹出【材质编辑器】对话框。选择一个材质球,展开【贴图】展卷栏,单击【漫反射颜色】后面的【None】按钮,在打开的对话框中双击【位图】选项。

5 在打开的【选择位图图像文件】对话框中选择需要的"青花瓷"文件,如图8.106所示。

6 单击【打开】按钮,完成操作,返回【材质编辑器】对话框。

7 单击【转到父对象】按钮,在视图中选择托盘对象,在【材质编辑器】对话框的水平工具栏中单击【将材质指定给选定对象】按钮,将材质赋予对象。然后,单击【在视口中显示标准贴图】按钮,此时在视图中显示贴图效果,如图8.107所示。

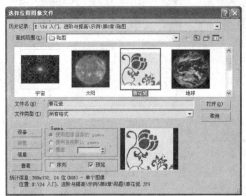

图8.106 选择图像文件

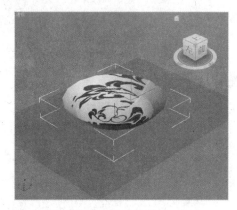

图8.107 赋予材质后的效果

8 选择一个新的材质球,展开【贴图】展卷栏,单击【漫反射颜色】后面的【None】按钮,在打开的对话框中双击【木材】选项。在【木材参数】展卷栏中将【颗粒密度】设置为"20",如图8.108所示。

设置该参数———

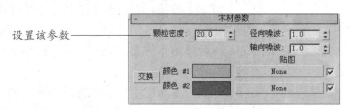

图8.108 设置参数

9 单击【转到父对象】按钮,将材质赋予对象,此时的视图效果如图8.109所示。

10 在【创建】命令面板的下拉列表中选择【扩展几何体】选项,单击【异面体】按钮,在顶视图中制作一个小的异面体,按【Shift】键,在前视图将其向上复制出6个,然后将它们全部选中,再按【Shift】键向右复制出3个,得到如图8.110所示的效果。

11 执行【动画】→【reactor】→【Create Animation】→【Rigid Body Collection】命令,在前视图中单击创建一个刚体集合,如图8.111所示。

提示 刚体对象放在什么位置无所谓。

图8.109　赋予材质后的效果

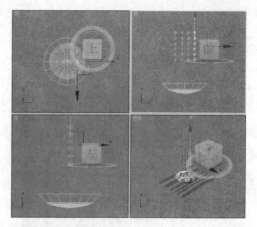

图8.110　制作的异面体

12 【RB Collection Properties】（刚体集合属性）展卷栏中单击【Add】按钮，如图8.112所示。

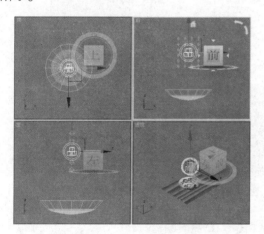

图8.111　创建刚体集合

图8.112　单击【Add】按钮

> **提示**　如果场景中要拾取的对象较少，则可以单击【Pick】按钮，在场景中依次分别拾取。

13 打开【Select rigid bodies】（选择刚体对象）对话框，选中所有的对象（如图8.113所示），然后单击【Select】按钮，这样就可以将场景中的所有对象全部添加到刚体集合中。

14 选择作为地板的平面对象和托盘对象，执行【动画】→【reactor】→【Open Property Editor】命令，打开刚体属性编辑器对话框。

15 在【Physical Properties】区域中选中【Unyielding】（固定）复选框，防止这两个对象移动。在【Simulation Geometry】区域中选中【Concave Mesh】（凹面网格）复选框，如图8.114所示。

16 选定场景中的所有异面体对象，把【Mass】（质量）设置为"5.0"。

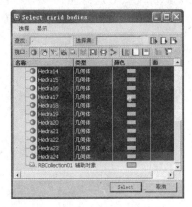

图8.113　【Select rigid bodies】对话框

图8.114　刚体属性编辑器对话框

17 单击【播放动画】按钮播放动画，模拟钻石落入托盘的过程，如图8.115所示。

图8.115　动画过程

18 执行【渲染】→【渲染设置】命令，打开
【渲染设置】对话框，设置渲染时间为
0~100帧、动画大小为640×480、渲染
的视图为透视图，如图8.116所示。

19 单击【渲染输出】区域中的【文件】按
钮，在弹出的【渲染输出文件】对话框中
为将要输出的动画文件设置名称、格式和
存放路径，如图8.117所示。

图8.116　渲染设置对话框

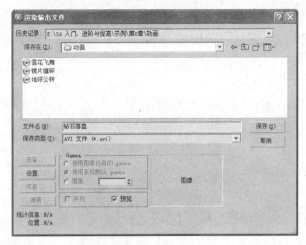

图8.117 设置渲染输出的路径

20 单击【保存】按钮，打开【AVI文件压缩设置】对话框，单击【确定】按钮。然后，在【渲染设置】对话框中单击下面的【渲染】按钮，开始渲染动画。

8.3 提高——自己动手练

本节将进一步讲解如何在3ds Max 2009中制作动画，包括创建摄影机动画和文字标版动画。通过对本节中实例的学习，读者可以更熟练地掌握动画制作的流程和方法。

8.3.1 制作摄影机动画

本例将介绍摄影机动画的具体制作方法。要制作三维动画，除了对场景中的对象进行动画设置外，还可以通过移动调整摄影机和灯光来实现。摄影机动画的应用同现实生活中使用摄像机进行运动拍摄一样。

最终效果

本例制作完成后的效果如图8.118所示。

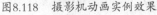

图8.118 摄影机动画实例效果

解题思路

🔍 创建文字对象并设置属性。

🔍 为新创建的文字对象添加倒角修改器。

🔍 为创建的文字对象赋予材质。

🔍 在【时间配置】对话框中设置渲染时间。

🔍 创建目标摄影机，通过移动摄影机设置关键帧动画。

🔍 设置渲染输出。

操作步骤

本例的具体操作步骤如下：

1　重置场景，在【创建】命令面板中单击【图形】按钮，在打开的面板中单击【文本】按钮。

2　在【参数】展卷栏中设置字体为"黑体"、【大小】为"160mm"、【行间距】为
　　"50mm"，然后在【文本】框中输入"摄影机动画"，如图8.119所示。在前视图中单
　　击鼠标左键创建文本对象，如图8.120所示。

图8.119　设置参数

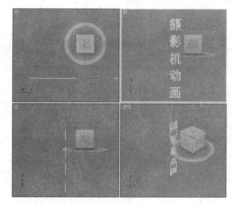

图8.120　创建文本

3　打开【修改】命令面板，在修改器下拉列表中选择【倒角】选项。在【倒角值】展卷栏
　　中将【起始轮廓】设置为"1.5mm"，将【级别1】中的【高度】设置为"10mm"；
　　选中【级别2】复选框，然后将【高度】设置为"3mm"，将【轮廓】设置为
　　"–2.5mm"，如图8.121所示。修改参数后的视图效果如图8.122所示。

图8.121　设置参数

图8.122　应用倒角修改器后的效果

4 单击主工具栏上的【材质编辑器】按钮，弹出【材质编辑器】对话框，选择一个材质球。

5 打开【明暗器基本参数】展卷栏，单击渲染模式下拉按钮，从打开的下拉列表中选择【金属】材质，如图8.123所示。

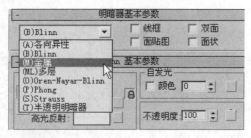

图8.123　设置参数

6 打开【金属基本参数】展卷栏，将【环境光】和【漫反射】的RGB颜色分别设置为"46，0，1"和"255，192，0"，将【反射高光】区域中的【高光级别】设置为"100"，将【光泽度】设置为"80"，如图8.124所示。双击材质球，放大后的窗口如图8.125所示。

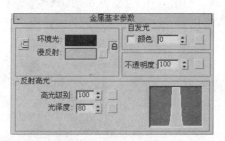

图8.124　设置参数

图8.125　放大后的效果

7 单击展开【贴图】展卷栏，将【反射】的值设置为"20"，然后单击【反射】右侧的【None】按钮，在打开的对话框中双击【位图】选项。

8 在打开的【选择位图图像文件】对话框中选择需要的"金黄色"文件，如图8.126所示。

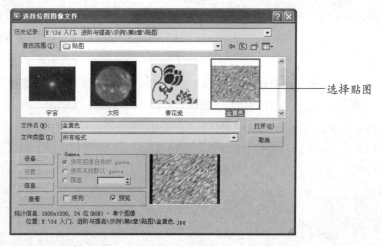

图8.126　选择贴图

9 单击【打开】按钮，打开位图文件，在【裁剪/放置】区域中选中【应用】复选框，如图

8.127所示。单击【查看图像】按钮，打开如图8.128所示的窗口，对图像进行裁剪。

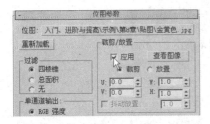

图8.127　选中【应用】复选框

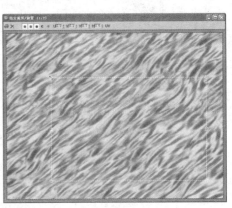

图8.128　裁剪贴图

10 选中文本对象，单击【材质编辑器】对话框中的【将材质指定给选定对象】按钮，将材质赋予对象，如图8.129所示。

11 单击程序窗口右下方的【时间配置】按钮，打开【时间配置】对话框。在【帧速率】区域中选中【PAL】单选按钮，再在【动画】区域中设置【开始时间】为"0"、【结束时间】为"50"，如图8.130所示。

图8.129　赋予材质后的效果

图8.130　【时间配置】对话框

12 单击【确定】按钮，关闭对话框。在【创建】命令面板中单击【摄影机】按钮，然后单击【目标】按钮，在顶视图中创建一个目标摄影机，在【参数】展卷栏中将【镜头】设置为"29"，如图8.131所示。在前视图和左视图中调整摄影机的位置，如图8.132所示。

13 在透视图中右击文字图标，在弹出的快捷菜单中选择【显示安全框】命令，如图8.133所示。

提示　按【Shift+F】组合键也可以在摄影机视图中显示安全框。

14 在程序窗口右下方单击【自动关键点】按钮，将滑块拖动到第0帧，单击【设置关键点】按钮 设置关键帧，并将透视图转换为摄影机视图观察其效果，如图8.134所示。

图8.131　设置参数

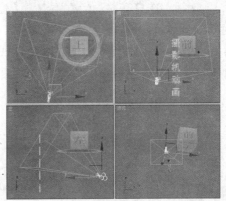

图8.132　创建的摄影机

图8.133　显示安全框

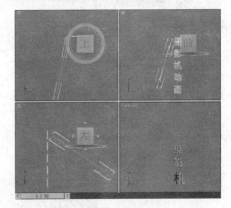

图8.134　设置第一个关键帧

15 拖动摄影机，调整到如图8.135所示的位置，拖动时间滑块到第30帧，然后单击【设置关键点】按钮 设置关键帧，在摄影机视图中观察其效果。

16 使用同样的方法拖动摄影机，让文字全部显示出来，再将时间滑块拖动到第50帧，单击【设置关键点】按钮设置关键帧，在摄影机视图中观察文字效果，如图8.136所示。

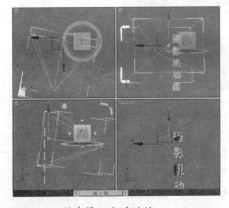

图8.135　创建第二个关键帧

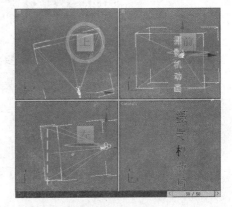

图8.136　创建第三个关键帧

17 单击【自动关键点】按钮，退出设置关键帧状态。

18 执行【渲染】→【环境】命令，打开【环境和效果】对话框。单击【环境贴图】下的【None】按钮，在打开的对话框中双击【位图】选项，打开【选择位图图像文件】对话框，选择需要的"背景图片"文件，如图8.137所示。

19 单击【打开】按钮，关闭对话框。激活透视图，执行【视图】→【视口背景】→【视口背景】命令，打开【视口背景】对话框。

20 选中【使用环境背景】和【显示背景】复选框，如图8.138所示。此时的透视图效果如图8.139所示。

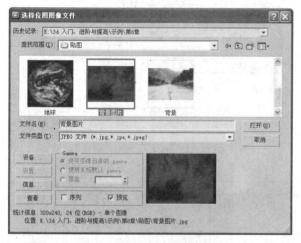

图8.137 选择图像文件

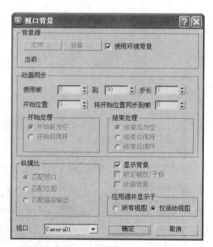

图8.138 【视口背景】对话框

图8.139 显示背景

21 执行【渲染】→【渲染设置】命令，打开【渲染设置】对话框，设置渲染时间为0~50帧、动画大小为640×480、渲染的视图为摄影机视图，如图8.140所示。

22 单击【渲染输出】区域中的【文件】按钮，在弹出的【渲染输出文件】对话框中为将要输出的动画文件设置名称、格式和存放路径，如图8.141所示。

23 单击【保存】按钮，打开【AVI文件压缩设置】对话框，单击【确定】按钮，完成设置。然后，在【渲染设置】对话框中单击下面的【渲染】按钮，开始渲染动画。

 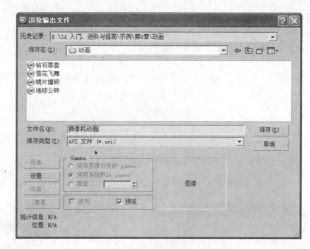

图8.140　【渲染设置】对话框　　　图8.141　设置渲染输出的路径

8.3.2　制作文字标版动画

在广告片头中经常用到三维文字，本例将介绍如何制作文字标版动画。通过移动摄影机并修改轨迹视图中关键帧的开始时间来制作动画。

最终效果

本例制作完成后的效果如图8.142所示。

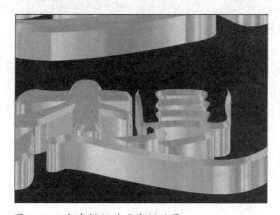 

图8.142　文字标版动画实例效果

解题思路

- 在【时间配置】对话框中设置渲染时间。
- 创建文字对象并设置属性。
- 为新创建的文字对象添加倒角修改器。
- 为创建的文字对象赋予材质。
- 创建目标摄影机，通过移动摄影机并修改材质参数设置关键帧动画。
- 创建虚拟对象，把摄影机链接到虚拟对象上。
- 在轨迹视图对话框中修改关键帧的开始时间。
- 设置渲染输出。

操作步骤

本例的具体操作步骤如下:

1 重置场景,单击程序窗口右下方的【时间配置】按钮 ,打开【时间配置】对话框。在【动画】区域中将【长度】设置为"200"(如图8.143所示),然后单击【确定】按钮,关闭对话框。

2 在【创建】命令面板中单击【图形】按钮,在打开的面板中单击【文本】按钮。

3 在【参数】展卷栏中将字休设置为"隶书",将【大小】设置为"70mm",然后在【文本】框中输入"梦想",在顶视图中单击鼠标左键创建文字对象,如图8.144所示。

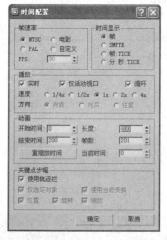

图8.143　配置时间

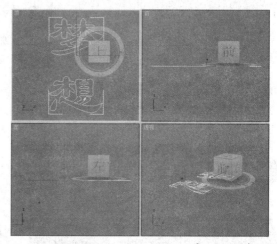

图8.144　创建的文字对象

4 打开【修改】命令面板,在修改器下拉列表中选择【倒角】选项,在【倒角值】展卷栏中将【级别1】的【高度】设置为"7mm",选中【级别2】复选框,然后将【高度】设置为"1.27mm",将【轮廓】设置为"-0.762mm",如图8.145所示。修改参数后的视图效果如图8.146所示。

图8.145　设置参数

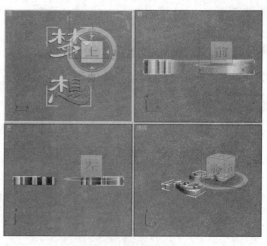

图8.146　应用倒角修改器后的效果

5 单击主工具栏上的【材质编辑器】按钮，弹出【材质编辑器】对话框，选择一个材质球。

6 打开【明暗器基本参数】展卷栏，单击渲染模式下拉按钮，从打开的下拉列表中选择【金属】材质，如图8.147所示。

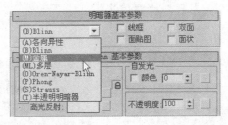

图8.147　设置参数

7 打开【金属基本参数】展卷栏，将【环境光】和【漫反射】的RGB颜色分别设置为"0，0，1"和"255，192，0"，将【反射高光】区域中的【高光级别】设置为"100"，将【光泽度】设置为"68"，如图8.148所示。

8 展开【贴图】展卷栏，单击【反射】右侧的【None】按钮，在打开的对话框中双击【位图】选项。

9 在打开的【选择位图图像文件】对话框中选择需要的"文字贴图"文件，如图8.149所示。

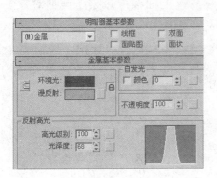

图8.148　设置参数

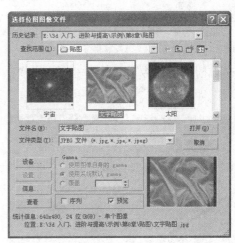

图8.149　选择贴图

10 单击【打开】按钮，打开位图文件。选中文字对象，单击【材质编辑器】对话框中的【将材质指定给选定对象】按钮，将材质赋予对象，如图8.150所示。

11 将时间滑块拖动到200帧处，单击程序窗口右下方的【自动关键点】按钮，在【材质编辑器】对话框中将【高光级别】设置为"60"，将【光泽度】设置

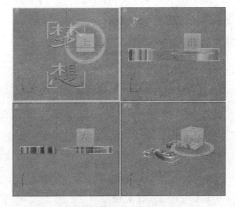

图8.150　赋予材质后的效果

为"100"（如图8.151所示），单击【设置关键点】按钮 ⚬━ 设置关键帧。然后，单击【自动关键点】按钮，退出设置关键帧状态。

12 在【创建】命令面板中单击【摄影机】按钮，然后单击【目标】按钮，在顶视图中创建一个目标摄影机，在【参数】展卷栏中将【镜头】设置为"35mm"，并在前视图和左视图中调整摄影机的位置，如图8.152所示。

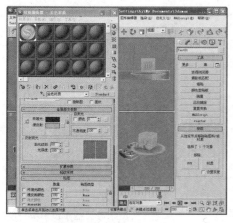

图8.151 设置文字材质

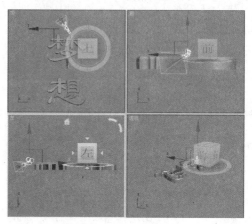

图8.152 创建摄影机

13 在顶视图中再创建一个目标摄影机，将【镜头】设置为"23.551mm"，并调整它的角度和位置，如图8.153所示。

14 在【创建】命令面板中单击【辅助对象】按钮，在打开的面板中单击【虚拟对象】按钮，在顶视图中单击并拖动鼠标创建一个虚拟对象，如图8.154所示。

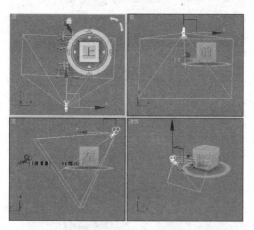

图8.153 创建摄影机

图8.154 创建虚拟对象

15 在主工具栏中单击【选择并链接】按钮 ⚛，将Camera01的投射点和目标点均链接到虚拟对象上，使摄影机同虚拟对象一起移动，如图8.155所示。

16 打开【显示】命令面板，单击展开【显示属性】展卷栏，选中【轨迹】复选框，如图8.156所示。

17 将时间滑块拖动到100帧处，单击【自动关键点】按钮，在顶视图中移动Camera01显示移动轨迹，如图8.157所示。

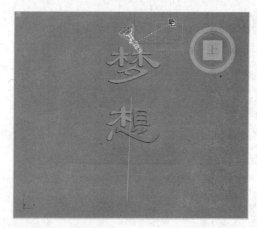

图8.155 链接摄影机 图8.156 选中【轨迹】复选框

18 将关键帧调至200帧处，在左视图中调整Camera02的位置和角度，如图8.158所示。

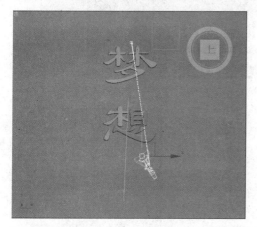

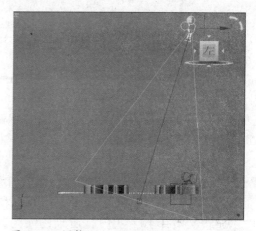

图8.157 显示移动轨迹 图8.158 调整Camera02

19 在主工具栏上单击【曲线编辑器】按钮，打开轨迹视图对话框，如图8.159所示。

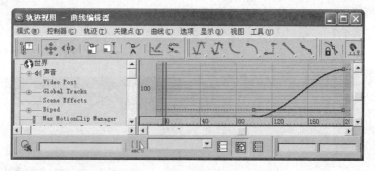

图8.159 轨迹视图对话框

20 执行【模式】→【摄影表】命令，然后在左侧的对象序列中选择【Camera02】选项，展开【变换】→【位置】项，选择左侧的关键帧，如图8.160所示。

21 将关键帧调整至100帧的位置，使Camera02的动画在100帧处开始执行，如图8.161所示。

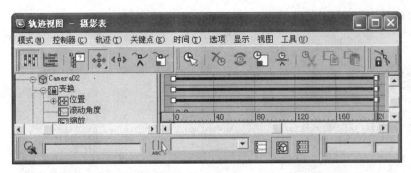

图8.160 展开【变换】→【位置】项

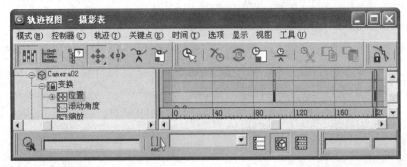

图8.161 设置位置

22 激活透视图，按【C】键打开【选择摄影机】
对话框，选择【Camera02】选项（如图8.162
所示），然后单击【确定】按钮。

23 执行【渲染】→【渲染设置】命令，打开【渲
染设置】对话框，设置渲染时间为0~200帧、
动画大小为640×480、渲染的视图为前视
图，如图8.163所示。

24 单击【渲染输出】区域中的【文件】按钮，在
弹出的【渲染输出文件】对话框中为将要输出
的动画文件设置名称、格式和存放路径，如图
8.164所示。

图8.162 选择摄影机

图8.163 【渲染设置】对话框

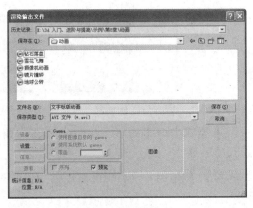

图8.164 设置渲染输出的路径

25 单击【保存】按钮，打开【AVI文件压缩设置】对话框，单击【确定】按钮，完成设置。然后，在【渲染设置】对话框中单击下面的【渲染】按钮，开始渲染动画。

8.4 答疑与技巧

问：在制作动画时，一般都只设置关键帧，那么两个关键帧之间的动画是怎么完成的呢？

答：两个关键帧之间的帧称为中间帧，在制作动画时，计算机会经过计算自动生成。

问：我创建了一个雪粒子系统，可是在视图中看不到粒子，如图8.165所示，而且渲染出来什么也没有，这是怎么回事呢？

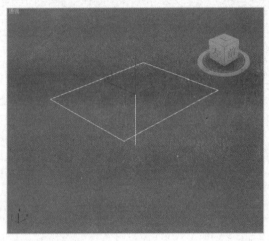

图8.165 新创建的粒子系统

答：拖动视图下方的动画时间滑块即可看到粒子。

问：在【粒子生成】展卷栏中，【使用速率】与【使用总数】这两项的区别是什么？

答：【使用速率】可以使整个动画中的粒子运动比较稳定，而【使用总数】对控制所有帧范围内出现的粒子总数比较容易。

问：空间扭曲和修改器的区别是什么？

答：与修改器相比，空间扭曲不仅可以作用于场景中的对象，还可以作用于整个场景。如果将多个对象同时绑定到空间扭曲之上，那么空间扭曲将作用于每一个对象。由于每个对象与空间扭曲对象的相对方向与相对距离不同，最终的空间扭曲作用效果也各不相同。由于空间扭曲作用效果的空间特性，当对一个对象进行了移动或旋转变换之后，依据该对象与空间扭曲对象的相对方向与相对距离的变化，最后的空间扭曲作用效果也随之改变，这就是空间扭曲与修改器最大的不同。另外，可以有多个空间扭曲同时作用于一个对象，这些空间扭曲依据加入的顺序排列在对象的修改编辑堆栈中。

问：在绑定空间扭曲时，明明对象已经绑定到了空间扭曲上，为什么没有效果呢？

答：在制作空间扭曲效果时，要保证对象有足够的片段数，否则效果就不太明显。

问：在使用反应器的过程中，单击【reactor】工具栏中的【Analyze World】按钮时经常出现一些警告信息，怎样避免产生这样的问题呢？

答：在使用反应器的过程中，如果制作的场景有问题，在预览场景时反应器就会发现这些问题。单击【reactor】工具栏中的【Analyze World】按钮，即可查看这些警告信息。要想避免产生一些常见问题，在使用反应器的过程中应注意以下几点：

- 一般情况下，不要使用默认的plane模型。因为如果平面对象是共面的，没有任何深度，那么反应器无法精确计算碰撞，就会出现警告信息。可以使用长方体模型或反应器提供的plane对象（它在菜单栏和工具栏中都可找到）。

- 【Mass】值不能设置得过低。如果对象的【Mass】值过低，那么反应器就会报错。这时，可以通过适当增加【Mass】值来解决这个问题。

- 避免对象相互交叉，相互交叉的对象在预览动画前也会出现警告信息。用户在制作场景的过程中应尽量避免这些问题。

结束语

本章介绍了在3ds Max 2009中如何制作动画，通过创建模型、架设摄影机、创建粒子系统、空间扭曲以及应用反应器，都可以制作出动画效果。综合掌握这些内容，就能制作出效果精美的动画。

Chapter 9

第9章
渲染和后期处理

本章要点

入门——基本概念与基本操作
- 渲染的常用方法
- 渲染的类型
- 渲染参数
- 后期处理

进阶——典型实例
- 利用全景导出器渲染场景
- 利用光跟踪器渲染场景

- 调整色彩
- 利用mental ray渲染器渲染场景

提高——自己动手练
- 制作建筑素描效果图
- 柔化图像
- 为效果图添加背景

答疑与技巧

本章导读

制作好的3ds Max 2009场景只有通过渲染才能体现出效果来。所谓渲染，就是根据为模型指定的材质、场景的布光等条件来计算明暗程度和阴影，将场景中创建的模型进行实体化显示。在三维动画制作过程中，渲染输出是最后也是最关键的一步，它决定动画的最终效果。

9.1　入门——基本概念与基本操作

3ds Max 2009使用一种优化的扫描线渲染器来加速渲染过程。还可以使用相关的设置或使用【渲染设置】对话框来渲染场景，以节省计算机的工作时间。

渲染出的图像有时会存在一些问题，如色彩不鲜艳、出现偏色或偏暗等问题，可以利用一些后期处理软件对渲染后的图像重新进行编辑加工。

9.1.1　渲染的常用方法

在3ds Max 2009中，渲染输出的可以是一幅静态图像，也可以是一部动画影片。本节先介绍渲染的常用方法，包括使用工具栏中的按钮和【渲染】菜单，然后介绍渲染的类型以及动态渲染。

可以使用主工具栏上的相关按钮来渲染场景，也可以通过执行菜单命令来渲染场景。下面就分别介绍这两种渲染方法。

1. 渲染按钮

在工具栏中提供了几个用于渲染的工具按钮，下面分别对它们进行介绍。

- 【渲染设置】按钮：单击工具栏中的此按钮，会打开如图9.1所示的【渲染设置】对话框。

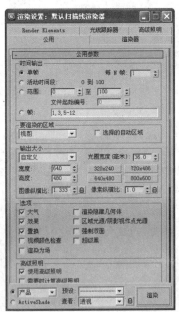

图9.1　【渲染设置】对话框

- 【渲染帧窗口】按钮：单击此按钮，可以以激活视图方式快速渲染场景。
- 【渲染产品】按钮：单击此按钮，可以以产品级方式快速渲染场景。单击此按钮并按住鼠标不放，会打开其下拉菜单，显示另外两个按钮，即【渲染迭代】按钮和【Activeshade】（动态渲染）按钮。

使用快捷键渲染：按【F9】键或【Shift+Q】组合键，都可以快速渲染当前激活的视图。在渲染时，不同视图会有不同的渲染结果，在渲染前可以使用右下角的视图导航控制按钮调整视图到合适位置，然后进行渲染。

2.【渲染】菜单

【渲染】菜单是最终输出场景的通道。使用此菜单中的相关命令可以实现不同设置的渲染效果，图9.2所示的就是3ds Max 2009中的【渲染】菜单。

图9.2　【渲染】菜单

下面介绍在渲染过程中经常用到的菜单命令。

【渲染设置】：使用此命令或按【F10】键，可以打开【渲染设置】对话框，从中可以设置【输出大小】、【选项】等，例如设置渲染哪些帧以及最终图像的大小。

【环境】：使用此命令或按【8】键，可以打开【环境和效果】对话框，从中可以指定背景色或图像、对全局照明进行控制、为场景指定大气效果。

【渲染到纹理】：使用【渲染到纹理】命令（快捷键为【0】），可以将当前场景作为图像渲染，可以当纹理使用。

【Video Post】（视频后期制作）：执行此命令，可以打开如图9.3所示的对话框，用于规划和控制所有后期制作工作。这个对话框管理合成图像的事件，包括一些特殊效果，如发光、透镜以及模糊效果等。

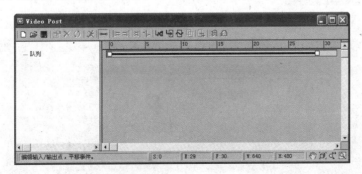

图9.3　【Video Post】对话框

当执行了【渲染】命令后，3ds Max 2009会打开一个窗口显示渲染输出的结果，此窗口被称为渲染显示窗口。所谓渲染，就是根据为模型所指定的材质、场景的布光来计算明暗程度和阴影，以便将场景中创建的模型实体化显示。图9.4和图9.5所示的为渲染前后的效果对比。

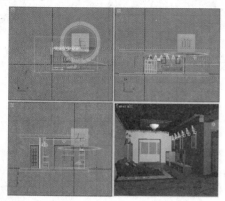

图9.4　渲染前的场景

图9.5　渲染后的效果

单击不同的命令或按钮，渲染时打开的渲染显示窗口的标题栏也有所不同。如果渲染的是其他视图，当前视图的名称也会显示在渲染显示窗口中。图9.5所示的是摄影机视图的渲染效果，而图9.6所示的是单击【ActiveShade】（动态渲染）按钮后的渲染效果。

图9.6　动态渲染效果

9.1.2　渲染的类型

在【渲染设置】对话框的【要渲染的区域】区域中单击下拉按钮会打开渲染类型下拉列表，如图9.7所示。使用不同的渲染类型可以渲染场景的不同部分，以节省渲染时间。

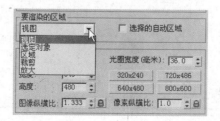

图9.7　渲染类型下拉列表

下面来介绍这些渲染类型。

🔍 **视图**：这是系统默认的渲染类型，选择此选项将渲染当前激活视图的全部内容。

🔍 **选定对象**：如果选择此选项，则只渲染当前激活场景中已经选择的对象，但并不更新渲染窗口中以前的渲染结果。图9.8所示的就是先选择室内的家具，然后选择【选定对象】选项后的渲染效果。

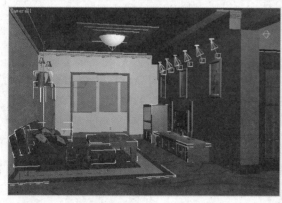

图9.8 部分渲染的效果

🔍 **区域**：仅对视图中指定的范围进行渲染。在渲染类型下拉列表中选择【区域】选项后，会在视图中出现一个用于调节渲染区域的范围框，调整好大小和位置后，单击右下角的【渲染】按钮即可对选定的区域进行渲染。这种渲染也不能更新渲染窗口中以前的渲染结果。

🔍 **裁剪**：此类型与区域类型类似，不同的是使用裁剪类型会在渲染时自动将范围以外的区域清除。

🔍 **放大**：此渲染类型实际上是一种锁定纵横比的特殊裁剪渲染方式。使用上面的两种渲染类型，在指定范围时可以拖动水平或垂直方向以及右下角的控制柄按比例缩放来改变渲染区域的大小，而此类型不管是拖动控制柄的什么方向都会锁定纵横比来扩大或缩小渲染范围，并且渲染时也会自动清除选定范围之外的部分。

9.1.3 渲染参数

场景创建完成后，就可以对场景进行渲染了，执行【渲染】→【渲染设置】命令（或按【F10】键），打开【渲染设置】对话框（也可以单击主工具栏中的【渲染设置】按钮，打开该对话框），此对话框中包含了渲染图像使用的命令和设置，如图9.9所示。

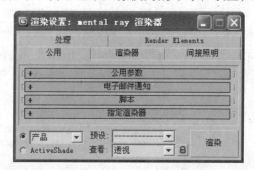

图9.9 【渲染设置】对话框

默认情况下，系统将打开【公用】选项卡，【渲染设置】对话框中包含的各个选项卡的含义如下。

- 【公用】：包含所有渲染器的通用参数设置项目。
- 【Render Elements】（渲染元素）：在该选项卡中可以分别渲染输出不同的场景元素，在后期制作过程中可以将这些文件重新合成在一起。只有进行产品级渲染并使用默认的扫描线渲染器时，该选项卡才出现。
- 【渲染器】：用于分别为产品级渲染输出、草稿级渲染输出、动态渲染指定渲染器。
- 【处理】和【间接照明】：用于设置与灯光相关的参数。

在3ds Max 2009中，不管选择哪种渲染器，【渲染设置】对话框的【公用参数】展卷栏中的参数都是相同的，与具体的渲染器无关，它由【时间输出】区域、【输出大小】区域、【选项】区域、【高级照明】区域和【渲染输出】区域组成。

1. 【时间输出】区域

【时间输出】区域用来设置要渲染的帧的范围，如图9.10所示。系统默认选中【单帧】单选按钮，表示只对当前帧进行渲染，渲染完成后的对象将是一幅静态图像。

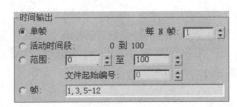

图9.10　【时间输出】区域

具体参数简介如下。

- 【单帧】：用于将当前帧渲染为单幅图像，得到的为静态图像。
- 【活动时间段】：用于依据时间滑块指定的活动时间段渲染动画。当前时间段是由3ds Max 2009界面下方的时间滑块的设置决定的。
- 【范围】：用于依据指定的时间范围渲染动画，可以指定正数，也可以指定负数。
- 【每N帧】：此数值框只有在选择【活动时间段】或【范围】单选按钮时被激活，用于设置间隔多少帧渲染1帧。例如，当此值为3时，表示每隔3帧渲染1帧，即只渲染1，4，7，10等帧，依此类推。对于较长时间的动画，可以使用此方式来简略观察动画是否完整。
- 【文件起始编号】：用于设置逐帧保存图像文件的名称基础序号。对于逐帧保存的图像，它们会根据自身的帧号增加文件序号。取值范围为−99 999~99 999。如果使用默认值0，则第1帧为File0001，第2帧为File0002，依此类推。这样，所有的文件序号都与当前帧的数字是相同的。如果设置其值为3，则原来的第1帧保存后，自动增加的文件名序号会由File0001变为File0004。
- 【帧】：用于依据指定的不连续帧号渲染动画。单帧用"，"（逗号）隔开，时间段用"－"连接，例如"1,2,4-11"表示对第1帧、第2帧、第4~11帧进行渲染。它的取值范围也为−99 999~99 999。

2.【输出大小】区域

【输出大小】区域用于设置渲染图像的尺寸，如图9.11所示。

图9.11 【输出大小】区域

具体参数简介如下。

🔍 单击【自定义】下拉按钮打开下拉列表，在其中可以选择预定义的标准输出尺寸。如果选择【自定义】选项，那么用户可以自己设定尺寸。在其下拉列表中还提供了其他固定尺寸类型，以满足不同用户的特殊要求，如图9.12所示。

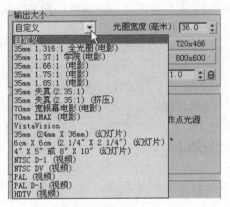

图9.12 【自定义】下拉列表

🔍 【光圈宽度】：用于指定渲染输出使用的摄影机光圈的宽度，改变该设置会同时改变场景摄影机的镜头值，该参数同时也定义了【镜头】与【视野】参数之间的相对关系，但它不会影响摄影机视图中的观看效果。如果选择了已经定义的其他尺寸类型，此值将变为固定值。

🔍 【宽度】/【高度】：分别用于设置图像渲染输出时的宽度和高度。可以直接输入数值或调节上、下微调按钮来改变数值，也可以直接单击右侧的某个预先设置的按钮来设置宽度和高度。

🔍 【图像纵横比】/【像素纵横比】：用于指定图像/像素宽度和高度的纵横比。可以根据不同的输出设备设置图像和像素的纵横比，以便进行正确的渲染。单击右侧的小锁图标，可以将图像/像素纵横比锁定，这时按钮处于黄色凹下状态，左侧的【图像纵横比】/【像素纵横比】数值框将处于灰色不可用状态。这时，改变【宽度】值，【高度】值也会随之改变，反之亦然。

> **提示** 只有选择【自定义】选项，才可以设置【光圈宽度】、【图像纵横比】和【像素纵横比】。

3.【选项】区域

【选项】区域用来设置渲染时是否对场景中的特效进行渲染，如图9.13所示。

图9.13 【选项】区域

该区域各个参数简介如下。

- 🔍 **【大气】**：用于渲染场景中设置的大气效果，如雾、体积光等。
- 🔍 **【效果】**：用于渲染在效果编辑器中设置的场景效果。
- 🔍 **【置换】**：用于渲染场景中的贴图置换效果。
- 🔍 **【视频颜色检查】**：用于检查图像中是否有像素的颜色超过了NTSC制或PAL制电视的阈值，超出范围的像素色彩默认渲染为黑色。
- 🔍 **【渲染为场】**：指定渲染输出动画为电视视频的扫描场而不是帧。例如，如果将来要输出到电视，则必须选中此复选框，否则画面可能出现抖动现象。视频动画包括一个含所有奇数扫描行的场和一个含所有偶数扫描行的场，显示时合并这些场。
- 🔍 **【渲染隐藏几何体】**：指定可以渲染场景中的隐藏对象。选中该复选框，可以在快速更新视图的同时隐藏某些对象并在最终渲染时将它们包括进来。
- 🔍 **【区域光源/阴影视作点光源】**：选中该复选框，在渲染区域灯光或阴影的过程中认为它们是从点对象发射出来的，可以大大加速渲染过程。
- 🔍 **【强制双面】**：用于渲染对象的内外两面。选中此复选框会使渲染的时间加倍，只有在渲染单面或对象内部可见的情况下才应选中此复选框。
- 🔍 **【超级黑】**：渲染带黑色背景的图像在某些视频格式下会出现问题，选中此复选框，在视频压缩时会通过对几何体渲染的黑色进行限制来避免产生问题。但一般情况下，不要选中此复选框。

4.【高级照明】区域

【高级照明】区域用来设置场景采用哪种照明方式，如图9.14所示。

图9.14 【高级照明】区域

该区域各个参数简介如下。

- 🔍 **【使用高级照明】**：选中此复选框，在渲染过程中使用光能传递或光线跟踪高级灯光的设置。

【需要时计算高级照明】：选中此复选框，在渲染输出过程中，只有当逐帧渲染需要时才计算光能传递高级灯光的设置。一般情况下，当渲染输出一系列帧画面时，只为第1帧计算光能传递高级灯光设置；选中该复选框后，渲染输出一段动画时，就需要重新对后续的帧画面进行高级灯光计算。

5.【渲染输出】区域

【渲染输出】区域允许将图像或动画输出到文件、设备或渲染帧窗口中，如图9.15所示。

图9.15　【渲染输出】区域

> **提示**　如果看不到此区域，则将鼠标光标放置到对话框的空白处，当鼠标光标变成小手形状时，向上拖动鼠标即可看到。

 【文件】按钮：可以打开【渲染输出文件】对话框，用于保存渲染输出的文件。

 【设备】按钮：允许将结果输出到如视频记录仪之类的设备中。

 【网络渲染】：用于指定使用多台计算机同时渲染一个动画。

 【跳过现有图像】：可以不替换具有相同文件名的任何图像，用于继续渲染已经被取消的渲染作业。

9.1.4　后期处理

常用的后期处理软件是Photoshop，它不但可以方便地调整图像的色彩和色调，而且还可以轻松地修复图像中的错误。下面通过一个具体的实例来简单介绍后期处理的一般过程：

❙　重置场景，然后执行【文件】→【打开】命令，打开如图9.16所示的文件。

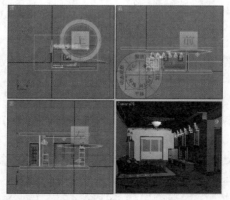

图9.16　打开场景

2 执行【渲染】→【渲染设置】命令，打开【渲染设置】对话框，在【输出大小】区域中
设置【宽度】和【高度】分别为"2000"和"1500"，如图9.17所示。然后，单击【渲
染】按钮，渲染后的效果如图9.18所示。

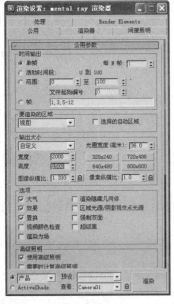

图9.17　设置渲染参数

图9.18　渲染后的效果

3 单击渲染后图像所在窗口左上侧的【保存图像】按钮，打开【保存图像】对话框，在
【文件名】文本框中输入"客厅"（如图9.19所示），设置【保存类型】为"JPEG文
件"。然后，单击【保存】按钮，打开如图9.20所示的提示框，单击【确定】按钮。

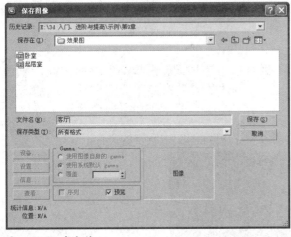

图9.19　保存文件

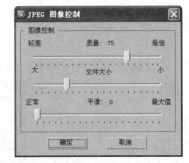

图9.20　提示框

4 启动Photoshop CS4，执行【文件】→【打开】命令，打开【打开】对话框，选择图像
文件（如图9.21所示），打开步骤3保存的图像，效果如图9.22所示。

5 通过观察发现该图像整体偏暗，需要提高其亮度，执行【图像】→【调整】→【曲线】
命令（或按【Ctrl+M】组合键），在打开的【曲线】对话框中向上拖动曲线，如图9.23
所示。单击【确定】按钮，可以看到图像已被增加了亮度，如图9.24所示。

图9.21　选择图像文件

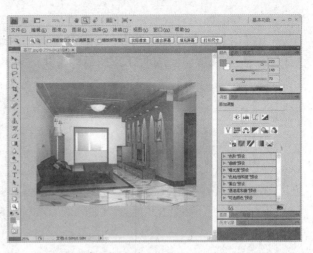

图9.22　打开"客厅"文件

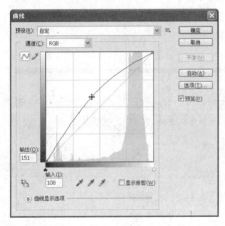

图9.23　【曲线】对话框

图9.24　增加亮度后的效果

6 增加亮度后，整个图像显得有些发灰，这时可通过增加一些冷色调来进行纠正，执行【图像】→【调整】→【照片滤镜】命令，在打开的对话框中将参数设置成如图9.25所示，单击【确定】按钮，得到如图9.26所示的效果。

图9.25　【照片滤镜】对话框

图9.26　增加冷色调后的效果

7 现在观察图像，可以看出图像稍显模糊，这时可通过锐化来使图像清晰，执行【滤镜】→【锐化】→【USM锐化】命令，在打开的对话框中将参数设置成如图9.27所示，单击【确定】按钮，得到如图9.28所示的锐化效果。

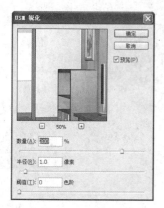

图9.27　【USM锐化】对话框　　　　图9.28　锐化后的效果

9.2 进阶——典型实例

本节将对渲染和后期处理的方法进行比较详细的讲解，包括利用全景导出器渲染场景、利用光跟踪器渲染场景、调整色彩和利用mental ray渲染器渲染场景。

9.2.1 利用全景导出器渲染场景

全景导出器用于创建全景图像，渲染的场景由当前摄影机的6个方向渲染得到的图像组成并合并在一起。要使用全景导出器，需要在视图的中央添加一个摄影机并选中这个摄影机。

本例将练习使用全景导出器来渲染场景，并通过鼠标操作以不同方式在【全景导出器查看器】窗口中查看视图效果。

最终效果

本例制作完成后的效果如图9.29所示。

图9.29　全景导出器渲染实例效果

解题思路

- 执行【文件】→【打开】命令，打开已经创建好的模型。
- 执行【渲染】→【全景导出器】命令，然后打开【渲染设置对话框】对话框。
- 设置参数，然后渲染场景。
- 通过鼠标操作以不同方式在【全景导出器查看器】窗口中查看视图效果。

操作步骤

本例的具体操作步骤如下:

1　重置场景，执行【文件】→【打开】命令，打开本书光盘中的"\素材\第9章\卧室效果图.max"文件，如图9.30所示。

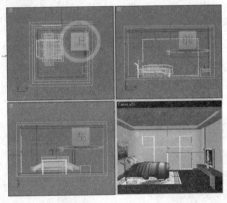

图9.30　打开已有的场景文件

2　执行【渲染】→【全景导出器】命令，或直接在命令面板中单击【工具】按钮，打开如图9.31所示的【工具】命令面板。

3　单击【全景导出器】展卷栏中的【渲染】按钮，打开【渲染设置对话框】对话框，如图9.32所示。此对话框中的选项及其功能类似于【渲染设置】对话框，在此不再详细介绍。

图9.31　【工具】命令面板

图9.32　【渲染设置对话框】对话框

343

4 设置好渲染参数后，单击【输出大小】区域中的一个输出尺寸按钮，然后单击【渲染】按钮，渲染全景场景，渲染完成后会将场景在【全景导出器查看器】窗口中打开，如图9.33所示。

图9.33　【全景导出器查看器】窗口

5 使用鼠标可以在【全景导出器查看器】窗口中四处移动场景。在窗口中单击，可以以当前单击点为中心重新放置视图，如图9.34所示。按住鼠标左键拖动，可以以中心点为轴旋转场景，如图9.35所示。

图9.34　单击移动场景

图9.35　拖动旋转场景

6 单击鼠标中间的滚轮，当鼠标光标变为双箭头形状时拖动鼠标，可以缩放场景，如图9.36所示。单击鼠标右键，当鼠标光标变为十字形状时拖动鼠标，可以扫视场景，如图9.37所示。

图9.36　缩放场景

图9.37　扫视场景

7 单击窗口中的【文件】菜单，可以打开或者导出场景文件，如图9.38所示。

图9.38 【文件】菜单

9.2.2 利用光跟踪器渲染场景

本例将练习使用光跟踪器渲染场景，首先创建天光，然后在【渲染设置】对话框中进行设置，最后渲染场景。

最终效果

本例制作完成后的效果如图9.39所示。

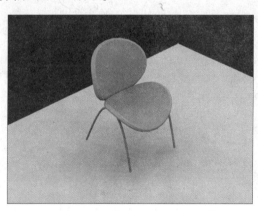

图9.39 光跟踪器渲染实例效果

解题思路

🔍 执行【文件】→【打开】命令，打开已经创建好的模型。

🔍 利用标准灯光命令面板中的【天光】按钮在视图中创建天光。

🔍 执行【渲染】→【渲染设置】命令，打开【渲染设置】对话框，在【高级照明】选项卡的【选择高级照明】展卷栏中选择【光跟踪器】选项。

🔍 设置参数，然后渲染场景。

操作步骤

本例的具体操作步骤如下：

1 重置场景，执行【文件】→【打开】命令，打开本书光盘中的"\素材\第9章\弧形椅.max"文件，如图9.40所示。

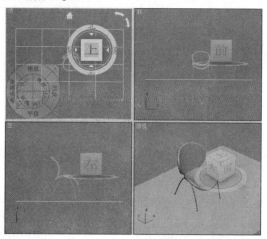

图9.40　打开已有的场景文件

2 打开【创建】命令面板，单击【灯光】按钮，在对象类型下拉列表中选择【标准】选项，单击【天光】按钮，在视图中的任意位置创建一盏天光，如图9.41所示。

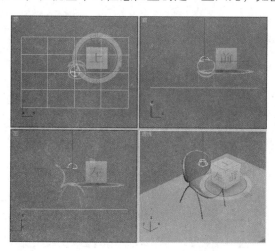

图9.41　天光的创建位置

3 执行【渲染】→【渲染设置】命令，打开【渲染设置】对话框，单击【高级照明】选项卡，在【选择高级照明】展卷栏中选择【光跟踪器】选项，如图9.42所示。

图9.42　选择【光跟踪器】选项

4 在【参数】展卷栏中按照如图9.43所示进行设置，然后单击【渲染】按钮进行渲染。使用光跟踪器进行渲染可以产生柔和的阴影效果，如图9.44所示。

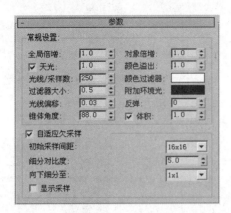

图9.43　设置参数

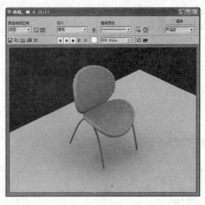

图9.44　渲染效果

9.2.3 调整色彩

本例将利用Photoshop CS4中的调整命令对图像的亮度、对比度、饱和度和色相等进行调整。

最终效果

本例制作完成后的效果如图9.45所示。

图9.45　色彩调整实例效果

解题思路

- 启动Photoshop CS4，执行【文件】→【打开】命令，打开图像文件。
- 通过执行【图像】→【调整】→【色阶】命令设置色阶。
- 通过执行【图像】→【调整】→【亮度/对比度】命令对图像的亮度和对比度进行调整。
- 通过执行【图像】→【调整】→【色相/饱和度】命令对图像的局部色彩偏差进行调整。
- 通过执行【图像】→【调整】→【色彩平衡】命令对图像的整体色彩偏差进行调整。
- 设置参数，然后渲染场景。

操作步骤

本例的具体操作步骤如下：

1 启动Photoshop CS4应用程序，执行【文件】→【打开】命令，打开【打开】对话框，找到本书光盘中的"\素材\第9章\效果图\卧室.jpg"文件并选择它（如图9.46所示），然后单击【打开】按钮，打开该文件，效果如图9.47所示。

图9.46　选择图像文件

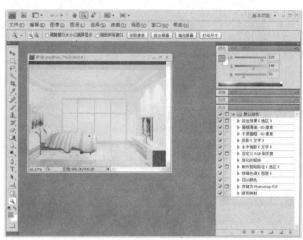

图9.47　打开图像文件

2 执行【图像】→【调整】→【色阶】命令，打开【色阶】对话框。

3 在【通道】下拉列表框中选择【RGB】选项，设置参数如图9.48所示，然后单击【确定】按钮，效果如图9.49所示。

图9.48　设置色阶参数

图9.49　色阶设置效果

4 执行【图像】→【调整】→【亮度/对比度】命令，打开【亮度/对比度】对话框，将【亮度】设置为"5"，将【对比度】设置为"19"，如图9.50所示。然后，单击【确定】按钮，效果如图9.51所示。

5 执行【图像】→【调整】→【色相/饱和度】命令，打开【色相/饱和度】对话框，将【色相】设置为"-16"，将【饱和度】设置为"+17"，将【明度】设置为"-19"，如图9.52所示。然后，单击【确定】按钮，效果如图9.53所示。

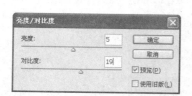

图9.50　设置亮度/对比度参数

图9.51　亮度/对比度设置效果

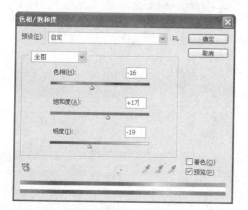

图9.52　设置色相/饱和度参数

图9.53　色相/饱和度设置效果

6　执行【图像】→【调整】→【色彩平衡】命令，打开【色彩平衡】对话框，设置参数如图9.54所示。然后，单击【确定】按钮，效果如图9.55所示。

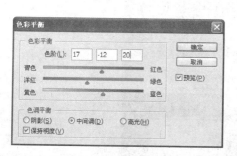

图9.54　设置色彩平衡参数

图9.55　色彩平衡设置效果

9.2.4　利用mental ray渲染器渲染场景

本例练习使用mental ray渲染器渲染场景，先在场景中创建mr区域泛光灯并设置其参数，然后在【渲染设置】对话框中选择mental ray渲染器对场景进行渲染。

最终效果

本例制作完成后的效果如图9.56所示。

图9.56　mental ray渲染实例效果

解题思路

🔍 执行【文件】→【打开】命令，打开已经创建好的模型。

🔍 创建mr区域泛光灯并调整其位置。

🔍 打开【渲染设置】对话框，选择mental ray渲染器。

🔍 修改mr区域泛光灯的参数。

🔍 激活透视图，按【Shift+Q】组合键进行快速渲染。

操作步骤

本例的具体操作步骤如下：

1　重置场景，执行【文件】→【打开】命令，打开本书光盘中的"\素材\第9章\居室灯光.max"文件，如图9.57所示。

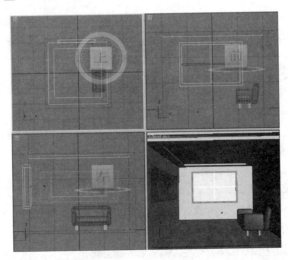

图9.57　打开文件

2　打开【创建】命令面板，单击【灯光】按钮，在对象类型下拉列表中选择【标准】选项，单击【mr区域泛光灯】按钮，在顶视图中创建一盏mr区域泛光灯，并利用选择并移动工具调整它的位置如图9.58所示。

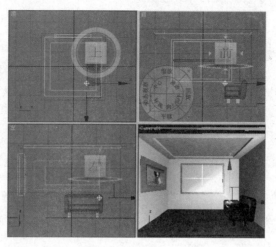

图9.58 创建mr区域泛光灯

3 执行【渲染】→【渲染设置】命令，打开【渲染设置】对话框。在【公用】选项卡中单击展开【指定渲染器】展卷栏，单击【产品级】后面的 按钮，如图9.59所示。

4 打开【选择渲染器】对话框，选择【mental ray渲染器】选项，如图9.60所示，然后单击【确定】按钮。【指定渲染器】展卷栏变为如图9.61所示的样子。

图9.59 【渲染设置】对话框

图9.60 选择渲染器

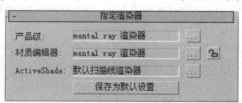

图9.61 【指定渲染器】展卷栏

5 在【常规参数】展卷栏中选中【阴影】区域中的【启用】复选框，然后在【强度/颜色/衰减】展卷栏的【近距衰减】区域中选中【使用】复选框（如图9.62所示），最后在【区域灯光参数】展卷栏中选中【启用】复选框，并设置【半径】为"25.4mm"，如

图9.63所示。

图9.62 设置参数

图9.63 设置参数

6 激活透视图，然后按【Shift+Q】组合键进行快速渲染，渲染过程及完成后的效果如图9.64和图9.65所示。

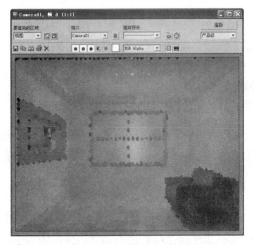
图9.64 mental ray的渲染过程

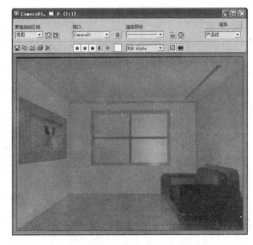
图9.65 mental ray的渲染效果

9.3 提高——自己动手练

本节将对渲染效果图进行后期处理，包括制作建筑素描效果图、柔化图像、为效果图添加背景以及合成场景等。通过学习本小节的内容，可以使读者更熟练地掌握后期处理的技术和方法。

9.3.1 制作建筑素描效果图

本例将利用Photoshop CS4中的几个滤镜（包括模糊滤镜、素描滤镜和锐化滤镜等）结合一些其他操作来制作建筑素描效果图。

最终效果

本例制作完成后的效果如图9.66所示。

图9.66　建筑素描实例效果

解题思路

🔍 启动Photoshop CS4，执行【文件】→【打开】命令，打开图像文件。

🔍 对"背景"图层进行复制，执行【滤镜】→【模糊】→【特殊模糊】命令，创建素描草图的雏形。

🔍 通过执行【图像】→【调整】→【反相】命令将图像颜色反转。

🔍 通过执行【滤镜】→【素描】→【炭笔】命令增强素描效果。

🔍 通过执行【滤镜】→【锐化】→【进一步锐化】命令锐化线条。

操作步骤

本例的具体操作步骤如下：

▎ 启动Photoshop CS4应用程序，执行【文件】→【打开】命令，打开【打开】对话框，找到本书光盘中的"\素材\第9章\效果图\阁楼.jpg"文件并选中它，然后单击【打开】按钮，打开该文件，效果如图9.67所示。

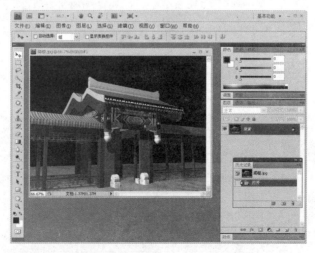

图9.67　打开图像文件

2 在【图层】面板中，用鼠标拖动"背景"图层到底部的【复制图层】按钮 ☑ 上，复制一个副本，如图9.68所示。

3 执行【滤镜】→【模糊】→【特殊模糊】命令，打开【特殊模糊】对话框，设置【半径】为"52"、【阈值】为"66"、【品质】为"高"、【模式】为"仅限边缘"，如图9.69所示。

图9.68　复制图层

图9.69　设置参数

4 单击【确定】按钮，此时的图像效果如图9.70所示。

图9.70　应用特殊模糊滤镜后的图像效果

5 执行【图像】→【调整】→【反相】命令（或者按【Ctrl+I】组合键），对图像颜色进行反转，如图9.71所示。

图9.71　反转图像颜色

6 执行【文件】→【存储为】命令，将图像保存为一个备份文件。执行【窗口】→【历史记录】命令，打开【历史记录】面板，在面板中单击【打开】选项，使图像返回到刚打开时的状态，如图9.72所示。

图9.72　返回初始状态

7 执行【滤镜】→【素描】→【炭笔】命令，打开【炭笔】对话框，设置【炭笔粗细】为"3"、【细节】为"5"、【明/暗平衡】为"0"，如图9.73所示。

8 单击【确定】按钮，此时的图像效果如图9.74所示。

图9.73　设置参数

图9.74　应用炭笔滤镜后的效果

9 执行【文件】→【打开】命令，打开刚才制作的副本图像，然后执行【选择】→【色彩范围】命令，打开【色彩范围】对话框，选择图像中的白色背景，如图9.75所示。

10 单击【确定】按钮，此时的图像效果如图9.76所示。

11 执行【选择】→【反向】命令（或者按【Ctrl+Shift+I】组合键），对图像进行反选，将黑色线条选中，如图9.77所示。

12 执行【编辑】→【拷贝】命令，对选区进行复制，然后激活应用炭笔滤镜后的图像文件，执行【编辑】→【粘贴】命令，效果如图9.78所示。

图9.75　选择白色背景

图9.76　选择色彩范围后的效果

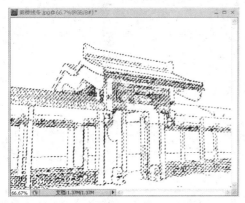

图9.77　反向选择效果

图9.78　粘贴后的效果

13 用移动工具移动新粘贴进来的图像，使其与原图像的位置重合，如图9.79所示。

14 执行【滤镜】→【锐化】→【进一步锐化】命令，对图像进行锐化，使图像看起来更粗糙，像是在画布上一样，如图9.80所示。

图9.79　重合后的效果

图9.80　应用进一步锐化滤镜后的效果

9.3.2　柔化图像

本例将利用Photoshop CS4中的高斯模糊滤镜对图像进行柔化处理。

最终效果

本例制作完成后的效果如图9.81所示。

图9.81　柔化图像后的效果

解题思路

启动Photoshop CS4，执行【文件】→【打开】命令，打开已经创建好的图像文件。

对"背景"图层进行复制，通过执行【滤镜】→【模糊】→【高斯模糊】命令为图像添加模糊效果。

通过执行【滤镜】→【锐化】→【USM锐化】命令对图像进行锐化处理。

操作步骤

本例的具体操作步骤如下：

1　启动Photoshop CS4应用程序，执行【文件】→【打开】命令，打开【打开】对话框，找到本书光盘中的"\素材\第9章\效果图\明亮客厅.jpg"文件并选中它，然后单击【打开】按钮，打开该文件，效果如图9.82所示。

图9.82　打开图像文件

2　在【图层】面板中，用鼠标拖动"背景"图层到底部的【复制图层】按钮 上，复制一个副本，如图9.83所示。

3 执行【滤镜】→【模糊】→【高斯模糊】命令，打开【高斯模糊】对话框，将【半径】设置为"2"，如图9.84所示。

图9.83　复制图层　　　　　　　　　　　图9.84　设置参数

4 单击【确定】按钮，此时的图像效果如图9.85所示。

图9.85　应用高斯模糊滤镜后的图像效果

5 按【Ctrl+E】组合键向下合并图层，然后执行【滤镜】→【锐化】→【USM锐化】命令，在打开的对话框中将参数设置成如图9.86所示，对图像进行锐化处理。单击【确定】按钮，得到如图9.87所示的锐化效果。

图9.86　设置USM锐化参数　　　　　　　图9.87　应用USM锐化滤镜后的效果

9.3.3 为效果图添加背景

本例将利用Photoshop CS4程序为室外效果图添加背景和素材，使效果图跟素材文件相融合。

最终效果

本例制作完成后的效果如图9.88所示。

图9.88 最终效果

解题思路

🔍 启动Photoshop CS4，执行【文件】→【打开】命令，打开已经创建好的图像文件和素材文件。

🔍 利用选区删除背景，然后将素材文件合成进来，使其与室外效果图相匹配。

🔍 将"草地"素材文件合成进来，使其与室外效果图相匹配。

🔍 使用加深工具添加楼房的阴影效果。

🔍 利用【色彩平衡】命令调整图像色彩，使效果图与背景颜色相匹配。

操作步骤

本例的具体操作步骤如下：

▌ 启动Photoshop CS4应用程序，执行【文件】→【打开】命令，打开【打开】对话框，找到本书光盘中的"\素材\第9章\效果图\楼房.jpg"文件和"\素材\第9章\效果图\天空.jpg"文件并选中它们，然后单击【打开】按钮，打开这两个文件，如图9.89和图9.90所示。

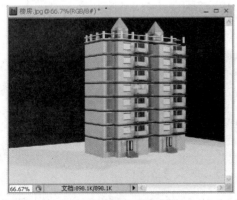

图9.89 打开"楼房"图像文件

图9.90 打开"天空"图像文件

2 单击工具箱中的【魔棒工具】按钮 ，在"楼房"图像窗口中选中黑色背景，如图9.91所示。

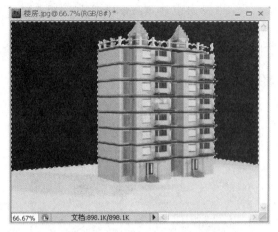

图9.91 选中黑色背景

3 在【图层】面板中双击"背景"图层，打开【新建图层】对话框，如图9.92所示。保持默认设置，单击【确定】按钮，将"背景"图层转换为普通图层。此时的【图层】面板如图9.93所示。

图9.92 【新建图层】对话框

图9.93 "图层"面板

4 按【Delete】键，将选中的区域删除，如图9.94所示。

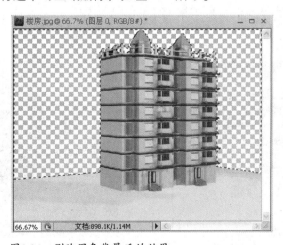

图9.94 删除黑色背景后的效果

5 选中"天空"图像文件，在工具箱中单击【移动工具】按钮，拖动图像到"楼房"文件中，将"天空"图像文件作为图层复制到"楼房"文件中，此时的图像效果和【图层】面板分别如图9.95和图9.96所示。

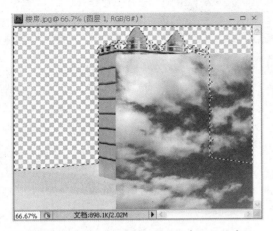

图9.95　复制"天空"图像到"楼房"文件中

图9.96　查看"图层"面板

6 按【Ctrl+D】组合键取消选区，在"楼房"图像文件中利用移动工具调整图像的位置，并在【图层】面板中调整图层的顺序，如图9.97所示。此时的图像效果如图9.98所示。

图9.97　调整图层顺序

图9.98　调整后的效果

7 执行【文件】→【打开】命令，打开【打开】对话框，找到本书光盘中的"\素材\第9章\效果图\草地.JPG"文件并选中它，然后单击【打开】按钮，打开该文件，如图9.99所示。

8 单击工具箱中的【多边形套索工具】按钮 ，在"楼房"图像窗口中选中地面部分，如图9.100所示。

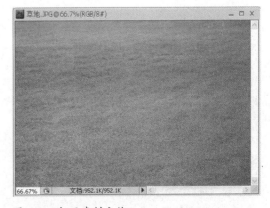

图9.99　打开素材文件

图9.100 选择地面部分

9 按【Delete】键，将选中的区域删除，此时的图像效果和【图层】面板分别如图9.101和图9.102所示。

图9.101 删除选中的区域

图9.102 查看"图层"面板

10 选中"草地"图像文件，在工具箱中单击【移动工具】按钮，拖动图像到"楼房"文件中，将"草地"图像文件作为图层复制到"楼房"文件中，按【Ctrl+D】组合键取消选区。在"楼房"图像文件中利用移动工具调整草地的位置，并在【图层】面板中调整图层的顺序，此时的【图层】面板和图像效果分别如图9.103和图9.104所示。

图9.103 调整图层顺序

图9.104 调整后的效果

11 单击工具箱中的【颜色加深】按钮 ，在楼房与草地交接处进行涂抹，制作阴影效果，如图9.105所示。

图9.105　添加阴影效果

12 执行【图像】→【调整】→【色彩平衡】命令，打开【色彩平衡】对话框，设置参数如图9.106所示，然后单击【确定】按钮，效果如图9.107所示。

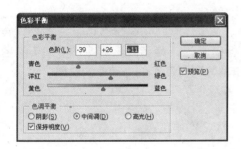

图9.106　设置参数

图9.107　调整色彩平衡后的效果

9.4 答疑与技巧

问：为什么在渲染图像时要选择不同的渲染器，默认扫描线渲染器和mental ray渲染器有何不同？

答：虽然默认扫描线渲染器的渲染速度相当快，但是其出图质量并不高，而mental ray弥补了它的这一缺陷，使用mental ray渲染器所渲染的图像的质量相当好。因此，可根据不同的情况选择不同的渲染器对图像进行渲染。

问：3ds Max 2009的mental ray渲染器有什么功能，怎样获得高质量的渲染效果？

答：mental ray渲染器主要有全局照明和间接照明功能，通过灯光和材质的配合使用才能得到高质量的渲染效果，并且mental ray配备了专用的材质和灯光。

问：在【色彩平衡】对话框中调整图像的颜色后，发现图像的亮度也变了，这是为什么呀？

答：对于RGB图像，执行【图像】→【调整】→【色彩平衡】命令后，应在打开的【色彩平衡】对话框中选中【保持明度】复选框，如图9.108所示，这样更改颜色后亮度就不会发生变化了。

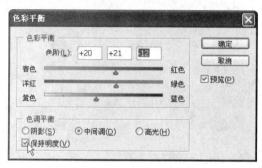

图9.108　选中【保持明度】复选框

问：为什么使用相同的滤镜命令处理同一张图像，但处理后的图像效果有时却不同呢？

答：滤镜对图像的处理是以像素为单位进行的，即使是同一张图像，进行同样的滤镜参数设置时，也会因为图像的分辨率不同而造成处理后的效果不同。

结束语

本章介绍了在3ds Max 2009中进行渲染的方法、渲染类型、渲染参数以及后期处理技巧，并通过详细的实例进行了讲解。通过对本章内容的学习，读者应该熟练掌握渲染的各种类型以及对渲染后的图像进行后期处理，从而使作品达到更真实、更完美的效果。

反侵权盗版声明

电子工业出版社依法对本作品享有专有出版权。任何未经权利人书面许可，复制、销售或通过信息网络传播本作品的行为；歪曲、篡改、剽窃本作品的行为，均违反《中华人民共和国著作权法》，其行为人应承担相应的民事责任和行政责任，构成犯罪的，将被依法追究刑事责任。

为了维护市场秩序，保护权利人的合法权益，我社将依法查处和打击侵权盗版的单位和个人。欢迎社会各界人士积极举报侵权盗版行为，本社将奖励举报有功人员，并保证举报人的信息不被泄露。

举报电话：(010)88254396；（010）88258888

传　　真：(010)88254397

E - mail：dbqq@phei.com.cn

通信地址：北京市万寿路173信箱
　　　　　电子工业出版社总编办公室

邮　　编：100036